国家级精品资源共享课
立项课程配套教材

互 联 网 + 职 业 技 能 系 列
职业入门 | 基础知识 | **系统进阶** | 专项提高

软件测试技术实战教程

敏捷、Selenium与Jmeter 微课版

Practical Tutorial on Software Testing

威链优创 编著

人民邮电出版社
北京

图书在版编目（CIP）数据

软件测试技术实战教程 : 敏捷、Selenium与Jmeter : 微课版 / 威链优创编著. -- 北京 : 人民邮电出版社, 2019.2
（互联网+职业技能系列）
ISBN 978-7-115-49336-1

Ⅰ. ①软… Ⅱ. ①威… Ⅲ. ①软件－测试－教材 Ⅳ. ①TP311.55

中国版本图书馆CIP数据核字(2018)第210232号

内 容 提 要

本书是《软件测试技术基础教程 理论、方法与工具》的姐妹篇，《软件测试技术基础教程 理论、方法与工具》详细介绍软件测试活动中所需的理论知识、测试方法及常用测试工具，而本书紧跟开源趋势，采用开源的实际案例，结合流行的开源项目管理工具禅道、自动化测试工具 Selenium、性能测试工具 Jmeter，详细介绍敏捷测试理论、测试方法及测试工具在敏捷开发项目中的具体应用。

本书共 7 章，内容包括敏捷开发模型、软件测试基本知识介绍；敏捷测试与敏捷开发团队；如何在敏捷开发团队中进行测试项目分析与任务分配；测试工程师如何开展敏捷测试用例管理及设计活动；Web 项目手工测试、自动化测试及性能测试过程。

本书可作为普通高等院校、高等职业院校软件测试专业的教材，也可作为社会培训机构的培训教材，同时也适合从事软件测试工作的读者自学参考。

◆ 编　　著　威链优创
责任编辑　马小霞
责任印制　马振武

◆ 人民邮电出版社出版发行　　北京市丰台区成寿寺路 11 号
邮编　100164　　电子邮件　315@ptpress.com.cn
网址　https://www.ptpress.com.cn
北京盛通印刷股份有限公司印刷

◆ 开本：787×1092　1/16
印张：15.5　　　　2019 年 2 月第 1 版
字数：387 千字　　2024 年 8 月北京第 7 次印刷

定价：49.80 元

读者服务热线：(010)81055256　印装质量热线：(010)81055316
反盗版热线：(010)81055315
广告经营许可证：京东市监广登字 20170147 号

前 言 PREFACE

信息大爆炸时代，人们获取知识的渠道越来越多，但如何在纷繁的资源中找到具有针对性、解决实际问题的知识，是目前急需解决的问题。对于想学习软件测试，进入软件测试行业的初学者而言，拥有一本能够指导其将理论运用到项目实际中的教程，将非常幸运，而这正是一位拥有十多年软件测试经验和职业培训经验的资深测试工程师不懈努力的事业。

本书以一个实际的 Web 项目案例开始，采用敏捷测试模型，从项目分析、团队建设、需求分析、用例设计、功能测试执行、自动化测试实施，直至性能测试，详细地剖析了软件测试工作的实施流程、测试技术及主流开源测试工具。

本书采用完整开源项目案例，根据实际项目经验，详细剖析敏捷测试过程中，测试工程师如何利用软件测试行业内应用广泛的敏捷项目管理平台禅道开展有效的测试活动。

手工功能测试部分，分别从功能、流程、安全、兼容、接口、前端性能等方面入手，深入讲解相关测试技术在项目中的应用。

自动化测试部分，则采用流行的开源自动化工具 Selenium 实施，并提供了完整、可实施的自动化测试框架源代码，便于读者学习应用，同时预留部分扩展接口，便于读者进一步学习。

性能测试部分，使用 Jmeter 替代了传统的性能测试工具 LoadRunner，模拟不同业务、不同场景的性能测试过程，从而覆盖软件测试活动中大部分的测试要求，使读者能够掌握实用的性能测试技能。

全书系统全面地讲述了软件系统功能、自动化、性能测试的分析、设计与结果评价方法。除此之外，还在书后附上了常用的文档案例模板。本书以软件测试工作流程为主线，以软件测试技术为辅，介绍了在实际的项目中如何开展软件测试并完成功能、自动化及性能测试工作。

本书贯彻党的二十大精神，注重立德树人，重点培养读者的软件测试实践能力和软件测试工程师岗位职业素养。本书主要有以下几个特点。

- 本书为国家级精品课程、国家级精品资源共享课立项课程配套教材，配有 168 个在线微课视频配合图书同步讲解，读者可扫二维码观看。

- 本书是作者多年的工作经验总结。作者从事软件测试工作多年，以独到的视角理解软件测试理论与实际工作的联系，从而帮助读者加深对软件测试理论知识的理解。
- 书中的案例、测试工具均采用具有代表性的开源项目，在无版权风险的情况下，读者可自行下载学习。
- 书中包括手工功能测试、自动化测试及性能测试三大核心，不纠缠于苦涩的理论知识，尽可能利用直白的表述方法，阐述一个 Web 项目完整的测试过程。

限于水平，书中疏漏与不妥之处定然难免，恳请广大读者指出，不胜感激！

编著者

2024 年 1 月

目录 CONTENTS

第 1 章 敏捷开发与软件测试

本章重点

随着 IT 行业的飞速发展，传统的软件开发模型已经无法适应行业变化，很多公司采用时下流行的敏捷开发模型，而 Scrum 模型又是典型敏捷开发模型的具体实践形式，作为测试工程师应当熟悉 Scrum 相关的理论知识及其实践流程、每个节点的工作内容。

本章通过简洁的表述，介绍 Scrum 敏捷开发模型，并从测试工程师视角同步回顾了软件测试的相关知识，为后续的 Web 项目实战奠定基础。

学习目标

1. 了解敏捷开发的含义。
2. 掌握 Scrum 模型具体内容。
3. 熟悉 Scrum 开发流程。
4. 温习软件测试理论知识。

1.1 敏捷开发

随着软件行业的飞速发展，用户应用的业务系统愈加复杂，传统的软件开发模型已经无法适应市场的变化。早期的软件开发模型，如瀑布模型、螺旋模型等，严格遵从软件生命周期，从需求调研开始，经历项目立项、需求分析、设计开发、测试发布、运营维护直至软件消亡结束，对于软件功能简单、业务复杂度低的软件完全适用，但如今的互联网产品往往都比较复杂，并且上线时间要求快，传统的软件开发模型注重文档、严控过程的特点渐渐脱离了软件工程的本质，逐步被新的模式替代。

敏捷开发，以用户需求进化为核心，采用迭代、循序渐进的方法进行软件开发。弱化文档，关注用户核心价值；简化流程，关注目标结果。敏捷开发中，软件项目在构建初期被切分成多个子项目，各个子项目的成果都经过测试，具备可视、可集成和可运行使用的特征，逐步满足用户期望。通俗而言，化整为零，逐个击破，循序迭代的过程中，保证软件系统始终处于可用状态。

敏捷开发提倡尽早交付与持续增量提供价值的理念，主导拥抱变化，个体与交互胜过过程与工具，不再受限于条条框框，以结果为导向，持续改进，持续优化。

微课 1.1 敏捷开发

敏捷开发不是一种具体的方法，只是一种思想，作为敏捷开发的具体操作代表，Scrum 模型是目前业界采用较多的敏捷开发模型。

1.2 Scrum 开发模型

传统软件开发模型，如瀑布模型，通常采用图 1-1 所示的研发流程。

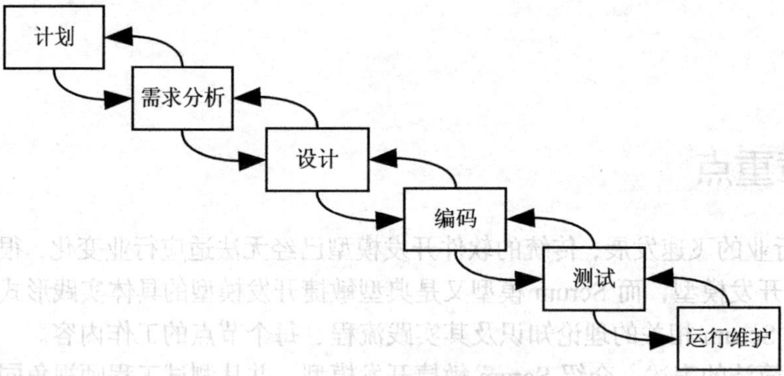

图 1-1 瀑布模型研发流程

瀑布模型中，软件开发的各项活动严格按照线性方式进行。上一项活动的工作输出，作为当前研发活动的输入，当前活动的工作输出需要进行验证，如果验证通过，则该结果作为下一项活动的输入，继续进行下一项活动，否则返回修改，经过不断的迭代反复，直至项目成功。如果某个环节出现问题又未能及时发现，则很可能造成项目返工严重，从而导致项目的失败。瀑布模型间的耦合度较高，不利于需求频繁变更或需求灵活的项目开发。

瀑布模型过于强调文档的作用，并要求每个阶段都要仔细验证，线性过程太理想化，适用于小规模传统项目业务研发，但已不再适合现代的软件开发模式，目前几乎被业界抛弃，其主要问题有以下几个。

（1）各个阶段划分完全固定，阶段之间产生大量文档，极大地增加了工作量。

（2）由于开发模型是线性的，用户只有等到整个过程末期才能见到开发成果，从而增加了开发的风险。

（3）早期错误可能要等到开发后期测试阶段才能发现，进而带来严重的后果。

（4）从软件测试角度来看，测试工程师到项目后期才参与，测试介入较晚，人员闲置严重，后续工作跟不上。

瀑布模型曾是一个非常成功的研发模型，随着软件规模、软件复杂度的不断增加，该模型的优点已被缺点渐渐掩盖，不再适用于现在的软件生产活动。

如今很多互联网 IT 公司，采用更多的是敏捷开发模式。

【案例 1-1 ECShop 开发模型】

ECShop 软件需开发 20 项功能，传统的瀑布模型，需先将 20 项功能对应的需求规格说明书编写完成，评审通过后，进行 20 项功能模块的概要设计与详细设计，设计评审通过后，进行编码，编码完成后，再组织测试团队进行 20 项功能的测试，通过后发布上线。

Scrum 敏捷开发模型则不同，它根据用户期望软件实现的商业价值，先列出 20 项功能的优先级，再根据优先级分解产品需求列表，比如先做优先级最高的 5 个功能，分析需求、设计、开发、测试，交付可运行的版本，再开发 5 个功能，依次迭代，每个迭代过程结束后均能交付增量功能，最终完成产品开发。

以日常生活朋友聚餐为例，需要点 5 份菜品，传统软件开发模型是服务员先询问菜品，然后下单，厨师将所有菜都做好后才端上桌供客人食用，Scrum 则是预计 5 份菜，然后逐个上，每个菜保证可用，最后迭代完成，当过程中需求产生变化时，变更少，成本低。

微课 1.2 Scrum 开发模型

1.2.1 Scrum 角色

Scrum 开发流程主要涉及三个角色：产品负责人、开发团队和 Scrum Master。

1. 产品负责人

产品负责人，通常理解为产品经理，负责调研市场，分解用户需求，实现用户价值。Scrum 流程中，产品负责人是管理产品待办事项列表的唯一责任人，其根据用户需求、市场需求规划产品，输出并管理产品待办事项列表。一般而言，产品待办事项列表管理包括以下几点内容。

（1）以用户视角，清晰表述产品待办事项列表条目，细化每个条目所体现的用户价值。

（2）确定产品待办事项列表条目优先级，便于更有效地实现用户需求。

（3）确保产品待办事项列表对产品团队成员及其利益相关方透明、公开。

（4）确保开发团队对产品待办事项列表中的条目能够理解并理解一致。

产品负责人可亲力亲为，对产品需求进行有效管理，也可安排团队具体成员负责，但不论何种形式，产品负责人是产品研发的责任承担者。

产品负责人是一个角色，具体到确定的人，并不是一个团队。产品负责人将用户需求细化为产品待办事项列表，所有需求的变更、调整都必须由产品负责人审批决定。

为保证产品研发成功，产品团队中的所有人员都必须尊重产品负责人的决定。产品负责人所做的任何关于产品的决定在产品待办事项列表内容和优先级中需清晰可见。任何人都不得要求产品研发团队按照除产品待办事项列表内容之外的需求开展工作，开发团队也不允许听从任何其他人的指令，包括企业管理者甚至老板。

本书在后续的项目案例讲解中，将“产品负责人”表述为“产品经理”。

2. 开发团队

Scrum 开发团队成员包括项目经理、架构设计、开发、UI 设计和测试等专业人员，负责在每个 Sprint 的结尾交付可发布、应用的产品增量，保证每个 Sprint 迭代完成。

开发团队由公司组织构建并授权，开展产品研发工作。

Scrum 开发团队属于自组织团队，自组织团队是一个跨职能的团队，该团队下不再划分开发组、测试组等子团队，所有成员都属于开发团队。自组织团队有以下特点。

（1）团队决定谁做什么。

（2）团队决定如何做，如何实现目标，即团队做技术决策。

（3）团队需要在确保目标的前提下制定团队内的行为准则。

（4）团队有义务保持过程的透明性。

（5）团队其实没有角色之分，只有工作内容的区别。

（6）团队监督和管理他们的过程和进度。

与传统的开发团队相比，自组织团队更强调对结果负责，团队管理者监督过程，但不干预具体开发任务及过程，确定团队的工作目标、参与成员，给予足够授权。

从上述的团队特点可以得知，Scrum 开发团队对成员的岗位素质、技术技能、沟通能力要求相对较高。

一个结构合理的开发团队成员人数在 6 ~ 9 个人，不包括产品经理及 Scrum Master。

在开发团队中，业内一直有个争论，即在 Scrum 开发团队中是否需要项目经理角色，因为从 Scrum 三种角色的划分可以看出，开发团队可能涉及的计划、组织、领导、控制等管理手段随着自组织团队的特点而被弱化，但在 Scrum 模型未能完美应用的时候，开发团队还是应当有管理者进行引导、监督。

3. Scrum Master

Scrum Master，与产品经理、开发团队等名词不同，国内引用 Scrum 模型时，通常不对 Scrum Master 做翻译。Scrum Master 负责确保 Scrum 模型被产品团队高效、一致理解并有效实施。为了达到这个目的，Scrum Master 需确保 Scrum 团队遵循 Scrum 理论、实践和基本规则。Scrum Master 是 Scrum 团队中的服务式领导，类似于传统模型中的过程改进组负责人。

Scrum Master 服务于敏捷团队，根据不同的服务对象，其主要工作大致包括以下几个方面。

（1）服务于产品经理

① 辅助产品经理提取、细化并优化产品待办事项列表。

② 协助产品经理传达产品目标，清晰用户价值。

③ 帮助产品经理理解并实践敏捷，从而推动整个团队掌握敏捷流程。

④ 在管理者的明确授权下，按需推动 Scrum 活动，优化研发体系。

（2）服务于开发团队

① 指导开发团队构建自组织和跨职能的团队。

② 教导并领导开发团队迭代实现用户价值。

③ 解决敏捷过程中可能出现的问题，并保证流程是正确的、高效的。

④ 在管理层、产品经理的明确授权下，按需推动 Scrum 活动，优化开发模型。

⑤ 培训开发团队，推进 Scrum 实践。

微课 1.2.1　Scrum 角色

1.2.2 用户故事

Scrum 敏捷模型中将用户需求表述成用户故事，那什么是用户故事呢？

用户故事从终端用户的角度描述用户期望实现的业务过程。用户故事包括三个关键要素。用英文表示为：

As a <**Role**>, I want to <**Activity**>, so that <**Business Value**>

用中文表示为：

作为一个<角色>，我想要<做什么活动>，以便于<得到什么商业价值>

1. 角色

角色用于明确功能或业务流程的使用对象，如“作为一个测试负责人，需统计测试团队每个成员每天发现了多少个新的缺陷”，“作为一个店主，需知道每天每种商品的销量情况”等。

角色首先确定用户身份，便于设定用户场景，从而避免脱离实际应用场景，偏离用户价值。

2. 活动

活动用于表述角色期望实现的功能或业务流程，定义为具体的目标结果，如“统计成员每天发现新缺陷的数量”“统计某件商品某天的销售量”“限制用户单次充值金额不超过 1000 元人民币”等。

3. 商业价值

商业价值指用户通过活动，希望得到什么样的价值体现，如“作为一个测试负责人，需统计测试团队每个成员每天发现了多少个新的缺陷，以便于了解当前的版本质量”“作为一个店主，需知道每天每种商品的销量情况，以便了解是否需要补充销量好的商品”。

用户故事不能够使用技术语言来描述，需从用户视角，使用用户可以理解的语言来描述。描述用户故事时不可使用“并且”“或者”等词语，如果有并列关系的故事，则需拆分成两个用户故事，尽可能保证用户故事间的独立性。

微课 1.2.2 用户故事

1.2.3 Sprint

Scrum 是一种持续迭代、增量式的产品开发模型，Scrum 将产品实现分解成若干个 Sprint 迭代。一个 Sprint 是指一个 1 ~ 4 周工作周期的迭代开发项目。产品计划中，Sprint 周期一旦确定，将保持不变，除非有很大的风险产生，不得不调整。Sprint 最终输出结果是可运行的、可用的、实现用户价值且可发布的产品增量。新的 Sprint 在上一个 Sprint 完成发布之后立即启动迭代。

某些敏捷项目管理平台中，可将 Sprint 理解为项目，将需实现的产品待办需求列表分解为若干个用户故事，根据优先级与已明确的需求点设定为 Sprint。将每一个 Sprint 包含的用户故事实现过程当作一个项目运作。很多公司将一个 Sprint 周期设置为 3 周左右，第一、第二周进行设计、开发，第三周进行测试、回归，同时制定第二个 Sprint 内容，以此类推，不断迭代。

产品开发过程中，需求的变化是增量的，不可控，尤其在如今的互联网行业发展浪潮中，敏捷团队预测的需求越多，带来的风险越高，因此每个 Sprint 的周期不能太长，就像日常生活中朋友聚餐一样，开始点了很多菜，觉得大家很饿，肯定能吃完，但实际上并非如此，如果采用增量式迭代、不够再添的方式更为合理。

微课 1.2.3 Sprint

1.2.4 每日站会

传统开发模型中，团队会议是个非常重要的沟通形式，但往往因为主题不明确，涉及范围过多，导致争论、冗余等无效输出，极大地浪费了项目时间。

经过多年行业积累、流程优化，很多企业精简了会议形式，只阐述问题，不讨论问题的具体解决方式，一旦产生争论，组织者及时阻止。但在一个通常只有 4 周甚至更短的敏捷开发周期内，如何更有效地进行团队沟通，确保目标一致，是个极具挑战性的话题。

Scrum 敏捷模型中，要求敏捷团队进行每日站会。所谓每日站会，即敏捷开发团队所有成员，采用每天固定时间、固定地点、站立交流的形式开会，通常不超过 15 分钟，一旦预定时间达到，则停止会议，从而从时间上限制会议时间，从形式上减少会议环节，尽量避免冗余的主题讨论、问题解决，甚至是争论。

敏捷开发模型与传统开发模型不同，更强调个体交互重于过程和工具，注重面对面的沟通。Scrum 团队是一个自组织团队，团队成员进行每日站会，实现面对面高效的沟通。通过每日站会，保证开发过程的透明性，保证团队成员信息获取的真实性及一致性。每日站会是 Scrum 过程进行每天工作检查和调整的重要环节，过程中出现的问题应当在会后及时跟进并解决。

每日站会是开发团队内部会议，无需领导参与，由团队自行组织。每日站会常规的会议内容包括以下几点。

（1）总结过去，发现问题，提出改进措施。

（2）了解现状，明确下一步目标。

（3）任务分配，确定当天工作计划。

微课 1.2.4 每日站会

Scrum Master 必须规定每日站会的会议时间及地点，并且尽可能保证在同一时间、同一地点召开，最好的方式是在团队可视化的任务板前面召开，以便于了解任务进展情况。

每日站会不应当每个成员发表自己的工作状态、内容及困难，应该根据任务分配来召开会议，即以任务驱动，而非角色驱动，这样的做法更便于目标明确及问题发现，及时调整、优化。

1.3 Scrum 开发流程

以敏捷开发团队常用的项目管理平台禅道为例，Scrum 敏捷开发模型工作流程大致如图 1-2 所示。

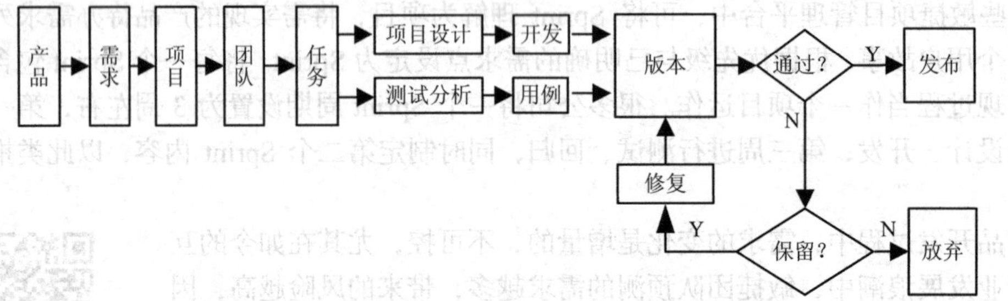

图 1-2 Scrum 工作流程图

1.3.1 产品

许多 IT 公司初创期，都从一个项目开始。某个人接了一个客户软件订单，然后组织一个团队，成立一家公司，为该客户研发软件，最终成功交付。在此过程中，经过他们的调研，发现别人也有类似的需求，故将之前的项目核心功能提取出来，规划为产品，重新组织、优化，进而推广、销售，这是一个良性的演变过程。项目研发需求稳定、风险小，与项目不同，产品先从低风险、高收益入手，再构建核心竞争力，从而占据一定的市场。

也有公司直接从产品入手，如滴滴快车、京东、摩拜单车等，这样的企业需要有核心的产品特点、明显的利益闭环，然后吸引外界强大的资金，也能脱颖而出，快速成功。

基于上述两种类型的企业，他们的软件系统如果采用传统的瀑布模型，可能产品开发出来的时候，市场早已失去。因此，企业为了快速地交付产品，大部分产品研发过程都采用敏捷开发模型，化整为零，快速迭代，增量发布，这样能够保证用户尽快得到可用的产品，尽管功能可能不够完善。

产品与项目在本质上没有任何区别，都是实现用户需求的软件系统，但从其研发过程及特点来看，主要有以下几个区别。

1. 需求来源不同

项目软件研发，通常由用户提出明确的软件需求，研发人员进行开发，容易追溯原始需求。而产品需求来源则是市场调查，由创始人或产品经理分析、提炼用户需求，评估其商业价值，具有很大的不确定性。这点从现今的风投环境即可看出，2013 年、2014 年，只要有一个相对完美的产品商业计划书、一篇相对优秀的 PPT，基本都能获得天使投，而如今，绝大多数的风投，都采用签署对赌协议的方式参与投资，这点也反映出市场对产品的不确定性越来越重视。

2. 生命周期不同

项目软件研发，根据其交付计划完成交付后，可能进入维护期，然后项目结束，通常不存在后续的研发活动，除非项目升级或衍生其他项目。

产品软件研发是一个持续的过程，产品在应用过程中，根据市场用户需求，持续不断迭代，不断优化与升级，如腾讯的 QQ，从 1998 年发展至今，已经持续了近 20 年。

3. 风险来源不同

项目研发的核心是交付符合用户需求的软件平台，因此项目风险围绕着项目交付过程中可能出现的一系列风险，如项目团队人员技能、培训和数量不足、用户需求出现偏差等风险，也可能因供应商的问题导致项目风险，如合同风险、外部系统对接风险等。

产品风险则更多来源于内部技术问题及外部不可控因素。内部风险，如资金投入、设备投入、技术技能匹配度等，外部则对应为市场变化、政策风险等。

充分了解项目与产品概念及对应风险后，根据 Scrum 模型，接下来介绍敏捷开发过程中的产品研发应当如何开展，才有可能降低风险，获取产品成功的最大可能性。

Scrum 敏捷开发模型中，产品团队调研市场需求，分析评估用户需求价值，确定产品整体研发计划及发布计划。传统的瀑布模型，团队需将用户需求或市场调研需求详细、明确地以需求规格说明书形式书面编写出，然后由开发、测试团队进行设计开发与测试。但 Scrum 则不同，产品团队首先将产品需求分解，尽可能分解为独立的业务模块，形成待办事项列表并确定优先级，然后根据优先级进行增量迭代开发。以在线商城 ECShop 产品为例，其整体功能结构大致如图 1-3 所示。

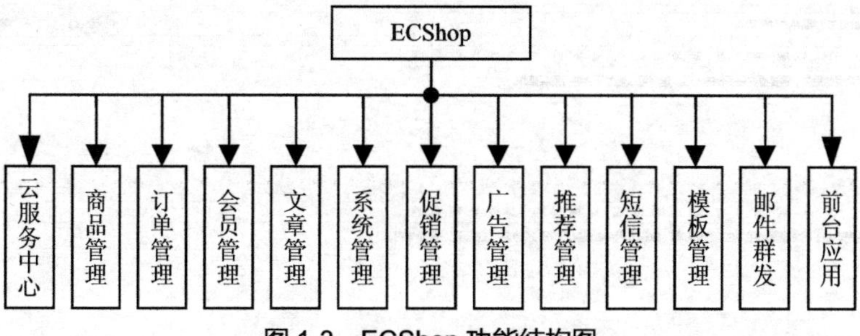

图 1-3　ECShop 功能结构图

图 1-3 表述了 ECShop 产品主要功能结构，二级功能没有列出。通过图 1-3，产品团队/产品经理可列出功能需求列表，不需要细化每一个功能需求，然后设定优先级，根据优先级

微课 1.3.1 产品

确定每个功能的开发先后次序，敏捷开发团队则根据优先级分解用户故事，设立 Sprint 进行增量开发，直至整个产品开发完成并发布。

一家互联网公司，产品是其核心竞争力，决定了公司的发展方向，每一个产品的规划需要有充分的市场论证及利益闭环设计，在这个过程中产品团队是核心。

1.3.2 用户故事

产品团队确定了当前阶段需研发的产品需求待办列表，产品经理或产品需求开发工程师，需将该产品的需求列表进行分解，分解为一个个可独立实现的用户故事。

敏捷开发过程中，很多团队利用禅道项目管理工具进行产品用户故事管理，禅道将用户故事作为需求处理。

【案例 1-2 ECShop 用户故事】

产品经理或具有产品需求管理权限的用户登录禅道，进入“产品”→“需求”模块，如图 1-4 所示。

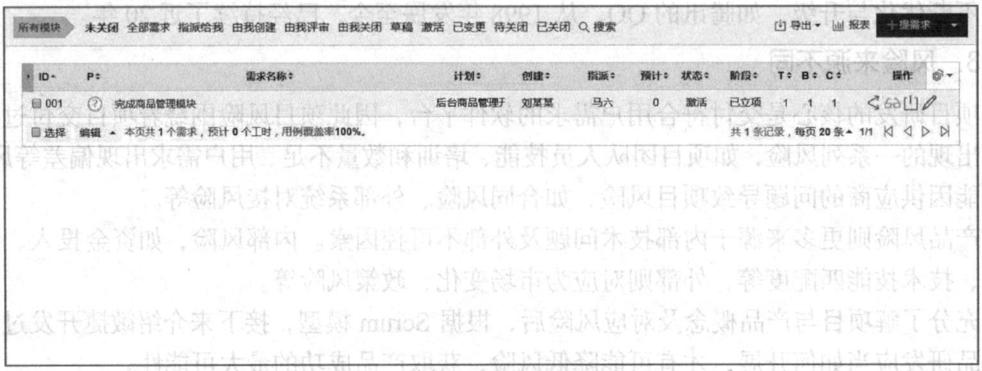

图 1-4 ECShop 产品需求管理

产品经理或产品需求开发工程师根据产品需求分析，在此处创建产品需求（用户故事），单击“+提需求”按钮，进入添加产品需求界面，如图 1-5 所示。

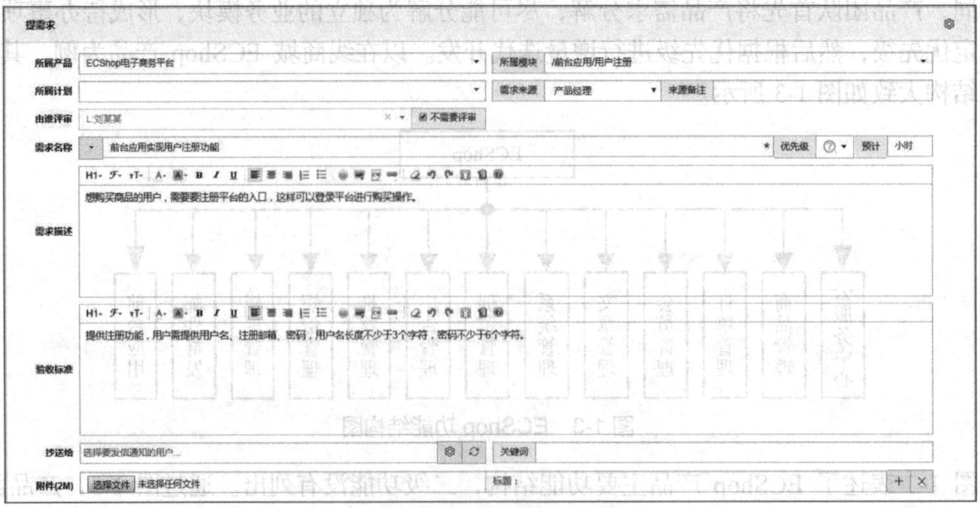

图 1-5 添加产品需求界面

产品经理描述需求过程，与传统需求文档的详细描述有所区别。Scrum 敏捷开发模型中，尽可能从用户角度思考、阐述需求，便于开发团队成员了解用户期望做的事、希望获取的价值。通常，这样的需求表述称为“User Story”，即用户故事。

用户故事，描述用户通过软件系统完成他觉得有价值的事。通过用户的口吻阐述需求，不要在需求中提到技术点，如参数、终端输入、终端输出、数据库、指令等。用户故事描述了软件对用户、系统或软件购买者有价值的功能。

以 ECShop 注册功能为例：

作为一个网站用户，我想要通过注册功能，可以购买商品。

将完整的产品需求，通过用户的口吻，分解为若干个用户故事，然后将每个用户故事当成一个可短期实现并发布的项目实施。

禅道中产品需求表述后，还需要编写“验收标准”，这样的用户故事描述便于后续项目开发、测试用例设计及执行操作。测试工程师设计用例时可直接利用产品需求进行设计。

微课 1.3.2 用户故事

1.3.3 Sprint

Sprint 是 Scrum 模型中非常关键的环节，产品的最终实现是多个 Sprint 迭代的结果。需求确定后，根据产品整体进度计划、用户故事点数设计 Sprint，每个 Sprint 周期在 1 ~ 4 周，多家公司的实践表明，一个 Sprint 周期定在 3 周左右较为合理，当然具体周期开发团队需根据产品的需求特性及多少确定。

【案例 1-3 ECShop Sprint】

针对 ECShop 电商软件系统，采用 Scrum 开发模型，分解为多个 Sprint，第一个 Sprint 可包括用户注册、用户登录、修改个人信息和退出等需求点，以及它们所对应的用户故事。第一个 Sprint 完成后，再进行第二个 Sprint 的开发，依此类推，直至所有 Sprint 完成。

禅道项目管理平台中，Sprint 表述为项目。

微课 1.3.3 Sprint

1.3.4 团队

Sprint 设定后，进行开发团队的构建。开发团队通常包括项目经理、开发、测试和 UI 设计等多种角色，所有成员都属于开发团队，不再细分具体的小组。

一个敏捷开发团队通常由 6 ~ 9 人构成，过少或过多都可能因为沟通效率不好而影响合作效果。

微课 1.3.4 团队

1.3.5 任务

完成一个项目（Sprint）所需的资源、时间，根据开发团队进行任务分解，任务细分得越细越好，通常而言，每个人的工作量不超过 7 小时（以单天算）。

微课 1.3.5 任务

1.3.6 开发工程师

根据任务的分配，开发工程师需参加站立会议，负责产品设计、开发活动。

项目经理带领开发团队每天召开 15 分钟以内的站立会议，阐述上次会议后完成了哪些任务，哪些任务的状态可以从“正在处理”变为“已完成”，当前需完成的任务，项目实施过程中是否存在短期难以解决的障碍，需要什么帮助等。

通过站立会议，敏捷开发团队所有成员应当了解当前项目的进展，目前可能存在的障碍，是否可以开展下一个项目。

微课 1.3.6 开发工程师

1.3.7 设计

根据任务分配，开发工程师设计分解后的用户故事，如业务逻辑结构、用户交互信息等。

1.3.8 开发

根据产品设计，实现对应的代码，提交测试版本。

1.3.9 用例

开发工程师进行设计开发的同时，测试工程师根据当前 Sprint 所包括的用户故事，提取测试点，开展测试用例设计活动。Scrum 中测试用例设计与传统瀑布模型用例设计方法略微不同。瀑布模型中，用户需求规格说明书编写得相当详细，明确了需求开发规格，因此设计的测试用例具有很强的识别度，便于测试工程师执行。但 Scrum 中的产品需求，细化为若干个用户故事，版本迭代周期非常短，频率快，不可能像传统模式那样，一板一眼地编写详尽的测试用例。

测试工程师进行敏捷测试用例设计时，根据软件规划、测试投入，可繁可简，但这个度非常难把握。设计细致的用例，维护成本高，同时缩小了测试工程师的思考空间。设计粗犷的用例，如探索性测试用例，稍微松懈，这些用例可能就失去了用例的意义，不如直接根据用户需求执行测试。同时，测试用例的执行效果还与执行者有关。

用例设计过程中，针对有明确限制类的输入，根据限制要求考虑使用等价类、边界值、正交试验等常用用例设计方法进行设计，如果没有或者仅仅是事务性的需求，则无须细化用例，仅列出测试步骤、明确测试验证结果即可，如经验性测试用例。

测试工程师设计 ECShop 软件的注册功能测试用例时，如果系统明确了注册账号的条件，如“用户名长度不超过 18 位，由字母、数字或下划线组成”，用例设计时，需针对其长度限制、组合限制等有效等价类进行设计用例，但无效等价类可进行组合设计，无须区分不同情况下的无效输入，如汉字、特殊符号，可直接组合输入，以减少用例的数量。

微课 1.3.9 用例

敏捷测试的核心是沟通、高效，不限于形式，不限于文档。

1.3.10 版本

开发工程师完成了对应的开发任务，发布测试版本，需提交至测试工程师进行测试。测试工程师执行测试用例，开展冒烟测试与回归测试，过程中发现的缺陷根据缺陷管理流程跟踪处理。

1.3.11 发布

经过测试工程师检测，达到测试通过标准的版本，可交由发布负责人/项目经理/产品经理根据发布计划实施发布活动。

1.3.12 修复

如果存在缺陷，则由开发工程师进行缺陷的确认与修复活动，修复完成后由测试工程师开展确认与回归测试，直至达到测试通过标准。

1.3.13 放弃

如果产品发生了需求变更，或者因外部因素导致产品无法继续，则该版本乃至整个产品将可能被放弃。

1.4 软件测试定义

熟悉敏捷开发及 Scrum 开发模型的相关知识后，再来回顾下软件测试相关理论。

测试，即检测、试验，利用特定的手段，检测被测对象质量特性表现是否与预期需求一致。对于软件而言，测试是通过人工或者自动的检测方式，检测被测对象是否满足用户要求，或明确预期结果与实际结果之间的差异。软件测试过程是为了发现错误而审查软件文档、检查软件数据和执行程序代码的过程。软件测试是质量检测过程，包含了若干测试活动。

早些时候，很多人对软件测试的认识仅限于运行软件执行测试，实际上，软件测试还包括静态测试和验证活动。软件包括实现用户需求的源代码、描述软件功能及性能表现的说明书、支撑软件运行的配置数据，软件测试同样包括了文档及配置数据的测试，而不仅仅是执行软件。

微课 1.4 软件测试定义

1.5 软件测试目的

实施软件测试的目的通常有以下几个方面。

（1）发现被测对象与用户需求之间的差异，即缺陷。

（2）通过测试活动发现并解决缺陷，增加人们对软件质量的信心。

（3）通过测试活动了解被测对象的质量状况，为决策提供数据依据。

（4）通过测试活动积累经验，预防缺陷出现，降低产品失败风险。

不同测试阶段的测试目的有所差别。需求分析阶段，通过测试评审活动，检查需求文档是否与用户期望一致，主要是检查文档错误（表述错误、业务逻辑错误等），属于静态测试。

软件设计阶段，主要检查系统设计是否满足用户环境需求、软件组织是否合理有效等。

编码开发阶段，通过测试活动，发现软件系统的失效行为，从而修复更多的缺陷。

验收阶段，主要期望通过测试活动检验系统是否满足用户需求，达到可交付标准。

运营维护阶段执行测试是为了验证软件变更、补丁修复是否成功及是否引入新的缺陷等。

无论是哪个阶段何种类型的测试，其目的都是通过测试活动，检验被测对象是否与预期一致。测试工程师希望通过测试活动，证明被测对象存在缺陷，开发工程师则希望通过测试证明被测对象无错误。虽然从表象来看，测试目的不一致，但从保证软件质量本质而言，两者的目标是统一的。

微课 1.5 软件测试目的

1.6 软件缺陷定义

软件测试活动中，作为测试工程师，最重要的工作目标是发现被测对象中以任何形式存在的任何缺陷。那么到底什么是缺陷？为什么测试工程师要竭尽全力找到它们呢？

软件测试活动发展历史中，缺陷最初称为 Bug。Bug 英文原意为臭虫。最初的计算机是由若干庞大复杂的真空管组成，真空管在使用过程中产生了大量的光和热，结果吸引了一只小虫子钻进了计算机的某一支真空管内，导致整个计算机无法正常工作。研究人员经过仔细检查，发现了这只捣蛋的小虫子，并将其从真空管中取出，计算机又恢复正常。为了纪念这一事件，以及方便地表示计算机软硬件系统中隐藏的错误、缺陷、漏洞等问题，Bug 沿用下来，发现虫子（Bug）并进行修复的过程称为 DeBug（调试）。

现代软件质量保证活动中，经常会接触这几个概念：错误、Bug、缺陷、失效等。

（1）错误

错误指文档表述或编写过程中产生的错误现象，静态存在于文档中，一般不会被激发。

（2）Bug

沿用历史含义，Bug 是指存在于程序代码或硬件系统中的错误，通常是由编码或生产活动引入的错误，其既可以静态形式存在，也可在特定诱因下动态存在。

（3）缺陷

缺陷综合了错误、Bug 等相关术语的含义，一切与用户显性或隐性需求不相符的错误，统称为缺陷。错误实现、冗余实现、遗漏实现、不符合用户满意度都属于缺陷。

微课 1.6 软件缺陷定义

（4）失效

失效是因缺陷引发的失效现象，动态存在于软硬件运行活动中。

现代软件测试活动中，更多的团队将 Bug 表述改为缺陷。

1.7 缺陷产生原因

软件缺陷产生的原因多种多样，一般可能有以下几种原因。

（1）需求表述、理解、编写引起的错误。

（2）系统设计架构引起的错误。

（3）开发过程缺乏有效的沟通及监督，甚至没有沟通或监督。

（4）程序员编程中产生的错误。

（5）软件开发工具本身隐藏的问题。

（6）软件复杂度越来越高。

（7）与用户需求不符，即使软件实现本身无缺陷。

（8）外界应用环境或电磁辐射导致的缺陷。

上述情况都可能产生缺陷，常见缺陷分为以下 4 种情况。

1. 遗漏

规定或预期的需求未体现在产品中，可能在需求调研或分析阶段未能将用户规格全部分析实现，也可能在后续产品实现阶段，未能全面实现。通俗而言，一是根本没记录需求，需求本身就遗漏了客户的原始需求，二是需求是齐备完整的，但在设计开发阶段，遗漏了某些需求。

2. 错误

需求是正确的，但在软件编码实现阶段未将规格说明正确实现，可能在概要、详细设计时产生了错误，也可能是编码错误，即有此需求，但需求实现与用户期望不一致。例如，排序功能，用户期望的是按价格升序排列，实现时却是降序排列。

3. 冗余

需求规格说明书并未涉及的需求被实现，即用户未提及或无需的需求，在被测对象中得到了实现，如用户未提及查询结果分类显示方式，但在实际实现中，却以不同类别进行了显示。

一般而言，冗余功能从用户体验角度来看，如果不影响正常的功能使用，则可以保留，除非存在较大应用风险。

4. 不满意

除了上述遗漏、错误、冗余 3 种常见缺陷外，用户对实现不满意亦可称为缺陷。例如，针对中老年人的系统在设计开发过程中，采用了时尚前卫的界面、细小隽秀的字体，导致终端用户不适应、看不清，这样即使所有需求都得到了正确的实现，但不符合用户使用习惯，也是一种缺陷。

测试过程中，测试工程师需要时刻记住，功能再完美、界面再漂亮的软件，如果不是用户期望的，则该系统完全无效，测试过程中需处处以用户为基准，从需求角度出发。

微课 1.7 缺陷产生原因

1.8 软件测试分类

软件测试是个综合的概念，细究其内涵，不同的思考角度就有不同的分类，下面介绍一些常用软件测试分类概念。

1.8.1 按测试方法划分

与软件开发一样，软件测试同样可以采用多种方法，利用不同的方法可以得到不同的效果，并且最终保证被测对象符合预期的用户需求。按照测试方法分，主要有以下几种。

1. 黑盒测试

黑盒测试又叫功能测试、数据驱动测试或基于需求规格说明书的功能测试，通过测试活动来检查被测对象每个功能能否正常使用，是否满足用户的需求。

黑盒测试方法能更好、更真实地从用户角度来检查被测系统界面、功能等方面需求的实现情况，但黑盒测试是基于用户需求进行的，无法了解软件设计层面的问题。

黑盒测试重点检查的是被测对象界面、功能、兼容性、易用性等方面的需求，主要的检查点包括以下几个方面。

（1）功能不正确或遗漏

如果针对明确的用户需求，检查此类错误轻而易举，测试工程师在测试过程中仅需根据详细的用户需求规格说明书一一检查即可。然而这仅是理想情况，现实测试活动中，明确可靠的用户需求可能仅是一种奢望，这个时候又该如何进行检查呢？针对没有明确的用户需求的情况，可以从以下三方面进行测试。

① 由业务部门提供概要的需求文档。

② 由研发部门提供 Function List（功能列表）。

③ 根据业务经验判断。

测试工程师与开发工程师在工作内容上的一个明显差异是测试工程师可能在一个月内接触几个甚至更多不同业务类型的软件系统，需要广泛的业务知识，而开发工程师可能在一年内仅参与一两种业务类型软件的开发工作。在没有明确开发需求的情况下，测试工程师丰富的业务知识就显得尤为重要了，而且在现实的软件开发活动中，期望软件研发流程很正规也是不现实的。

（2）界面错误

与功能检查一样，界面错误检查在有明确用户需求的时候也很容易，如果没有，同样可以采用上述三个方面的检查点进行测试。当然，有个不能忽略的问题就是界面测试往往没有一个明确的标准，多数时候靠测试工程师自身的“审美”观点进行评价，这样难免有偏颇，测试工程师在提交此类缺陷时需谨慎。界面错误一般集中在错别字、界面布局等方面，并且缺陷级别通常都定位较低。

（3）数据访问性错误

数据访问性错误通常发生在接口上。比如，A 系统需调用 B 系统的某些数据，并设定了定时自动调用数据的功能。实际工作中，随着时间的推移，经常出现不能及时调用的错误，甚至不工作。像此类的错误非常严重，特别是对于那些异步处理的软件系统来讲，这些错误往往是致命的。测试工程师在做这些软件测试时需多考虑各种异常访问情况，以避免在实际使用过程中出现严重的错误。

（4）性能错误

被测对象的性能问题往往需要进行专门的性能测试。黑盒测试阶段，可以从被测对象的业务响应速度、业务并发处理能力、业务成功率、系统资源耗用等方面去衡量，而不需考虑程序内部代码的质量。比如，在做 B/S 结构软件测试的时候，在打开页面的时候，测试工程师就可以明确感知到页面的展示速度，这种感知就是对被测对象响应速度的判断。

（5）初始化和终止性错误等

微课 1.8.1-1　黑盒测试

玩过游戏的读者都知道，打开游戏的时候通常都有一段等待时间，游戏会加载一些运行时必需的配置信息，一旦这个过程出问题，即出现了初始化问题，可能导致程序闪退。

终止性错误指某个应用在出现错误后无法保留当前工作状态，执行其提示的操作后，导致程序崩溃，无法正常工作。

2. 白盒测试

白盒测试是指基于程序代码内部结构的测试。白盒测试中，测试工程师深入考查程序代码的内部结构、逻辑设计等。白盒测试需要测试工程师具备很深的软件开发功底，精通相应的开发语言，一般的软件测试工程师难以胜任该工作。

白盒测试方法主要包括代码检查法、静态结构分析法、静态质量度量法、逻辑覆盖法和基本路径测试法，其中最为常用的方法是代码检查法。

代码检查包括桌面检查、代码审查和走查等，主要检查代码和设计的一致性，代码对标准的遵循、可读性，代码逻辑表达的正确性，代码结构的合理性等方面；发现违背程序编写标准的问题，程序中不安全、不明确和模糊的部分，找出程序中不可移植部分、违背程序编程风格的问题，包括变量检查、命名和类型审查、程序逻辑审查、程序语法检查和程序结构检查等内容。一般公司都有比较成熟的编程规范，在代码检查的时候，可以根据编程规范进行检查。

微课 1.8.1-2 白盒测试

3. 灰盒测试

与前面的黑盒测试、白盒测试相比，灰盒测试介于两者之间。黑盒测试仅关注程序代码的功能性表现，不关注内部的逻辑设计、构成情况，白盒测试则仅从程序代码的内部构成考虑，检查其内部代码设计结构、方法调用等，而灰盒测试结合这两种测试方法，一方面考虑程序代码的功能性表现，另一方面又需要考虑程序代码的内部结构。

微课 1.8.1-3 灰盒测试

4. 静态测试

静态测试，顾名思义，就是静态的、不执行被测对象程序代码而寻找缺陷的过程。通俗地讲，静态测试就是用眼睛看，阅读程序代码、文档资料等，与需求规格说明书进行比较，找出程序代码中设计不合理以及文档资料有错误的地方。

一般在企业中召开正规的评审会，通过评审的方式，找出文档资料、程序代码中存在缺陷的地方，并加以修改。

微课 1.8.1-4 静态测试

5. 动态测试

动态测试是指实际地执行被测对象的程序代码，执行事先设计好的测试用例，检查程序代码运行得到的结果与测试用例中设计的预期结果之间是否有差异，判定实际结果与预期结果是否一致，从而检验程序的正确性、可靠性和有效性，并分析系统运行效率和健壮性等性能状况。

动态测试由四部分组成：设计测试用例、执行测试用例、分析比较输出结果、输出测试报告。

动态测试有三种主要的方法：黑盒测试、白盒测试以及灰盒测试。

微课 1.8.1-5 动态测试

6. 手工测试

通过模拟终端用户的业务流程应用软件系统，检查被测对象实际表现与预期结果间的差异，测试工程师手工运行被测对象，这种模式即为手工测试。手工测试是最传统的测试方法，也是现在大多数公司普遍采用的测试形式。测试工程师设计、执行测试用例，比较实际结果与预期结果，记录两者的差异，最终输出缺陷报告和测试报告。手工测试方法可以充分发挥测试工程师的主观能动性，将其智力活动体现于测试工作中，能发现很多的缺陷，但该测试方法有一定的局限性与单调枯燥性。当测试周期变长、业务重复性较大时，手工测试容易变得枯燥乏味。

微课 1.8.1-6 手工测试

7. 自动化测试

随着软件行业的不断发展，软件测试技术也在不断地更新，出现了众多的自动化测试工具，如 HP 商用的 Unified Function Testing、LoadRunner，开源的 Selenium、Appium 等。所谓自动化测试，就是利用一些测试工具，编写一些代码，模拟用户的业务使用流程，自动运行来查找缺陷。自动化测试的引入，大大地提高了测试的效率和测试的准确性，而且写出的比较好的测试脚本，还可以在软件生命周期的各个阶段重复使用。

微课 1.8.1-7 自动化测试

1.8.2 按测试阶段划分

前面概要地讲述了按测试方法划分软件测试分类，下面按测试阶段进行划分，主要有需求测试、单元测试、集成测试、系统测试、用户测试和回归测试等。

1. 需求测试

需求测试是指需求调研完成后，由测试部门或者需求小组进行需求的测试。需求测试从需求文档的规范性、正确性等方面检查需求调研阶段生成的文档，测试工程师最好是有经验的需求分析人员，并且得到了需求调研期间形成的 DEMO。在许多失败的项目中，70%～85%的返工是由于需求方面的错误所导致的，并且因为需求的缘故而导致大量的返工，造成进度延迟、缺陷的发散，甚至项目的失败，这是一件极其痛苦的事情，所以，在有条件开展需求测试的时候，一定要实施需求测试。

微课 1.8.2-1 需求测试

2. 单元测试

单元测试又称为模块测试，顾名思义，就是对程序代码中最小的设计模块单元进行测试。单元测试是在软件开发过程中进行的最低级别的测试活动。在单元测试活动中，主要采用静态测试与动态测试相结合的办法。首先采用静态的代码走查，检查程序代码中不符合编程规范，存在错误或者遗漏的地方，同时项目小组使用代码审查的方法检查项目代码，以期发现更多的问题。然后使用单元测试工具，比如 JUnit、TestNG 等工具进行程序代码内逻辑结构、函数调用等方面的测试。根据行业经验，单元测试一般可以发现大约 80%的软件缺陷。

微课 1.8.2-2 单元测试

3. 集成测试

集成测试又称为组装测试，就是将软件产品中各个模块集成组装起来，检查其接口是否存在问题，以及组装后的整体功能、性能表现。在开展集成测试之前，需进行深入的单元测试（当然，实际工作中大多公司不会做单元测试，仅由程序员各自检查自己的代码）。从个体来讲，可能解决了很多的缺陷，但所有的个体组合起来，就可能出现各种各样的问题。1+1≠2 的问题，此刻尤为突出。

集成测试阶段主要解决的是各个软件组成单元代码是否符合开发规范、接口是否存在问题、整体功能有无错误、界面是否符合设计规范、性能是否满足用户需求等问题。

微课 1.8.2-3 集成测试

4. 系统测试

系统测试是将通过集成测试的软件，部署到某种较为复杂的计算机用户环境进行测试。这里所说的复杂的计算机用户环境，其实就是一般用户的计算机环境。

系统测试的目的在于通过与系统的需求定义做比较，发现软件与系统的定义不符或与之矛盾的地方。这个阶段主要进行的是安装与卸载测试、兼容性测试、功能确认测试和安全性测试等。

系统测试阶段采用黑盒测试方法，主要考查被测软件的功能与性能表现。如果软件可以按照用户合理期望的方式来工作，即可认为通过系统测试。

系统测试过程其实也是一种配置检查过程，检查在软件生产过程中是否有遗漏的地方，在系统测试过程中做到查漏补缺，以确保交付的产品符合用户质量要求。

微课 1.8.2-4　系统测试

5. 用户测试

在系统测试完成后，将会进行用户测试。这里的用户测试，其实可以称为用户确认测试。正式验收前，需要用户对本系统做出一个评价，用户可对交付的系统做测试，并将测试结果反馈回来，进行修改、分析。面向应用的项目，在交付用户正式使用之前需经过一定时间的用户测试。

微课 1.8.2-5　用户测试

6. 回归测试

缺陷修复完成后，测试工程师需重新执行测试用例，以验证缺陷是否成功修复，并且没有引发新的缺陷。

有些公司会采用自动化测试工具来进行回归测试，比如利用 UFT、Selenium 等工具，对于产品级、变动量小的软件而言，可以利用这样的工具去执行测试。但一般情况下，都由测试工程师手动地执行以前的测试用例，来检查用例通过情况。敏捷开发模型中，倾向于实现回归测试自动化。

回归测试可以发现在产品发布前未能发现的问题，比如时钟延迟、软件性能问题等。

微课 1.8.2-6　回归测试

实训课题

1. 试阐述 Scrum 研发流程，分组构建 Scrum 团队，模拟完整的敏捷开发团队。
2. 口述 Scrum 常见的三种角色，及其各自工作内容。
3. 分组练习站立会议，根据各自角色沟通会议内容。
4. 将 ECShop 用户注册、登录、搜索等功能，利用禅道描述为用户故事。

第2章 敏捷测试与团队组织

本章重点

了解敏捷开发模型与 Scrum 流程后，本章重点介绍与测试工程师切身相关的敏捷测试知识，详细介绍敏捷测试流程，并结合案例介绍目前业内常用的敏捷开发团队构成，以期读者理解敏捷测试如何在企业中实施并掌握敏捷测试的工作方式。

学习目标

1. 熟悉敏捷测试定义及其与传统测试的区别。
2. 掌握敏捷测试流程。
3. 了解敏捷开发团队架构，了解敏捷测试人员工作职责。
4. 了解敏捷测试工程师的任职要求。

2.1 敏捷测试定义

2.1.1 敏捷测试定义

其实，没有完整的敏捷测试定义，敏捷测试概念跟随敏捷开发而来，是为了顺应敏捷开发流程而提出的一种测试实践，传统的软件测试方法同样适用敏捷测试，测试工程师利用其专业技能，保证被测对象持续、快速、安全、完整的用户价值交付。

微课 2.1.1 敏捷测试定义

2.1.2 敏捷测试与传统测试的区别

敏捷测试与传统测试相比，技术层面毫无区别，理论层面稍微有区别，工作方式上则有巨大区别。

敏捷，字面意思为语言、动作、行为反应快速，但是敏捷测试核心不是测得快，花的时间少，用的资源省，而是将测试过程更聚焦于结果交付，非过程控制，不强调流程的规范性。

传统的软件测试，需制定周详的测试计划，测试计划分为单元测试计划、集成测试计划、系统测试计划，甚至验收测试计划等，没有经过评审的测试计划，将无法开展有效的测试活动，但敏捷测试更强调团队成员间的交互，注重跟随需求不断调整的速度。

传统测试中需求大而全，复杂度相对较高，如果没有好的测试计划，测试质量确实难以控制，但敏捷测试不同，每个 Sprint 周期相对较短，开发内容相对较少，凭借产品团队成员间的高效沟通也可以保证测试的质量。

敏捷测试工程师更多地参与项目，与敏捷开发团队其他成员具有相同的价值观，以交付有价值的输出为首要工作目标，因此，工作过程中，测试工程师发现缺陷后，需及时与开发工程师沟通，可能无需繁杂的缺陷修复流程，及时发现问题，及时反馈问题，及时修复问题，及时验证新版本，而非传统测试中要求严格遵守规范的缺陷跟踪流程。

传统测试工程师因测试团队管理的规范性要求，可能独立于开发团队，在一个项目团队中明确细分为开发组与测试组，强调测试的独立性。敏捷测试中，测试工程师与开发工程师这两种角色并不清晰，甚至没有分别，他们参与全部开发活动，参与整个项目组的所有会议，同属于敏捷开发团队。

微课 2.1.2 敏捷测试与传统测试的区别

2.1.3 敏捷测试岗位要求

敏捷测试的测试活动开展较早，可能程序接口设计完成，即需开展测试活动，因此敏捷测试工程师需掌握单元测试、接口测试等技能，掌握单元或接口测试技能，就需要他们掌握编程类的技能，如 Java、Python 等。实施测试的过程中需掌握一些常用的工具辅助测试活动，如单元测试工具 TestNG、JUnit，接口测试工具 Jmeter、PostMan 等。敏捷测试要求测试工程师具备较深的需求分析技能、开发技能及测试技能。

除了技能要求外，与传统测试一样，敏捷测试工程师应当熟悉产品开发流程，善于有效沟通，具有很强的责任心、耐心。在测试过程中发现问题时能够准确地预判问题原因，协助开发工程师解决缺陷。

敏捷开发过程中，每个成员都很忙，都在快速地跟随项目流程运转，过程中出现的问题，稍不注意就可能被忽略，敏捷测试工程师需具备上述岗位要求，利用自己的专业技能及时发现问题，及时沟通问题，及时解决问题，从而与开发工程师共同保证按时交付。

微课 2.1.3 敏捷测试岗位要求

2.1.4 敏捷测试工作职责

敏捷开发过程中，测试工程师的职责主要有三个方面。

1. 明确验收要求

与传统测试活动一样，在产品需求明确、细化为项目时，测试工程师应当明确每个用户故事的验收要求，这个过程可能在产品需求评审时，也可能在项目任务分解时，甚至贯穿整个产品研发生命周期中。

2. 跟踪处理缺陷

敏捷测试，提倡化整为零，尽早介入，测试工程师根据测试需求，可能开展单元测试、接口测试等，与传统缺陷类型不一样，敏捷测试过程中存在大量与开发编码相关的缺陷，因此测试工程师应该具有代码阅读、检测能力。

3. 及时沟通反馈

敏捷过程强调人与人之间的沟通应该是简单而高效的。测试工程师需要及时反馈产品目前的质量问题，越快速的问题反馈，越能得到及时的处理。所以，在敏捷模型中，需要测试工程师加强沟通，及时反馈。

微课 2.1.4 敏捷测试工作职责

2.2 敏捷测试流程

与传统测试组织相比，敏捷开发团队不再细分小组，敏捷开发团队构建时即确定了测试工程师，因此，敏捷测试中不存在测试团队构建环节。

同时，因产品规划期间已经设定了具体的实现目标，大部分软件公司不再要求测试工程师编写测试计划与方案，或者编写的计划与方案相对简要，因此，敏捷测试流程中，通常只具有以下几个节点，如图 2-1 所示。

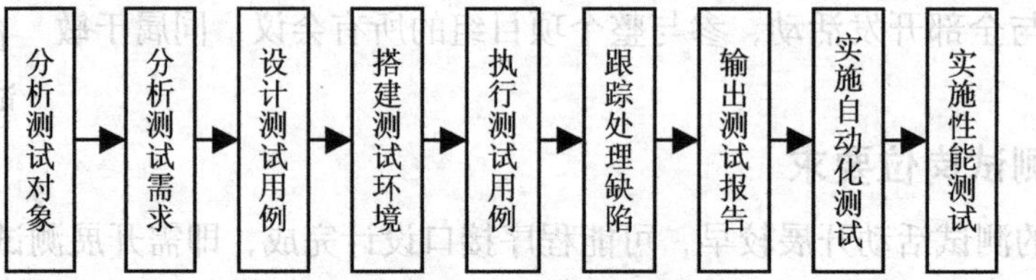

图 2-1 软件测试工作流程图

2.2.1 分析测试对象

微课 2.2.1 分析测试对象

敏捷开发团队中的测试工程师，接受任务分配后，需熟悉被测需求，以获得待办事项列表、用户故事集、需求大纲等资料，通过阅读从总体上掌握被测对象情况，便于开展后续的需求分析、用例设计等工作。

2.2.2 分析测试需求

测试工程师熟悉相关需求后，根据测试管理需要，可将用户故事、需求大纲以测试人员视角提取出来，便于后期的用例设计与执行。

因用户故事或需求大纲在某种程度上已经表述较为清晰，测试工程师可直接将用户故事或需求大纲作为测试步骤进行测试，如果用户故事或需求大纲存在较多验证信息，则可根据测试用例设计的需要，细化测试需求，并利用需求管理工具进行，如本书采用的禅道项目管理平台。

以 ECShop 登录功能为例，用户故事表述如下。

1. User Story1

注册用户输入正确的用户名和密码，可登录系统，以便于他们进入系统执行其他操作。

2. User Story2

注册用户输入错误的用户名或者错误的密码，系统拒绝登录，并给出“用户名或密码错误”的提示，以保证系统的安全。

User Story1、User Story2 两个案例表明了角色期望通过什么操作达到什么效果，获得什么价值。这样的用户故事较容易理解。如果开发团队不要求编写用例，测试工程师则可利用上述用户故事的表述直接进行验证，从而检测被测对象是否实现用户需求。

微课 2.2.2 分析测试需求

如果需要编写用例，则可将用户故事编写到禅道中，作为测试需求，便于后续的测试用例设计。通常情况，产品经理或产品需求开发工程师会编写用户故事，测试工程师只需引用即可。

2.2.3 设计测试用例

微课 2.2.3 设计测试用例

如果敏捷开发团队要求设计测试用例，则测试需求分析提取完毕，经过敏捷开发团队评审通过后，测试工程师开展测试用例设计活动。

测试用例设计可采用等价类、边界值、正交试验、状态迁移等常用的设计方法进行。测试用例文档可使用 Word、Excel 等形式管理，也可使用 ALM、禅道等工具进行管理。测试用例需经团队评审才可使用。

2.2.4 搭建测试环境

微课 2.2.4 搭建测试环境

测试版本发布，开发工程师申请测试时，如需搭建测试环境，测试工程师应从开发工程师处提取测试版本，根据开发工程师提供的测试环境搭建单进行测试环境搭建。测试环境搭建需要测试工程师掌握与被测对象相关的硬件、软件知识。

2.2.5 执行测试用例

微课 2.2.5 执行测试用例

测试环境搭建完成、测试版本发布后，测试工程师进行测试用例执行。根据前期设计并评审通过的测试用例，测试工程师先对待测功能模块实施冒烟测试。冒烟测试通过后，开展正式的测试活动。执行测试用例过程中，如果发现有遗漏或者不完善的测试用例，应当及时更新。用例执行过程中如果发现了缺陷，则需按照缺陷管理规范提交缺陷（如果没有相关流程定义则不需要）。

2.2.6 跟踪处理缺陷

微课 2.2.6 跟踪处理缺陷

常用缺陷管理工具有 Bugzilla、ALM、禅道等。大多数公司都有自己的缺陷管理流程规范，开发团队成员需根据缺陷管理流程开展缺陷跟踪处理工作。缺陷处理阶段，大多数情况下需进行 3 次甚至更多的迭代过程，多次进行回归测试，在规定时间内达到 Sprint 结束可发布或交付的标准。

2.2.7 输出测试报告

微课 2.2.7 输出测试报告

测试完成后，如有需要，测试工程师将对被测对象做一个全面的总结，以数据为依据，衡量被测对象的质量状况，并提交测试结果报告给项目经理或产品经理，从而帮助项目经理、产品经理及其他利益相关方了解被测对象的质量情况，以决定下一步的工作计划。

功能测试报告主要包含被测对象的缺陷数量、缺陷状态统计、缺陷分布、是否通过测试等信息。

自动化测试、性能测试活动很多时候属于单独的测试环节，很多团队将手工功能测试、自动化及性能测试报告分开总结。

2.2.8 实施自动化测试

微课 2.2.8 实施自动化测试

如有必要，开发团队可对需求稳定、测试周期长、存在大量重复操作的业务实现自动化测试。敏捷开发中，对自动化测试要求较高，并且大多数基于接口实施自动化测试。

自动化测试一般分为基于 UI 与接口两种类型。基于 UI 层面的自动化测试代表工具有

UFT、Selenium、Appium 等，接口方面则是 Jmeter、Postman、SoapUI 等。

自动化测试对测试工程师的技能要求较高，需掌握如 Java、JavaScript、Python 等编程语言。

2.2.9 实施性能测试

微课 2.2.9 实施性能测试

一般在功能测试完成后，根据用户需求开展性能测试工作。与功能测试一样，性能测试实施之前，需要进行性能测试需求分析、指标提取、用例设计、脚本录制、优化等一系列设计过程，然后再进行场景执行、结果分析等。

目前行业内使用一些自动化工具进行性能测试，常用的性能测试工具有 LoadRunner、Jmeter 等。

2.3 团队组织构成

任何企业进行软件系统研发时，都需要匹配的技术人员与管理人员，传统的软件研发模型中，针对团队组织有完善的职能定义，敏捷模型也不例外。

下面结合项目案例详细介绍敏捷开发团队中的成员构成与组织架构。

2.3.1 团队成员构成

【案例 2-1 威链优创敏捷团队构成】

威链优创是一家创业型公司，创始人根据其对某种行业的理解，如电子商务行业，根据市场需求分析，计划做一款支持 PC、移动端的在线商城，创始人自己具有市场、销售经验，但不了解 IT 技术，不懂如何开发这样的软件平台，则其可寻求技术合伙人。

技术合伙人刘某某根据自身的行业经验，分析整个产品的演进运营过程，决定用 Scrum 模型进行开发，因此，刘某某将构造一个敏捷开发团队，进行相关产品的研发。

确定开发模型后，技术合伙人进行团队成员的招聘，此时，需清楚计划构建的团队应当有哪些成员，他们对应的职责又有哪些。

敏捷开发团队通常包括以下几类人员：产品经理、项目经理、开发工程师、测试工程师、UI 设计工程师、架构设计师等。

1. 产品经理

产品经理主要负责当前产品的规划、需求提出、成本预算等工作，产品经理应当将规划的产品告知开发团队，确保每个成员知悉产品愿景，同时从边界角度限定时间、资源的使用预算。

敏捷开发中产品经理需编写产品待办列表（Product Backlog），开发团队根据产品待办列表细化具体的开发活动，当然，产品经理也可将产品待办列表的任务具体安排给其他人，但产品经理应当对结果负责。

有些公司将产品经理作为某个产品的具体负责人，以上述的技术合伙人“刘某某”为例，他可以作为产品经理，负责整个产品的组织与开发。

2. 项目经理

敏捷团队的项目经理与传统的项目经理稍有区别，从敏捷团队的自组织特性来看，敏捷开发团队不应当存在管理级别的成员，所有的管理事务应当揉合在结果驱动的自发工作流程中，即传统项目经理/项目经理的计划、管理、监督等活动在敏捷开发团队中应当弱化，甚至取消。但由于国内对敏捷模型掌握仍然不够深入，很多企业只是采用了敏捷的形式，并未真正做到敏捷开发的要求，因此，不少团队仍然存在传统经理/项目经理这个角色，但这个角色仅起到协调、纽带的作用，不具有管理权限，部分职能上与 Scrum Master 重合。本书采用的敏捷项目管理平台禅道，在角色设定中默认设置了“项目经理”这个角色。

本书案例中的开发团队，设置了“项目经理”角色，且由“张某某”担任。

3. 开发工程师

开发工程师承担具体设计、开发任务，针对 Sprint 中的每个用户故事、开发任务开展工作。当测试工程师发现缺陷后，开发工程师与他们沟通，尽快处理缺陷，确保在计划周期内交付增量价值给用户。

本书案例中，“李某某”“王某某”为开发工程师。

4. 测试工程师

测试工程师承担测试需求管理、测试用例设计、测试用例执行等活动，与开发团队成员加强交互，尽早确认需求、发现缺陷尽早解决，及时回归测试用例，与开发团队成员共同保证按时交付增量价值。

本书案例中，“林某”“许某某”为测试工程师。

5. UI 设计工程师

负责产品的 UI 设计，与开发团队成员交互，确保 UI 设计满足产品设定及用户习惯，当测试工程师提出缺陷时，UI 设计工程师及时沟通解决。

本书案例中，“赵某某”担任 UI 设计工程师。

6. 架构设计师

一般可由项目经理担任，当然前提是其具备架构设计的能力。负责整个产品的整体架构设计，此时，架构设计师除了关注产品需求外，需考虑整个产品的稳定、安全、兼容等质量特性。

假设本书案例中，架构设计师由项目经理“张某某”担任。

微课 2.3.1 团队成员构成

2.3.2 团队组织结构

通过上述关于开发团队成员的角色介绍，本书案例产品的敏捷开发团队成员组织结构如图 2-2 所示。

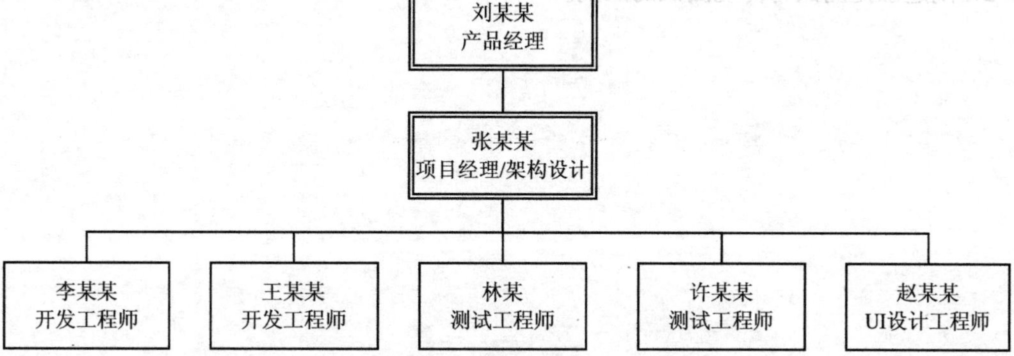

图 2-2 敏捷开发团队组织结构示意图

微课 2.3.2 团队组织结构

敏捷开发团队中，通常不设置下属团队，团队中每个成员没有级别限定，都属于开发团队，产品经理提出愿景（产品需求、待办列表等）、设定边界（交付日期、用户群体设定、资源耗用限定等），开发团队细化用户故事、确定功能优先级、规划 Sprint、实施开发与测试、交付增量价值等。

2.3.3 测试工程师选择

一般而言，敏捷测试工程师与传统测试工程师的岗位要求相同，主要包括素质要求与技术要求两方面。

1. 素质要求

（1）统招专科以上学历。

（2）2 年以上软件测试经验。

（3）组织或参与过手机端和 Web 端软件测试工作。

（4）有良好的沟通能力，热爱测试行业。

（5）工作认真、细心、负责，有较强的责任感。

2. 技术要求

（1）熟悉软件工程、Scrum 敏捷模型、软件测试理论和方法。

（2）熟练运用各种黑盒测试用例设计方法。

（3）熟悉至少一种缺陷管理工具，如 Jira、ALM、禅道等。

（4）熟悉至少一种数据库，如 MySQL、Oracle 等，掌握常用 SQL 语句编写，如增、删、改、查。

微课 2.3.3 测试工程师选择

（5）熟悉常用自动化测试工具，如 LoadRunner、Selenium、HttpWatch、Jmeter 等。

（6）有性能测试经验、自动化测试经验、安全性测试经验优先。

具体需求应当根据产品测试需求确定，不过从上述测试工程师的岗位需求来看，测试工程师需掌握越来越多的开发技能，才能胜任日益复杂的测试任务。

实训课题

1. 模拟创业型敏捷开发团队组织构成。
2. 阐述敏捷测试与传统测试的区别。

第3章 测试分析与任务分配

本章重点

本章介绍在敏捷开发模型下如何分析测试对象，确定测试任务以及搭建测试过程中需要用到的项目管理工具——禅道。读者通过本章的学习，能够根据详细的操作步骤，独立完成禅道项目管理平台搭建工作。

学习目标

1. 理解测试分析的含义。
2. 理解测试任务分配的方法。
3. 掌握禅道运行环境配置技能。
4. 掌握利用禅道构建产品结构。

3.1 测试对象分析

测试活动实施初期，测试工程师需从目标定义、项目背景、测试任务、测试资源、测试风险等几个维度对测试对象进行分析，以便更深入地理解产品需求、提取测试需求、设计测试用例及执行测试用例、发现产品缺陷。

3.1.1 测试目标定义

测试目标定义，确定本次或本轮测试活动期望达成的目标，与测试任务不同，测试任务是具体的事务，测试目标是结果，测试任务是测试目标的实现过程。以 ECShop 项目为例，测试目标是通过实施功能、安全、兼容性、接口及性能测试，验证每个 Sprint 中的业务是否已满足产品需求中定义的功能、安全、UI、兼容性、性能等需求。

测试目标定义需结合用户显性及隐性需求。显性需求通常在产品需求或用户故事中已明确定义，隐性需求则由测试工程师根据自身技术、项目经验结合软件背景、用户背景、运营背景等因素综合考虑分析提取。

测试目标定义后，即可根据测试目标识别测试任务，确定测试范围后，测试目标应尽可能定量或定性评价，如功能实现覆盖率、性能指标、缺陷修复率、兼容性覆盖率等。

微课 3.1.1 测试目标定义

3.1.2 项目背景分析

所有产品或项目研发都有设计背景，通过对项目背景分析，测试工程师可了解该测试对象属于什么行业，有无相关系统或平台，是否有特殊的业务要求等。例如，设计给老人使用的手机，应尽可能将字体放大、声音放大、增大电池容量、减少充电次数。

不同行业可能具有一些符合自身行业特性的需求，如金融行业，除了功能之外更关注数据安全性及性能，政府企业对外业务系统，与功能相比，更为关注安全性，而 App 则侧重于用户交互。了解产品或项目所属行业，有利于测试工程师采用针对特定行业的测试方法或经验，从而提高测试效率及质量。

微课 3.1.2 项目背景分析

一个全新的产品或项目，可能没有与之耦合的系统或平台，但如果是升级软件或衍生系统，则需分析与之耦合的业务系统是否存在交互接口，如果存在，则设计测试策略时需考虑接口测试方法。

测试工程师实施测试对象背景分析时，通常从产品会议、需求大纲、产品待办事项列表等相关资料获取。

3.1.3 测试任务识别

测试目标定义后，需将目标分解，识别具体测试任务。敏捷测试与传统软件测试双 V 模型有所区别，敏捷测试中测试工程师的任务通常由敏捷开发团队根据每个 Sprint 的内容确定，一个 Sprint 包含多少待开发、测试的用户故事或需求列表，由团队评估决定，一旦确定 Sprint 内容，测试任务随之确定。

Scrum 开发模型中，产品需求演变为用户故事有着明确的要求。表述用户故事时，不能从开发者的角度考虑，不允许使用技术类的术语表述需求，这点避免了需求脱离实际用户场景。但作为测试工程师，测试实施时不仅仅需要从用户角度考虑，还需考虑产品的整体设计，除了功能性、易用性之外，还可能考虑产品的移植性、效率等特性，因此测试工程师必须深入了解被测对象的应用场景、用户需求。

敏捷测试任务，主要包括工作量预估、测试准备和测试执行等几个方面。

1. 工作量预估

根据经验，一个 Sprint 中，测试时间通常占开发时间的 30%～40%，因此，测试工程师估算测试时间时，应当先了解开发时间是多少，然后根据开发时间及任务节点，规划测试时每项工作的工作量，然后以列表形式记录。

测试工程师参加每日站会后，根据 Sprint 的开发进展，及时更新工作量预估，有问题及时调整。

2. 测试准备

测试活动执行前，测试工程师需根据测试目标，设计测试用例（如果需要）、构造测试数据、开发接口脚本、自动化脚本及性能测试脚本。

测试用例设计，一般可根据用户故事的粒度及敏捷开发团队要求决定，如果用户故事编写相对细化，可明确验证功能，则无需编写测试用例，直接以用户故事作为测试依据。如果用户故事仅列出了用户的期望，存在较多校验性的功能，则需利用等价类、边界值、正交试验、状态迁移等方法进行用例设计，便于后续的测试执行活动。

测试过程中可能需要大量的数据，尤其是测试流程性业务时，测试工程师需确定构造数据的方法以及脚本。例如测试环境搭建时，可利用 SQL 语句恢复测试数据、利用一些批量生成身份证号码的软件，模拟身份证信息等。

敏捷测试很多时候要求将测试执行过程自动化，比如接口测试，此时需编写自动化测试脚本，要求测试工程师具有编程能力及使用工具的能力。

性能测试与自动化测试相同，都需要进行测试脚本的开发与优化。

3．测试执行

测试执行阶段，测试工程师需搭建测试环境、执行测试用例、分析输出测试结果、跟踪处理缺陷等。

测试环境，如果很复杂，可能会由开发工程师搭建，但建议由测试工程师自己搭建，这样便于了解更深层面的架构情况。

测试环境搭建工作需掌握较多的知识，测试任务识别环节，测试工程师应当向开发工程师明确产品的运行环境，然后准备相关资源。如果自己不具有环境搭建的知识，则需提前学习。

除产品的测试环境外，可能还需要测试管理环境，如测试用例管理、缺陷管理等，一般会选择一个较为全面的管理工具，如 ALM 或禅道。

测试执行时所发现的问题可及时记录，便于后期的缺陷跟踪。

微课 3.1.3 测试任务识别

3.1.4 测试资源分析

不同的测试任务对应着不同的资源需求。测试用例设计时，测试工程师需参考、应用产品待办列表、需求大纲、用户故事、Sprint 计划等文档资料；测试环境搭建时，需要获取支撑产品运行的软、硬件资源；实施测试管理时，需采购或使用开源的项目管理平台，当技术技能不足时，需参与技能培训，甚至提出招聘需求等。

测试工程师开展测试活动前，必须确保所需的测试资源到位，否则可能无法如期开展测试活动。

微课 3.1.4 测试资源分析

3.1.5 测试风险分析

软件在设计研发过程中几乎都存在风险。风险理解为某些不良事件、危险或可能危害相关事务的活动等发生的可能性，及其可能带来的不良后果。风险可能发生，也可能不发生，是一个潜在的问题。

所有的软件研发活动，都存在不同级别的风险。风险级别取决于发生不确定事件、危险的可能性及产生影响的严重度。

测试过程中可能存在的风险通常来源于 3 种类型：项目风险、产品风险、外因风险。

1．项目风险

项目，通常有明确的需求主体，由客户提供具体需求，软件公司承接研发任务，因此，需求风险较少，其具体风险来源于以下几个方面。

（1）团队组织因素

敏捷开发团队成员个人素质因素非常重要，不合适的人即使在高效的流程及优秀团队下，也不可能开展高质量的软件质量保证活动，因此人的风险需首要关注。人员不足、技能不足、培训不足都是潜在的风险。

除了团队成员个人素质风险外，团队沟通、规程也是潜在风险，测试工程师与需求开发、程序开发、工程运维间的沟通不畅，评审流程存在瑕疵，对测试活动价值认识不足，缺陷后续跟踪不力同样是潜在的风险。

（2）技术因素

从软件研发技术角度考虑，常见问题是需求调研开发问题，无法正确、准确定义的需求是绝大多数软件研发失败的重要因素。其次是开发技术技能掌握程度，是否有技术沉淀，是否有规范的设计评审流程。

从软件测试角度考虑，测试环境无法真实模拟实际生产环境，或环境资源准备不足，都是潜在风险。

低质量的软件需求开发、架构设计、编码及测试设计、测试执行、未完成的数据准备、环境保障等，同样是潜在风险。

（3）供应商

现在很多软件系统是多公司、多团队合作完成的，以四川烟草中心运营平台项目为例，有近 5 家供应商共同承担该中心的信息化平台建设，因此，除了团队组织、技术因素外，供应商与供应商间的合作也可能是项目风险。

2. 产品风险

除了项目风险外，测试工程师实施测试活动时，需根据测试对象特性，考虑产品风险。产品与项目的区别在于，产品需求往往来源于不特定的用户，无明确需求主体，通常由市场调研人员根据潜在需求客户提取的需求。

产品风险最常见的一个因素是需求问题。市场需求定位不准，用户需求调研不充分，常常导致产品的最终失败。除了需求外，软件产品符合法律法规、潜在用户应用使用习惯也是重要的风险产生点。

测试活动开展初期需进行测试风险分析，综合测试工程师的智慧，识别风险，制定风险的预防及应对措施，从而提高测试活动的质量。

微课 3.1.5 测试风险分析

3. 外因风险

除了客户或供应商本身的风险外，外因风险也是不容易忽视，如政府监管、自然灾害等。

识别出对应的风险，测试工程师需提前预判、基于风险给出可靠的解决措施，以便应对测试活动实施时可能出现的问题。

3.2 测试任务分配

测试任务识别后，测试工程师与敏捷开发团队成员沟通，确定各自的测试任务。敏捷团队中，没有传统意义上的测试主管或测试组长，测试工程师的任务可能由项目经理分配，甚至是成员自己协商分配。

【案例 3-1 ECShop 测试任务分配】

测试工程师林某、许某某根据 Sprint 计划内容、开发工程师任务分配，协商当前 Sprint 中的测试任务如何分配。

ECShop 待开发需求列表如表 3-1、表 3-2 所示。

表 3-1 ECShop 平台后台功能需求列表

后台模块	功能模块	后台模块	功能模块
云服务中心	授权绑定	促销管理	夺宝奇兵
	云起物流		红包类型
	服务市场		商品包装
	短信平台		祝福贺卡
商品管理	商品列表		团购活动
	添加新商品		专题管理
	商品分类		拍卖活动
	用户评论		优惠活动
	商品品牌		批发管理
	商品类型		超值礼包
	商品回收站		积分商城商品
	图片批量处理	订单管理	订单列表
	商品批量上传		订单查询
	商品批量导出		合并订单
	商品批量修改		订单打印
	生成商品代码		缺货登记
	标签管理		添加订单
	虚拟商品列表		发货单列表
	添加虚拟商品		退货单列表
	更改加密串	广告管理	广告列表
	商品自动上下架		广告位置
报表统计	流量分析	会员管理	会员列表
	客户统计		添加会员
	订单统计		会员等级
	销售概况		会员整合
	会员排行		会员留言
	销售明细		充值与提现申请
	搜索引擎		资金管理
	销售排行	权限管理	管理员列表
	访问购买率		管理员日志
	站外投放 JS		角色管理

续表

后台模块	功能模块	后台模块	功能模块
文章管理	文章分类	权限管理	办事处列表
	文章列表		供货商列表
	文章自动发布	模板管理	模板选择
	在线调查		设置模板
系统设置	商店设置		库项目管理
	会员注册项设置		语言项编辑
	支付方式		模板设置备份
	配送方式		邮件模板
	邮件服务器设置	数据库管理	数据备份
	地区列表		数据表优化
	计划任务		SQL 查询
	友情链接		体验数据清除
	验证码管理		转换数据
	文件权限检测	短信管理	发送短信
	文件校验		短信签名
	首页主广告管理	邮件群发管理	关注管理
	自定义导航栏		邮件订阅管理
	站点地图		杂志管理
推荐管理	推荐设置		邮件队列管理
	分成管理	移动版管理	移动版

表 3-2　ECShop 平台前台功能需求列表

前台模块	功能模块
用户应用	用户注册
	用户登录
	用户中心
	购物车管理
	我的订单
	收货地址
	我的收藏
	我的留言

续表

前台模块	功能模块
用户应用	红包应用
	我的标签
	缺货登记
	我的红包
	我的推荐
	我的评论
	跟踪包裹
	资金管理

根据产品整体开发规划，第一个 Sprint 中只包含后台商品管理、后台会员、前台用户注册、登录及个人中心功能。林某、许某某结合各自的经验与技术水平，进行任务分配，如表 3-3 所示。

表 3-3 测试任务分配表

测试工程师	任务内容	任务描述
林某	搭建禅道管理平台	负责禅道项目管理平台的搭建
	测试后台商品管理、后台会员功能	负责相应模块的功能、安全性测试用例设计与执行并跟踪处理其缺陷
许某某	搭建项目测试环境	负责测试环境搭建
	测试前台用户注册、登录及个人中心	负责相应模块的功能、安全性、兼容性测试用例设计与执行并跟踪处理其缺陷
	开发用户登录接口测试脚本	负责接口脚本开发与执行

测试任务分配后，测试工程师需将该任务分配情况告知敏捷开发团队所有成员，以便团队成员了解测试工程师的工作内容。

测试分配任务后，测试工程师根据测试任务分配开展工作。通常情况下，测试工程师的日常工作主要为：熟悉产品需求、分析测试需求、测试用例设计、测试用例执行、缺陷跟踪处理、日报填写等，具体的事务需根据实际的工作确定。

熟悉产品需求时，测试工程师不应仅关注自己的测试模块，而应尽可能熟悉所有需求。实际测试工作中，为了解决思维定势问题，测试工程师可实施交换测试。软件测试工作本身是一个重复性比较高的工作，在多次迭代的过程中，往往会造成测试工程师思维定势，无法再找出系统中存在的缺陷。此时测试工程师相互沟通，交换执行测试任务，因为每个人思考模式不同，可以充分发挥人的主观能动性，找出别人发现不了的缺陷。通过交换测试，能够起到能力互补的作用，找到更多的缺陷，从而提高测试工作质量，所以，测试工程师熟悉需求时，除了熟悉自己的待测业务外，还应对其他的业务模块加深理解。

微课 3.2 测试任务分配

熟悉需求后，测试工程师即可进行用例设计方面的工作。

很多公司需要员工每天都写工作日报，并且都有一定的模板，员工在实际工作中根据实际情况填写即可。

3.3 测试平台配置

根据测试任务分配，林某需搭建开发团队所需的禅道管理工具，如果开发工程师已经搭建完成，则无需重新搭建，直接应用即可。

3.3.1 管理工具选择

目前，行业应用较多的测试管理平台主要是 HP 公司的 ALM 及国内开源软件禅道，二者都提供了非常丰富的测试管理功能，如需求管理、用例管理、缺陷管理等。与 HP 的 ALM 相比，开源的禅道更贴合 Scrum 模型。

1. ALM

ALM（Application Lifecycle Management，应用程序生命周期管理软件）用于软件研发活动的整个生命周期管理。HP 公司研发的早期版本分别是 Test Direct 及 Quality Center，较多的跨国企业或有实力的公司在用。ALM 价格昂贵，一般创业型或规模较小的公司承担不起。

2. 禅道

禅道是国内一款优秀的开源项目管理软件，集产品管理、项目管理、质量管理、文档管理、组织管理和事务管理于一体，完美地覆盖了项目管理的核心流程。目前国内众多互联网公司都使用禅道进行项目管理。

本教程以禅道为项目管理平台，通过实际案例介绍敏捷测试过程。

微课 3.3.1 管理工具选择

3.3.2 禅道安装配置

禅道作为一款优秀的开源项目管理软件，提供了丰富的配置方式，读者可从其官方网站获取开源版本，搭建在 Windows 或 Linux 平台上，本书以 CentOS 为运行操作系统平台，搭建禅道。

【案例 3-2 禅道安装与配置】

如今读者获取知识的渠道非常多，网络上存在大量的、可以帮助读者完成环境搭建的资料，但重复率、错误率较高，本书尽可能给出详细的配置过程，便于读者学习。

配置禅道前，需先安装配置 CentOS 系统。为了便于学习，本书采用 VMware 虚拟机模拟真机安装 CentOS，安装过程请见“附录 1 CentOS 环境搭建手册”。CentOS 版本为：CentOS-6.5-x86_64。

CentOS 配置完成后，下载禅道官网对应的开源版本搭建项目应用环境。

禅道开发语言为 PHP，数据库采用 MySQL，在配置禅道前，需先进行禅道运行环境的配置。

注：通过 yum 方式安装程序时，需确保 CentOS 可以访问网络，否则请通过安装文件安装。默认情况下，可不设置软件源。

1. Apache 安装与配置

在安装好的 CentOS 虚拟机上安装 Apache，通过 rpm –q 方式查询是否已经安装，如下所示。

```
[root@ecshopserver ~]# rpm -q httpd
httpd-2.2.15-60.el6.centos.6.x86_64
```

如果已经安装，则会出现上述版本信息，则启动服务即可。如果没有安装，则可利用以下命令进行安装。

```
[root@ecshopserver ~]# yum install httpd
```

安装完成后通过以下命令启动 apache 服务器，“start”启动服务，“restart”重启服务，“stop”停止服务。

```
[root@ecshopserver ~]# service httpd start
正在启动 httpd: httpd: apr_sockaddr_info_get() failed for ecshopserver
httpd: Could not reliably determine the server's fully qualified domain name, using
127.0.0.1 for ServerName
[确定]
```

启动成功后，访问服务器，如 http://192.168.0.105（虚拟机的实际 IP 地址），若出现图 3-1 所示页面，则表示 Apache 安装成功，否则请检查上述安装步骤。

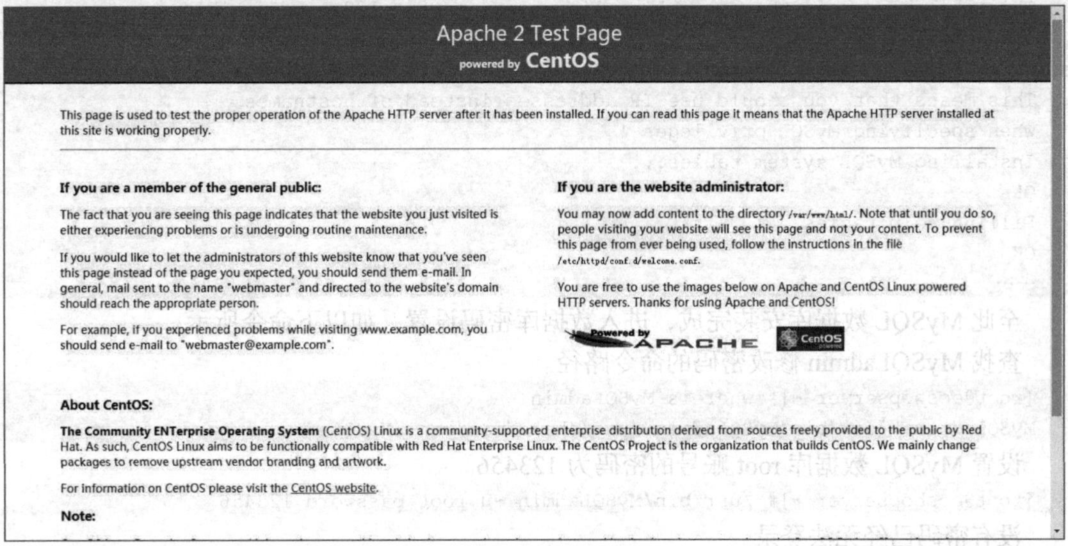

图 3-1　Apache 启动成功

如需设置开机自动启动 httpd 服务，则可编辑/etc/rc.d/rc.local 文件，增加以下代码即可。

```
/etc/init.d/httpd start
```

2. PHP 安装与配置

Apache 安装完成后，进行 PHP 解析器安装与配置。

同样，首先检查 PHP 是否已经安装，使用以下命令：

```
[root@ecshopserver ~]# rpm -q php
package php is not installed
```

上述命令的结果表示系统没有安装 PHP 解析器，使用以下命令安装：

```
[root@ecshopserver ~]# yum install php
```

安装完成后再次验证是否已经安装了 PHP 解析器，如

```
[root@ecshopserver ~]# rpm -q php
php-5.3.3-49.el6.x86_64
```

上述结果表明已经成功安装 PHP 5.3.3 版本。

3. MySQL 安装与配置

本次 ECShop 系统使用的是 MySQL 数据库，利用下列步骤进行 MySQL 数据库安装。

（1）安装 MySQL 及 MySQL-server 文件

```
[root@ecshopserver ~]# yum install MySQL
[root@ecshopserver ~]# yum install MySQL-server
```

安装 MySQL 文件过程中，自动安装与 MySQL 相关的 lib 文件及其他辅助文件。

（2）检查 MySQL 是否已经安装

```
[root@ecshopserver ~]# rpm -q MySQL
MySQL-5.1.73-8.el6_8.x86_64
[root@ecshopserver ~]# rpm -q MySQL-server
MySQL-server-5.1.73-8.el6_8.x86_64
```

（3）启动 MySQL 服务

```
[root@ecshopserver ~]# service MySQLd start
初始化 MySQL 数据库: WARNING: The host 'ecshopserver' could not be looked up with resolveip.
This probably means that your libc libraries are not 100 % compatible
with this binary MySQL version. The MySQL daemon, MySQLd, should work
normally with the exception that host name resolving will not work.
This means that you should use IP addresses instead of hostnames
when specifying MySQL privileges !
Installing MySQL system tables...
OK
Filling help tables...
OK
……
```

至此 MySQL 数据库安装完成，进入数据库密码设置，如以下命令所示。

查找 MySQLadmin 修改密码的命令路径。

```
[root@ecshopserver ~]# whereis MySQLadmin
MySQLadmin: /usr/bin/MySQLadmin /usr/share/man/man1/MySQLadmin.1.gz
```

设置 MySQL 数据库 root 账号的密码为 123456。

```
[root@ecshopserver ~]# /usr/bin/MySQLadmin -u root password 123456
```

没有密码已经无法登录。

```
[root@ecshopserver ~]# MySQL
ERROR 1045 (28000): Access denied for user 'root'@'localhost' (using password: NO)
```

利用 root 和密码登录。

```
[root@ecshopserver ~]# MySQL -u root -p
Enter password:
Welcome to the MySQL monitor.  Commands end with ; or \g.
Your MySQL connection id is 5
Server version: 5.1.73 Source distribution

Copyright (c) 2000, 2013, Oracle and/or its affiliates. All rights reserved.

Oracle is a registered trademark of Oracle Corporation and/or its
affiliates. Other names may be trademarks of their respective
owners.

Type 'help;' or '\h' for help. Type '\c' to clear the current input statement.

MySQL>
```

MySQL 安装完成后，安装 php_pdo 及 php_pdo_MySQL 组件。

```
[root@testserver ~]# yum install php-pdo
[root@testserver ~]# yum install php-pdo_MySQL
```

如需设置开机自动启动 MySQL 服务，则可编辑/etc/rc.d/rc.local 文件，增加以下代码即可。

```
/etc/init.d/MySQLd start
```

4. 禅道部署与配置

本书禅道使用的是 9.1.stable 版本。下载后解压，利用 VMWare 文件共享方式上传到 CentOS 中，无需 FTP 上传。

（1）打开 CentOS 虚拟机设置，切换到“Options”界面，如图 3-2 所示。

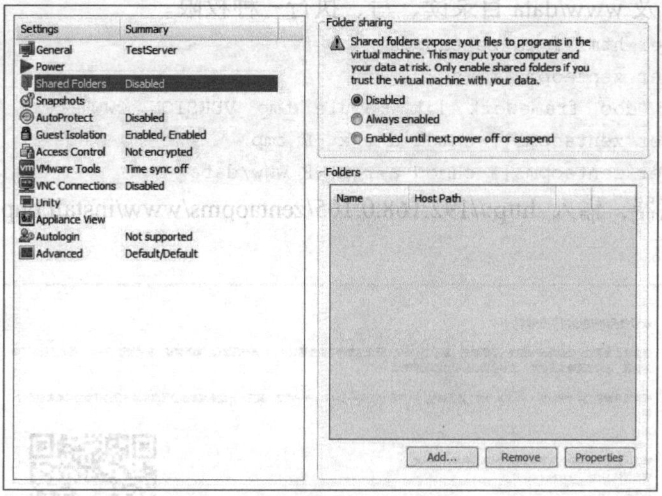

图 3-2　设置虚拟机共享文件

（2）选择“Shared Folders”，单击右边“Always enabled”，再单击【Add】按钮，启动共享设置向导，如图 3-3 所示。

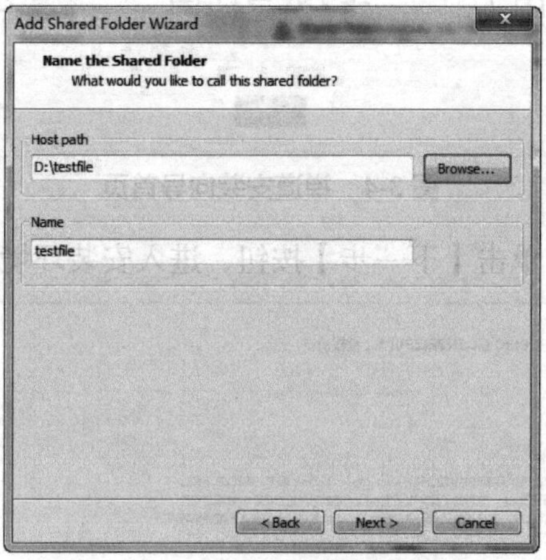

图 3-3　选择本地待共享文件

（3）单击【Browse】按钮浏览本地需共享的文件夹，确定后单击【Next】按钮完成设置。

（4）上述操作完成后，进入 Linux 或利用远程连接工具（如 SecureCRT、SSH 等）执行下列命令，验证文件是否已经成功共享。

```
[root@testserver ~]# cd /mnt/hgfs/
[root@testserver hgfs]# ls
testfile
[root@testserver hgfs]# cd testfile/
[root@testserver testfile]# ls
zentaopms
```

（5）确认共享成功后，将禅道文件拷贝至 Apache 服务对应的 html 目录下。

```
[root@testserver testfile]# cp -R zentaopms /var/www/html/
[root@testserver testfile]# cd /var/www/html/
[root@testserver html]# ls
zentaopms
```

（6）设置 tmp 及 www/data 目录读、写、执行三种权限。

```
[root@testserver html]# cd zentaopms
[root@testserver zentaopms]# ls
bin  config  db  doc  framework  lib  module  tmp  VERSION  www
[root@testserver zentaopms]# chmod a=rwx -R tmp
[root@testserver zentaopms]# chmod a=rwx -R www/data/
```

（7）打开浏览器，输入 http://192.168.0.105/zentaopms/www/install.php，进入禅道安装界面，如图 3-4 所示。

图 3-4　禅道安装向导首页

（8）同意安装许可证，单击【下一步】按钮，进入安装环境检查页面，如图 3-5 所示。

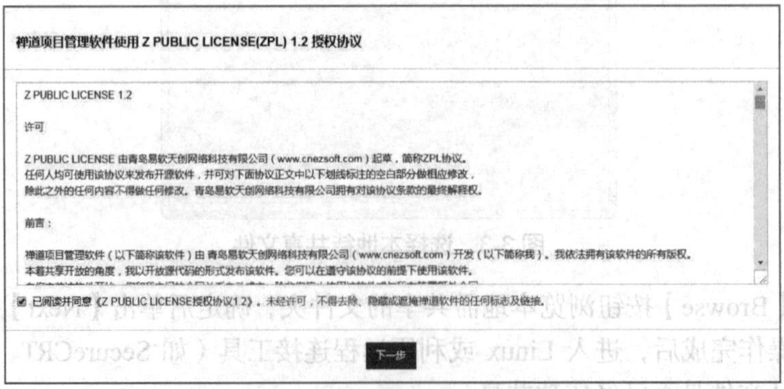

图 3-5　禅道安装许可证信息

（9）如果 PHP、MySQL 及目录权限环境设置都正确，则检查结果为绿色，否则需根据错误提示逐步检查，检查通过后，单击【下一步】按钮，进入安装配置界面，如图 3-6 所示。

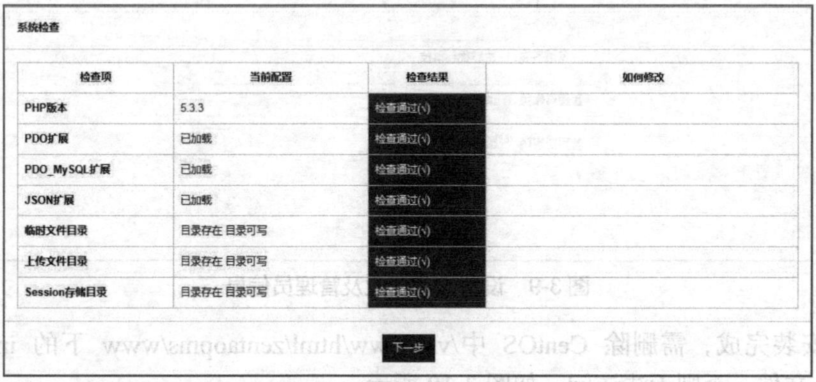

图 3-6　禅道安装环境检查

（10）设置数据库连接信息，设置无误后保存即可，如图 3-7 所示。

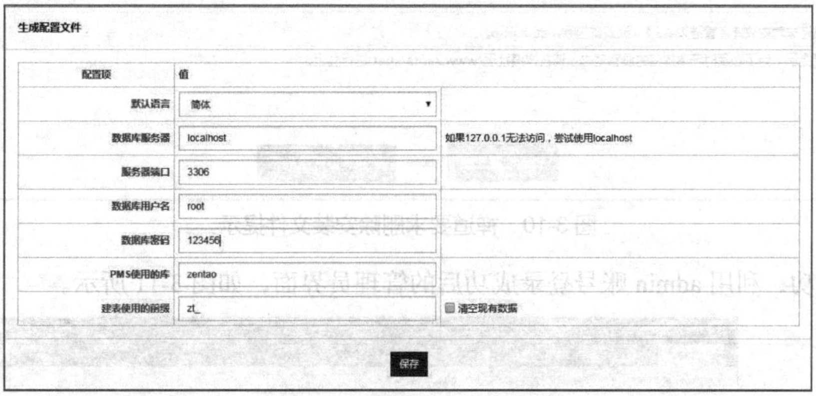

图 3-7　设置禅道数据库信息

（11）禅道要求保存配置文件信息，根据提示，在 CentOS 对应的目录下创建 my.php 文件，将配置信息粘贴进去即可，如图 3-8 所示。

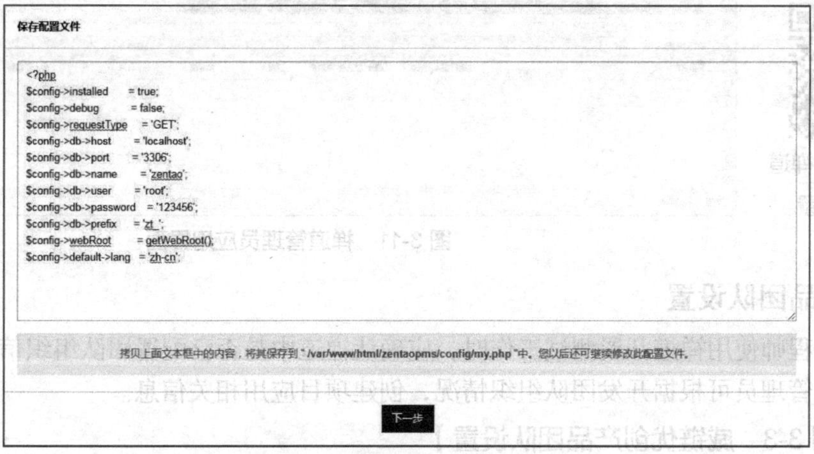

图 3-8　保存禅道用户配置信息

（12）设置企业及管理员信息，请牢记管理员账号与密码，确认无误保存，如图 3-9 所示。

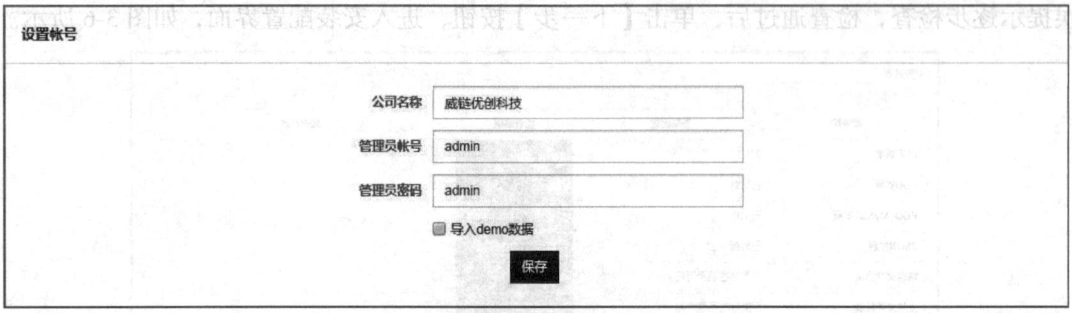

图 3-9　设置应用企业及管理员信息

（13）安装完成，需删除 CentOS 中/var/www/html/zentaopms/www 下的 install.php 及 upgrade.php 文件，否则无法访问，如图 3-10 所示。

图 3-10　禅道要求删除安装文件提示

安装成功，利用 admin 账号登录成功后的管理员界面，如图 3-11 所示。

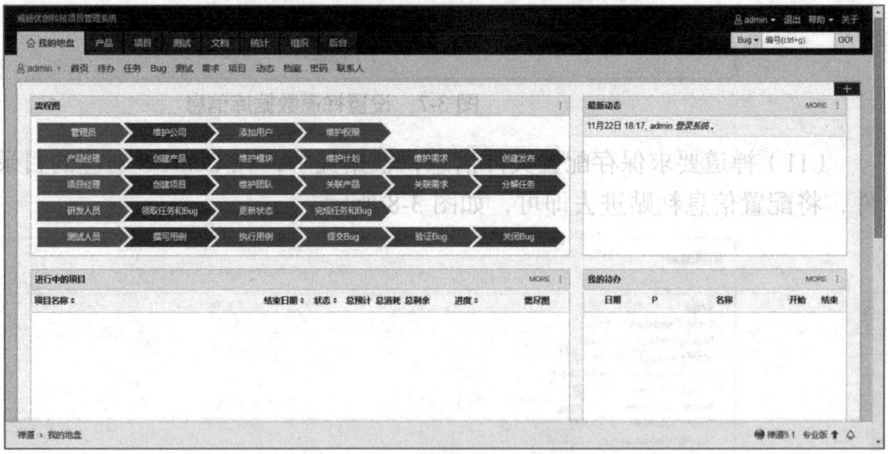

微课 3.3.2　禅道安装与配置

图 3-11　禅道管理员应用界面

3.3.3　产品团队设置

测试工程师使用禅道开展测试工作时，应确认禅道中是否已配置团队组织信息，如果没有，则禅道管理员可根据开发团队组织情况，创建项目应用相关信息。

【案例 3-3　威链优创产品团队设置】

禅道管理员登录系统后，进入“组织”→“部门”模块，进行组织团队创建。创建时可根据具体组织架构设计部门的结构形式。敏捷开发团队一般不设置下属部门，因此根据实际情况，只设置一个产品部即可，或者根据不同的产品线设置，设置完成后如图 3-12 所示。

微课 3.3.3 产品团队设置

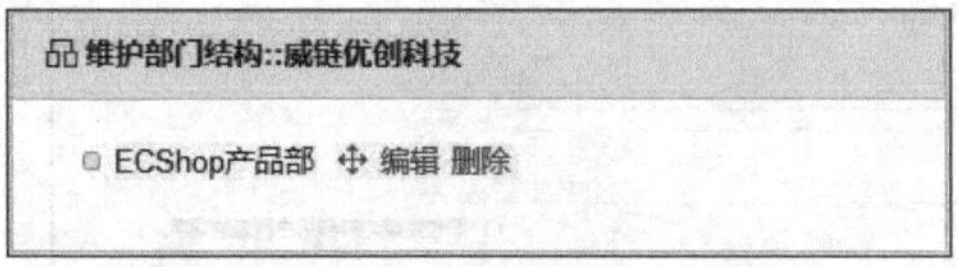

图 3-12 研发团队组织结构创建

3.3.4 角色权限设置

禅道默认设计了很多贴合实际应用的权限，基本不用调整，敏捷开发团队可根据自身情况调整。实际测试管理中，任何成员都不应该具有删除缺陷的权限，因此，设置成员权限时需检查禅道中自定义组是否具有删除缺陷的权限，如果有，则取消。该工作一般由测试工程师或者项目经理检查。

禅道默认“项目经理”用户组具有删除缺陷的权限，可将该权限删除。

权限设定确定后，创建用户时可进行权限分配。需注意的是，部门设置与角色权限无必然联系，除非在权限模块中创建了对应的部门角色。

微课 3.3.4 角色权限设置

3.3.5 团队用户设置

部门、角色权限设定后，需设置每个成员的信息。禅道提供了单个创建与批量创建模式。第一次配置禅道，可利用批量创建模式，如图 3-13 所示。

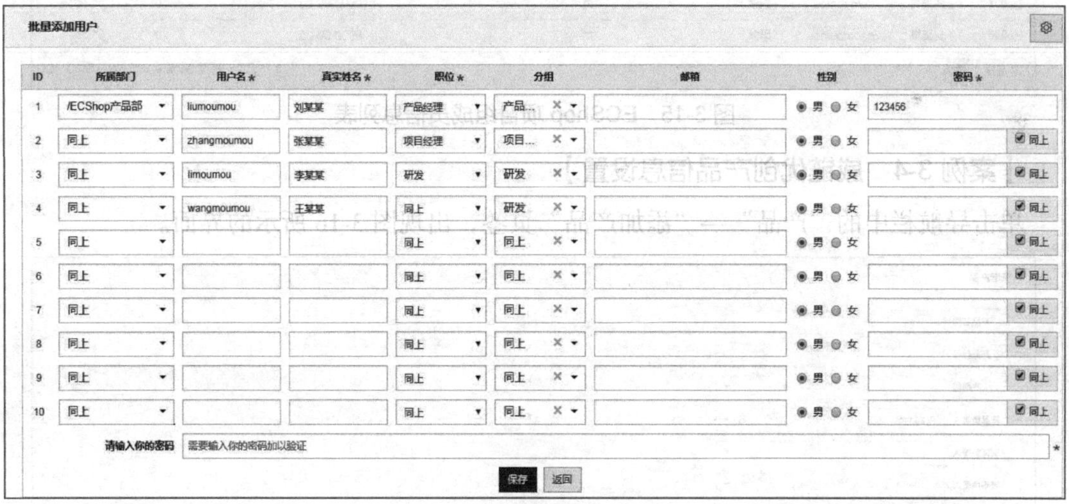

图 3-13 批量添加项目用户

根据需求，也可使用单次添加，如图 3-14 所示。

通过上述方式，创建本次敏捷开发团队所有成员，如图 3-15 所示。

微课 3.3.5 团队用户设置

3.3.6 产品信息设置

部门、权限、用户创建完成后，产品经理即可创建产品信息，便于后期针对产品的应用。

图 3-14　添加项目组成员

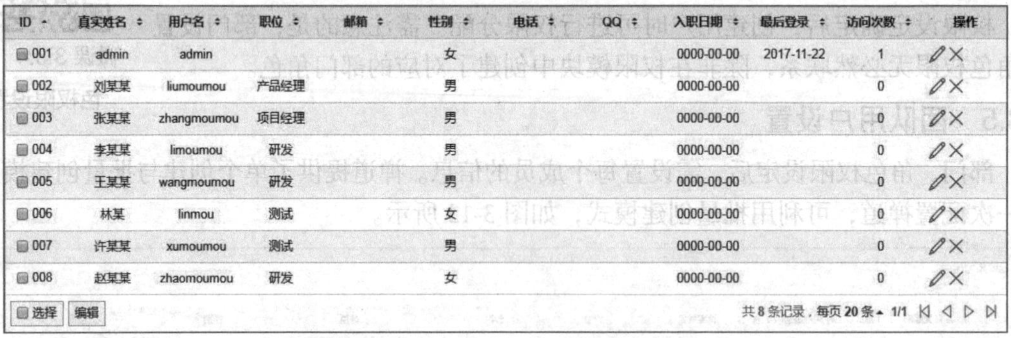

ID	真实姓名	用户名	职位	邮箱	性别	电话	QQ	入职日期	最后登录	访问次数	操作
001	admin	admin			女			0000-00-00	2017-11-22	1	
002	刘某某	liumoumou	产品经理		男			0000-00-00		0	
003	张某某	zhangmoumou	项目经理		男			0000-00-00		0	
004	李某某	limoumou	研发		男			0000-00-00		0	
005	王某某	wangmoumou	研发		男			0000-00-00		0	
006	林某	linmou	测试		女			0000-00-00		0	
007	许某某	xumoumou	测试		男			0000-00-00		0	
008	赵某某	zhaomoumou	研发		女			0000-00-00		0	

选择　编辑　　共 8 条记录，每页 20 条 1/1

图 3-15　ECShop 项目组成员信息列表

【案例 3-4　威链优创产品信息设置】

单击导航栏中的“产品”→“添加产品”页签，出现图 3-16 所示的界面。

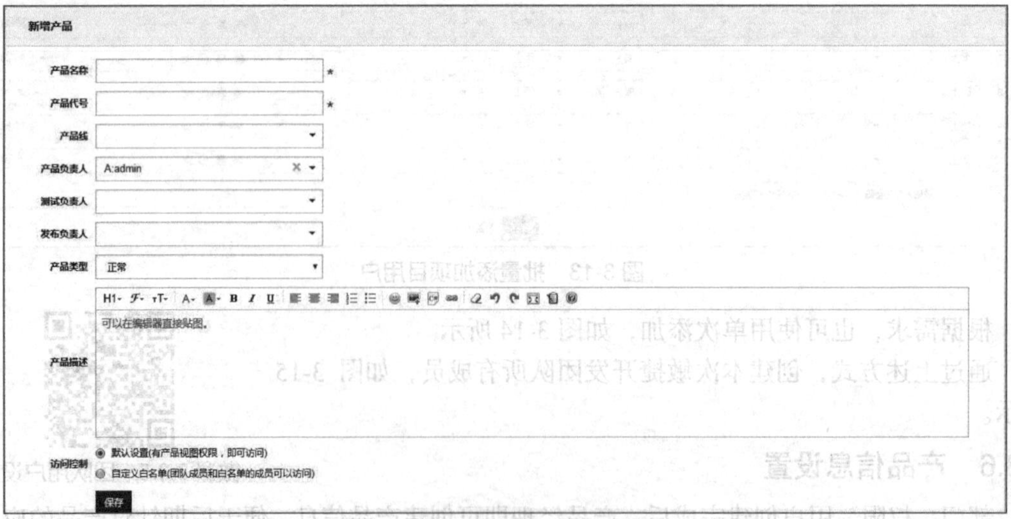

图 3-16　禅道添加产品信息界面

- “产品名称”：设置产品名称，根据产品实际名称填写，如此处的“ECShop 电子商务运营平台”。
- “产品代码”：设置产品代码，有些公司的产品具有产品代码，此处可填写“ECShop”。
- “产品线”：当前产品是否归属于某个大的产品线下，没有则默认为空，本处不设置。
- “产品负责人”：一般设置为产品经理。
- “测试负责人”：一般设置为某个具体的测试工程师。
- “发布负责人”：一般设置为产品经理或项目经理。
- “产品类型”：根据产品用途，划分其类型，通常默认为“正常”。
- “产品描述”：针对产品的详细描述，如产品背景、产品用途。
- “访问控制”：默认设置即可。

微课 3.3.6 产品信息设置

设置完成后，保存，如图 3-17 所示。

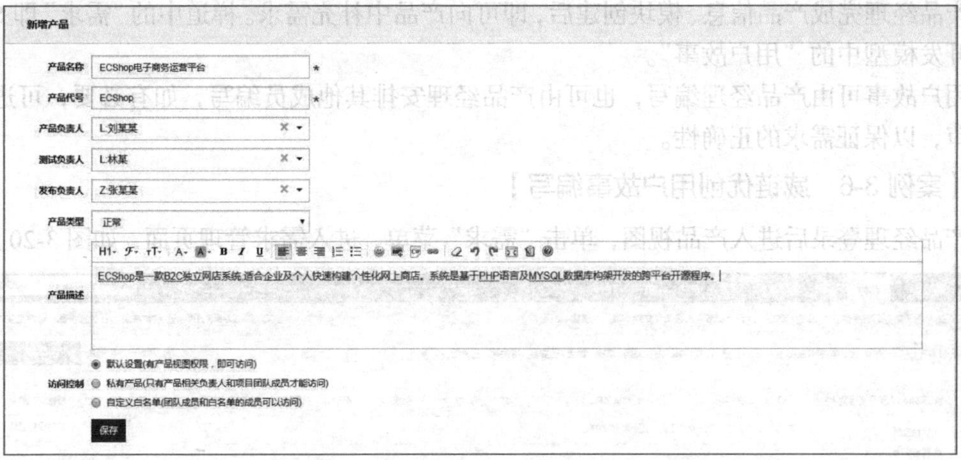

图 3-17 ECShop 产品信息描述

3.3.7 维护产品模块

产品经理添加完产品信息后，可根据需要添加产品所包含的功能模块。添加模块，便于产品团队成员对产品结构有整体的了解，也便于用户故事（需求）、测试用例的分类，即使后期有变化，也可先行添加。

【案例 3-5 威链优创产品模块设置】

产品经理登录后，进入产品视图，单击“模块”菜单，进入模块设定界面，如图 3-18 所示。

图 3-18 ECShop 产品模块维护界面

根据产品需求或产品待办事项列表，划分相关的功能，依次填入，最终结构如图 3-19 所示。

微课 3.3.7 维护产品模块

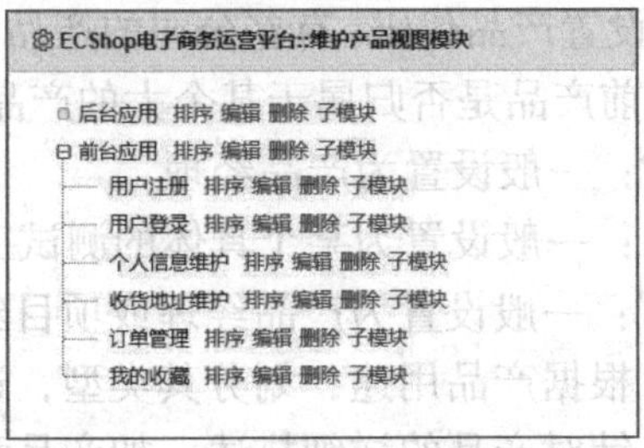

图 3-19 ECShop 产品模块列表

3.3.8 用户故事编写

产品经理完成产品信息、模块创建后，即可向产品中补充需求。禅道中的“需求”即 Scrum 敏捷开发模型中的“用户故事”。

用户故事可由产品经理编写，也可由产品经理安排其他成员编写，如有必要，可进行团队评审，以保证需求的正确性。

【案例 3-6 威链优创用户故事编写】

产品经理登录后进入产品视图，单击“需求”菜单，进入需求管理页面，如图 3-20 所示。

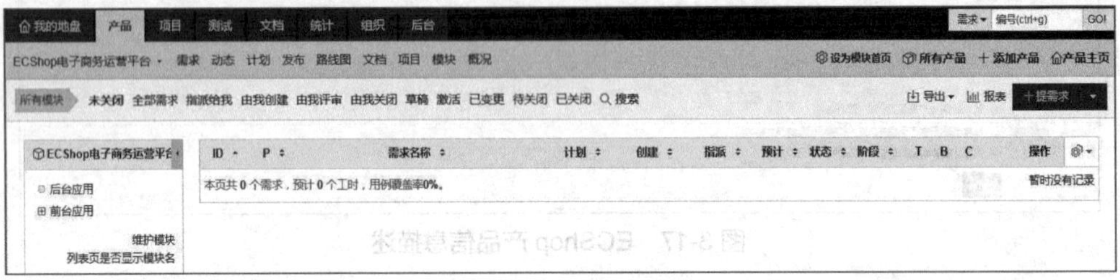

图 3-20 ECShop 需求列表

单击“提需求”按钮，进入需求增加界面，根据需求大纲或需求待办事项列表，提出需求，如图 3-21 所示。

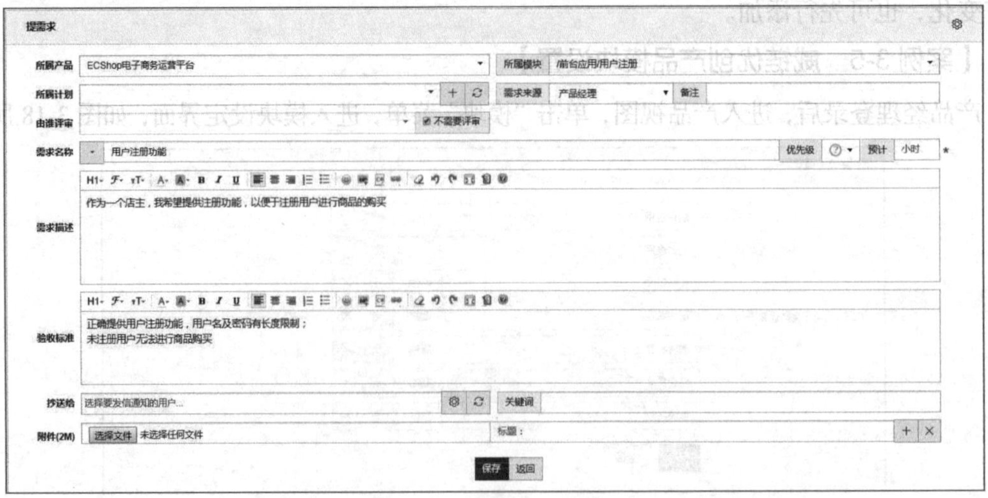

图 3-21 用户注册需求

使用类似的方法，将待开发的需求全部添加进来，也可添加一个 Sprint 所包含的需求。此处添加的需求，可作为测试工程师测试用例设计的输入。

微课 3.3.8　用户故事编写

实训课题

1. 配置禅道项目管理平台环境。
2. 利用禅道完成项目应用配置。

第 4 章 测试用例管理与设计

本章重点

本章介绍了测试用例设计工作过程所需的管理活动，如用例基础字段管理、评审管理及变更管理等，通过 ECShop 前台用户注册、用户登录、商品搜索功能的需求分析，结合等价类、边界值、正交试验等用例设计方法进行测试用例设计，以便读者掌握用例设计方法在实际项目中的应用。

学习目标

1. 了解测试用例管理内容。
2. 复习等价类、边界值、正交试验等常用用例设计方法。
3. 掌握用户需求分析，提取测试点的方法。
4. 掌握测试用例设计方法在实际项目中的应用。
5. 体会敏捷测试与传统测试在用例设计层面的细微区别。

4.1 测试用例管理

测试用例设计活动开展前，测试工程师根据测试管理需要，制定测试用例管理相关制度及流程，便于指导后续的测试用例设计活动。测试用例管理活动一般包括 3 个部分：测试用例属性管理、测试用例评审管理、测试用例版本变更管理。

4.1.1 测试用例属性管理

测试用例常用格式中包括用例属性、适用阶段及优先级三个通用字段，测试工程师设计测试用例前，应当先定义好用例属性、适用阶段及优先级。

1. 用例属性

用以描述测试用例的测试目的，如功能测试、性能测试、UI 测试等。用例属性来源于软件质量的 6 个特性及其 27 个子特性。通常而言，分为功能测试、性能测试、UI 测试、接口测试、安全测试、配置测试、运维测试等几种类别。一旦确定后，尽量不做修改，并且每条用例都应设置用例属性，便于最终数据统计及测试策略的设计。

2. 适用阶段

软件测试阶段从测试对象来分，可分为单元测试、集成测试、系统测试、验收测试、维护测试等，通过对阶段的划分，可以设计不同阶段的测试用例，便于在测试执行时更有针对性。有人认为因为敏捷测试的规模更小、周期更短、测试阶段界定没有传统测试那么清晰，可以不设计适用阶段这个属性，但我们建议仍需设计适用阶段，因为软件测试活动是个不断积累的过程，很多数据可供同类产品或测试目的应用，更细致的属性划分便于更精准的价值匹配，所以适用阶段这个属性需要保留。

3. 优先级

用例优先级，表述测试用例执行的先后顺序，一般分为 3 种级别：高、中、低。

（1）高

产品需求定义级别高、用户常用、系统核心的功能或业务、可能导致系统崩溃或失效的待测点，其对应的用例的用例应当定义为高级别。

概括而言，覆盖用户频繁使用、系统核心功能、流程验证、风险高的测试点，设计用例时优先级设为高，高级别的用例通常占总用例的 20%～30%。

很多测试团队将高级别的测试用例引用为冒烟测试用例，也可以单独定义冒烟测试用例。

（2）中

验证功能容错、边界、多平台配置等校验方面的用例，一般设置为中级别。这类用例一般占总用例数的 60%左右。

（3）低

验证 UI 界面、用户满意度等易用性方面的用例，执行频率较低时，可将此类用例设置为低级别。这类用例一般占总用例数的 10%左右。

测试团队在设计测试用例时，应当确定用例的优先级，以便于后续确认与回归测试时测试策略的制定。

微课 4.1.1 测试用例属性管理

4.1.2 测试用例评审管理

测试用例评审目的是为了确保测试工程师与产品团队其他成员对需求的理解保持一致，不存在二义性，减少测试过程中无效用例、无效缺陷的产生。大部分情况下，每条用例都由测试或开发工程师独自完成，对于需求、技术的理解与掌握程度不同，可能导致用例质量不同。因此，需要进行有效的评审。敏捷测试过程中，项目团队所有成员都应该参与用例评审活动，并且时间控制在 30 分钟左右。

1. 评审内容

测试用例评审内容应当关注以下几方面。

（1）产品经理、开发工程师及测试工程师确认用例是否符合产品需求设计。

（2）确认测试用例逻辑是否正确。

（3）确认测试用例期望结果对产品实现的要求是否合理。

（4）用例优先级设置是否合理。

（5）测试用例是否根据测试规范设计，用例描述是否清晰，是否存在二义性。

（6）敏捷用例每条步骤是否有明确的预期结果，是否关注用户的期望价值。

2. 评审时机

因敏捷开发中每个项目的周期相对较短，版本迭代快，因此建议测试用例评审活动定在每天完成。评审前，测试工程师应当根据任务分配及时间节点规划完成相关用例设计。

如果项目时间紧迫，可将当前项目的所有用例设计完成后再开展用例评审活动。

3. 评审步骤

测试用例设计完成，项目经理或测试工程师组织评审会议。其常用流程如下。

（1）项目经理提前 2 小时与测试工程师确认待评审用例是否全部完成，如未完成，则取消本次评审活动，且当天不得再提出评审会议，除非项目经理批准。

（2）项目经理通知项目团队成员参加评审会议。

（3）测试工程师根据测试用例优先级逐条讲解测试用例。

（4）记录员记录评审过程中出现的问题。

（5）过程中产生的问题讨论超过 3 分钟，则项目经理中断讨论，另行处理。

（6）会议结束后测试工程师确认问题解决工时以及第二次评审会议时间。

（7）会议结束后记录员整理问题并通过邮件发送问题。

（8）问题责任人解决问题。

（9）测试工程师确认问题修复，发起第二次评审。

微课 4.1.2 测试用例评审管理

用例评审活动与同行评审活动类似，会议上只发现问题，不解决问题。

4.1.3 测试用例变更管理

测试用例设计完成经过评审后，可根据 Sprint 计划实施执行，但随着需求变化、设计变更或者测试工程师的思维变化，需要做出变更时，测试工程师应当制定用例变更规则。

通常引起测试用例更新的原因有如下几点。

1. 需求变动

产品团队可能在产品开发过程中提出了新的需求，或者对已经存在的需求提出变更。

2. 用例完善

可能由于刚开始的考虑不周，导致一些用例的设计并不太妥当，经过对需求的再次详细理解及询问开发、业务人员，对需求有了新的认识，认为有必要再添加新的用例来进行测试，增加测试用例的覆盖度，此时也可以进行用例的更新。

3. 缺陷引起用例更新

测试用例执行过程中，可能发现了一些缺陷，通过最后对缺陷的分析，发现之所以出现这些缺陷，是因为测试用例的设计缺陷造成的。所以，反过来需要重新设计测试用例，避免缺陷的误提。当然，软件版本的更新也可能引起用例的更新。

4. 设计文档变更

开发工程师设计文档的变更，往往会带来测试用例的变更，如商品类别名称长度从 50 个字节长度变更为 100，那么对应的用例就应该改为“输入类别名称超过 100 个字符，进行商品类别添加操作”。

测试用例评审前，测试工程师可随时变更自己所设计的测试用例，一旦评审通过，因某种原因需变更测试用例时，测试用例设计者应向开发团队提出变更申请，并告知变更原因，由项目经理确认变更，不得随意变更。如果变更用例数量超过总用例数的 15%，则需重新发起测试用例评审流程。

微课 4.1.3 测试用例变更管理

4.2 测试用例设计

开展测试用例设计活动之前，先花点时间回顾一下什么是测试用例。

测试用例实际上是对软件运行过程中所有可能存在的目标、运动、行动、环境和结果的描述，是对客观世界的一种抽象。通俗地讲，测试用例就是测试工程师在实施测试活动时使用的实例，如“输入正确用户名‘liudebao’、正确密码‘123456’，单击【登录】按钮登录系统”这样的操作描述，即软件测试活动中所使用的测试实例，解决验证需求时“用户想要什么？怎么操作？得到什么？”三个问题。

测试用例设计过程，即测试工程师针对特定功能或组合功能的测试方案，编写成文档的过程。测试用例设计既要覆盖用户正常应用的情况，也需考虑用户异常、极限的操作行为。软件测试的目的是暴露应用软件中隐藏的缺陷，选取测试用例和数据时要考虑易于发现缺陷的测试用例和数据，结合复杂的运行环境，在所有可能的输入条件和输出条件中确定测试数据，来检查应用软件是否都能产生正确的输出。

由于每一个项目有明确的时间和成本限制，测试不可能无限期地进行，任何程序只能进行少量而有限的测试，无法做到完全、彻底的测试。所以，软件测试工作中，测试工程师需采用一定的方法，设计高效的测试用例来指导测试工作，提高工作效率。

从工程实践的角度，测试用例设计通常需遵循以下几条基本准则。

（1）代表性

能够代表各种合理和不合理的、合法和非法的、边界和越界的以及极限的输入数据、操作和环境配置等。

（2）可判定性

测试执行结果的正确性是可判定的或可评估的。

（3）可再现性

对同样的测试用例，系统的执行结果应当是相同的。

常用的测试用例设计方法有等价类、边界值、正交试验、状态迁移、流程分析等。具体的设计方法本教程不做详细介绍，请读者参考《软件测试技术基础教程——理论、方法与工具》一书。

传统的测试用例设计要求将测试数据、操作步骤、预期结果细致罗列，对于需求明确、版本周期长的项目，可以投入相对多的人力、时间资源进行测试用例的开发与维护，但敏捷测试中的用例设计则不同。

首先需要肯定的是，敏捷测试同样需要设计测试用例（虽然用例繁简程度不同）。测试用例是测试工程师实施测试工作中必不可少的环节，即使可能没有明确的需求，也需要列出测试用例纲要。

敏捷测试用例设计与传统测试用例设计相比，其不同点在于，敏捷测试用例更多体现如何在测试周期短、版本迭代快的环境下，高效执行测试，而不关注用例本身的格式。

针对产品需求演化的用户故事，考虑用户通过系统实现何种功能，达成什么目标，获取什么价值，在这个过程中，敏捷用例可简化为“谁”如何“操作”系统，完成什么“目标”，如“管理员登录系统后，系统应该列出‘商品管理’功能菜单项，而普通用户不能看到”。事务描述性的需求，也可写出一条用例。

敏捷测试用例可以是对用户故事验证标准的细化，也可以多个用户故事组合起来构成一条用例，具体如何操作完全取决于用户故事的细化程度。

测试工程师设计测试用例过程中，可将用户故事细化为用例，为了与用户故事有所区别，可增加用例所属模块，这个功能现在很多测试管理平台都已经实现。

如果采用禅道作为项目管理软件，设计测试用例前，先在禅道中增加 ECShop 产品模块，如图 4-1 所示。模块类别来源于产品设计及用户故事划分，由产品经理或产品经理委派其他人完成添加。

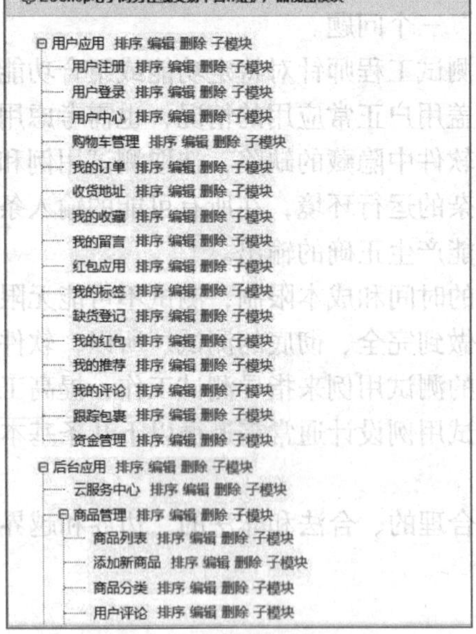

图 4-1 产品模块列表

【案例 4-1 ECShop 测试用例创建】

完成模块设计后，测试工程师可进行测试用例设计。登录后，进入“测试”→“用例”模块，单击“建用例”按钮，如图 4-2 所示。

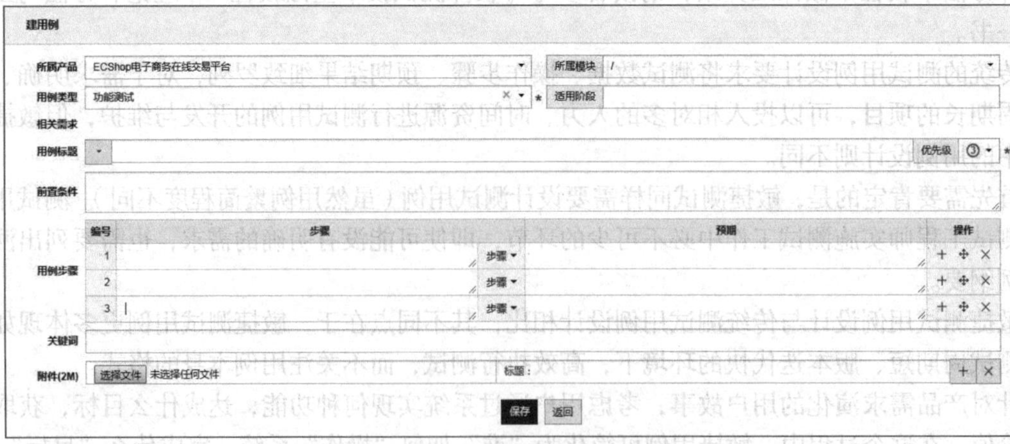

图 4-2 测试用例设计界面

- 所属产品：默认读取当前产品名称，如有多个，可选择。
- 所属模块：可根据模块划分，选择正确的用例所属模块，这个地方必须设置，便于后面的用例统计。

- 用例类型：默认选择“功能测试”，根据用例的应用目的选择。
- 适用阶段：根据测试用例所适用的测试阶段设置，此处选择“系统测试阶段”。
- 用例标题：填写当前测试用例的设计目的，如此处“添加包含 html 代码的商品类别名称，验证系统容错处理”。
- 优先级：设定当前测试用例的优先级，禅道默认提供了 4 级，根据颜色深浅划分优先级别，1 级为最高级。通常可根据用户故事确定优先级，或者正向功能设为 1 级别，其他的根据经验或部门规程确定。
- 前置条件：执行当前用例的前置条件，如是否应当具有什么权限、是否需要准备什么数据、是否需要设定什么流程等。
- 用例步骤：详细描述当前用例执行的步骤，这里与传统的用例设计不同，敏捷用例每一步都应该有预期，遵从用户故事的设计，什么用户，做什么事情，期望得到什么。
- 关键字：不填写。

填写确认没有问题后保存，编写完成后的用例界面如图 4-3 所示。

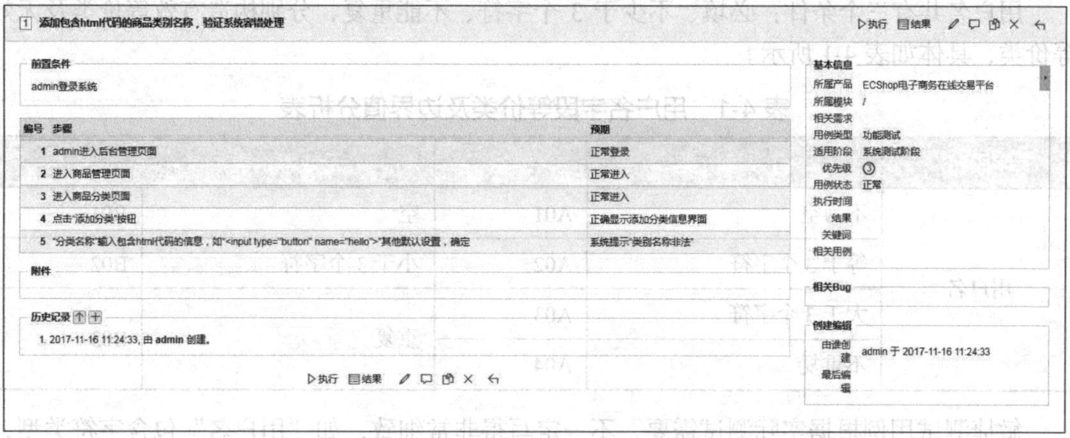

图 4-3 “商品类别”测试用例设计

测试工程师根据产品需求、用户故事，设计每个项目的测试用例，每个测试工程师按照自己的任务分配，根据测试用例评审流程开展测试用例评审活动。评审成员一般是本项目组的成员，如测试工程师、开发工程师等，当然也可以邀请其他项目组成员。评审阶段主要进行测试用例的论证，讨论分析测试工程师所设计的用例，发现用例设计过程中的错误与不足，发现问题需及时记录，便于后续修改。如果产品需求、用户故事设计变更，则应及时更新已变更需求、故事的测试用例。

本教程以 ECShop 前台应用中用户注册、用户登录、商品搜索等功能为例介绍测试用例设计活动。

微课 4.2 测试用例设计

4.2.1 用户注册

用户注册功能需求如图 4-4 所示。

用户注册需求共涉及 4 个输入项和 1 个选择项。针对输入项，利用等价类及边界值用例设计方法进行设计，选择项则无需设计在步骤中，在测试执行时分别执行勾选与不勾选即可。

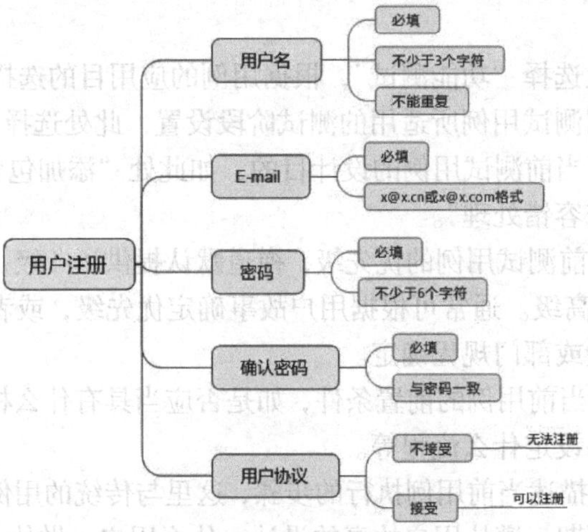

图 4-4 用户注册需求

1. 用户名

用户名共有三个条件：必填、不少于 3 个字符、不能重复，分别构造有效等价类及无效等价类，具体如表 4-1 所示。

表 4-1 用户名字段等价类及边界值分析表

字段名	有效等价类	编号	无效等价类	编号
用户名	不为空	A01	空	B01
	等于 3 个字符	A02	小于 3 个字符	B02
	大于 3 个字符	A03	重复	B03
	不重复	A04		

敏捷测试用例根据实际测试需要，不一定写得非常细致，如"用户名"包含字符类型，此处无须再划分纯字母、纯汉字、特殊符号等，构造数据时可混搭。

2. E-mail

E-mail 有两个条件：必填、符合规定格式，分别构造有效等价类及无效等价类，如表 4-2 所示。

表 4-2 E-mail 等价类分析表

字段名	有效等价类	编号	无效等价类	编号
E-mail	不为空	A01	空	B01
	x@x.com	A02	既不是 x@x.com 也不是 x@x.cn 格式	B02
	x@x.cn	A03		

3. 密码

密码有两个条件：必填、不少于 6 个字符，分别构造有效等价类及无效等价类，如表 4-3 所示。

表 4-3 密码等价类及边界值分析表

字段名	有效等价类	编号	无效等价类	编号
密码	不为空	A01	空	B01
	等于 6 个字符	A02	小于 6 个字符	B02
	大于 6 个字符	A03		

4. 确认密码

确认密码有两个条件：必填、与密码一致，分别构造有效等价类及无效等价类，如表 4-4 所示。

表 4-4 确认密码等价类及边界值分析表

字段名	有效等价类	编号	无效等价类	编号
确认密码	不为空	A01	空	B01
	与密码一致	A02	与密码不一致	B02

测试工程师利用禅道设计用例，如图 4-5 所示。

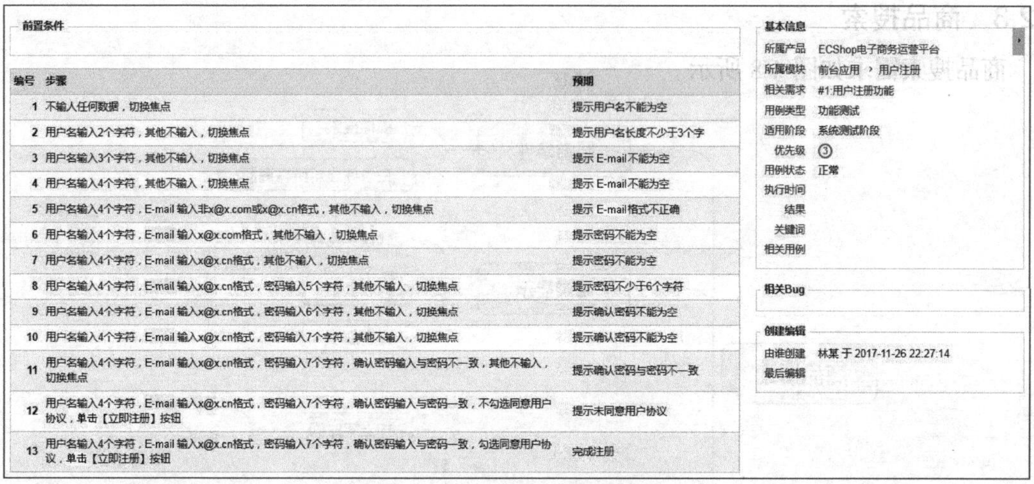

前置条件

编号	步骤	预期
1	不输入任何数据，切换焦点	提示用户名不能为空
2	用户名输入2个字符，其他不输入，切换焦点	提示用户名长度不少于3个字
3	用户名输入3个字符，其他不输入，切换焦点	提示 E-mail不能为空
4	用户名输入4个字符，其他不输入，切换焦点	提示 E-mail不能为空
5	用户名输入4个字符，E-mail 输入非x@x.com或x@x.cn格式，其他不输入，切换焦点	提示 E-mail格式不正确
6	用户名输入4个字符，E-mail 输入x@x.com格式，其他不输入，切换焦点	提示密码不能为空
7	用户名输入4个字符，E-mail 输入x@x.cn格式，其他不输入，切换焦点	提示密码不能为空
8	用户名输入4个字符，E-mail 输入x@x.cn格式，密码输入5个字符，其他不输入，切换焦点	提示密码不少于6个字符
9	用户名输入4个字符，E-mail 输入x@x.cn格式，密码输入6个字符，其他不输入，切换焦点	提示确认密码不能为空
10	用户名输入4个字符，E-mail 输入x@x.cn格式，密码输入7个字符，其他不输入，切换焦点	提示确认密码不能为空
11	用户名输入4个字符，E-mail 输入x@x.cn格式，密码输入7个字符，确认密码输入与密码不一致，其他不输入，切换焦点	提示确认密码与密码不一致
12	用户名输入4个字符，E-mail 输入x@x.cn格式，密码输入7个字符，确认密码输入与密码一致，不勾选同意用户协议，单击【立即注册】按钮	提示未同意用户协议
13	用户名输入4个字符，E-mail 输入x@x.cn格式，密码输入7个字符，确认密码输入与密码一致，勾选同意用户协议，单击【立即注册】按钮	完成注册

基本信息
所属产品 ECShop电子商务运营平台
所属模块 前台应用 › 用户注册
相关需求 #1:用户注册功能
用例类型 功能测试
适用阶段 系统测试阶段
优先级 ③
用例状态 正常
执行时间
结果
关键词
相关用例
相关Bug
创建编辑
由谁创建 林某 于 2017-11-26 22:27:14
最后编辑

图 4-5 用户注册功能测试用例

4.2.2 用户登录

用户登录需求如图 4-6 所示。

微课 4.2.1 测试用例设计-用户注册

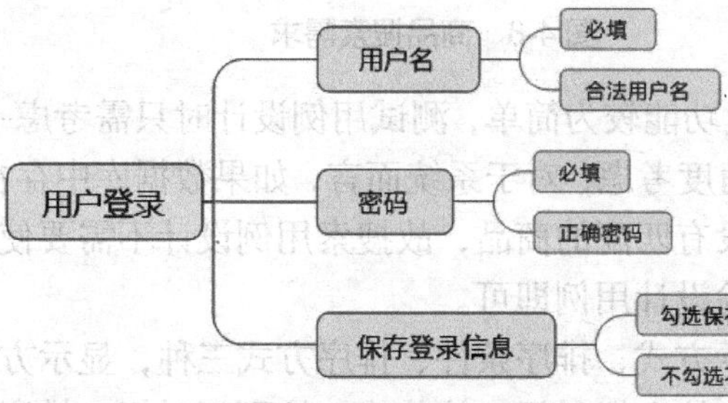

图 4-6 用户登录需求

用户登录共有三个字段：用户名、密码、保存登录信息，其中用户名、密码为输入框，保存登录信息为选择框。因该需求比较简单，故无需分析过程，直接进行用例设计，如图 4-7 所示。

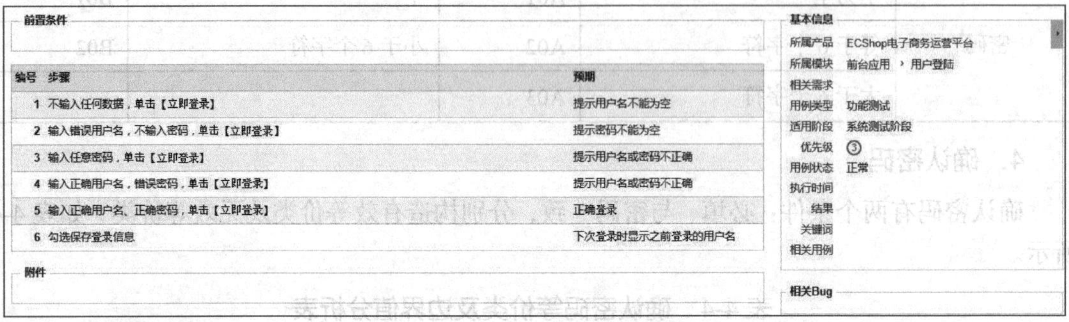

图 4-7 用户登录功能测试用例

微课 4.2.2 测试用例设计-用户登录

4.2.3 商品搜索

商品搜索需求如图 4-8 所示。

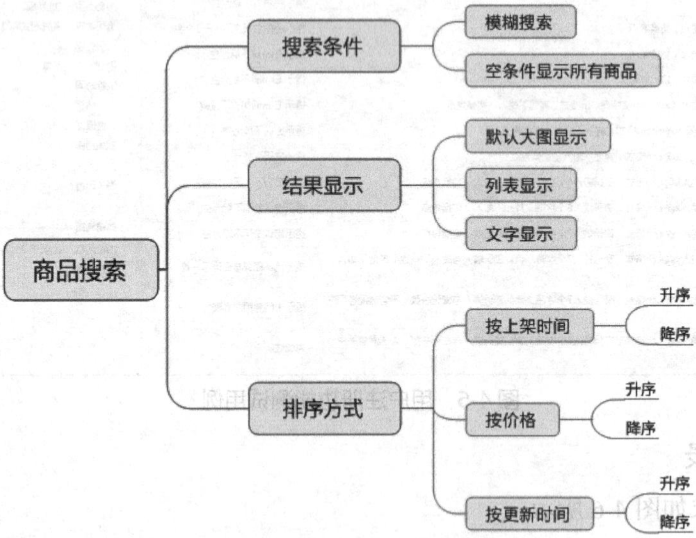

图 4-8 商品搜索需求

通过需求分析，商品搜索功能较为简单，测试用例设计时只需考虑一个搜索条件的测试，测试工程师从搜索功能开发角度考虑，对于系统而言，如果数据库中存在某个关键字的商品，则应该显示，否则应当提示没有匹配的商品，故搜索用例设计不需要使用复杂的用例设计方法，测试工程师只需根据经验设计用例即可。

对于显示方式，存在显示方式、排序条件、排序方式三种，显示方式又分为小图列表、大图列表、文字，排序条件有按上架时间、按价格、按更新时间，排序方式有升序与降序，

如果完全组合则有 $3\times3\times2=18$ 种组合，测试工程师可利用正交试验用例设计方法进行设计。

通过分析，共有 3 个参数，每个参数分别有 3、3、2 个取值，因此需选择因子数、水平数都为 3，且试验次数最少的正交表。查询正交表，4 因子 3 水平正交表符合条件，如表 4-5 所示。

表 4-5 4 因子 3 水平正交表

试验次数	因子			
	1	2	3	4
1	1	1	1	1
2	1	2	2	2
3	1	3	3	3
4	2	1	2	3
5	2	2	3	1
6	2	3	1	2
7	3	1	3	2
8	3	2	1	3
9	3	3	2	1

替换参数，得到表 4-6 所示的正交表。

表 4-6 替换后的结果显示正交表

试验次数	因子			
	显示方式	排序条件	排序方式	4
1	小图列表	上架时间	升序	1
2	小图列表	价格	降序	2
3	小图列表	更新时间	3	3
4	大图列表	上架时间	降序	3
5	大图列表	价格	3	1
6	大图列表	更新时间	升序	2
7	文字列表	上架时间	3	2
8	文字列表	价格	升序	3
9	文字列表	更新时间	降序	1

多余因子 4 舍弃不用，排序方式中的 3 可使用升序或降序任意填充，由于 4 因子 3 水平表中没有全部取 2 与 3 的情况，因此根据经验再补充两条，最终得到表 4-7 所示的正交表。

表 4-7　优化后的商品显示测试组合

试验次数	因　子		
	显示方式	排序条件	排序方式
1	小图列表	上架时间	升序
2	小图列表	价格	降序
3	小图列表	更新时间	降序
4	大图列表	上架时间	降序
5	大图列表	价格	升序
6	大图列表	更新时间	升序
7	文字列表	上架时间	降序
8	文字列表	价格	升序
9	文字列表	更新时间	降序
10	大图列表	价格	降序
11	文字列表	更新时间	升序

结合搜索条件，利用禅道设计用例如图 4-9 所示。

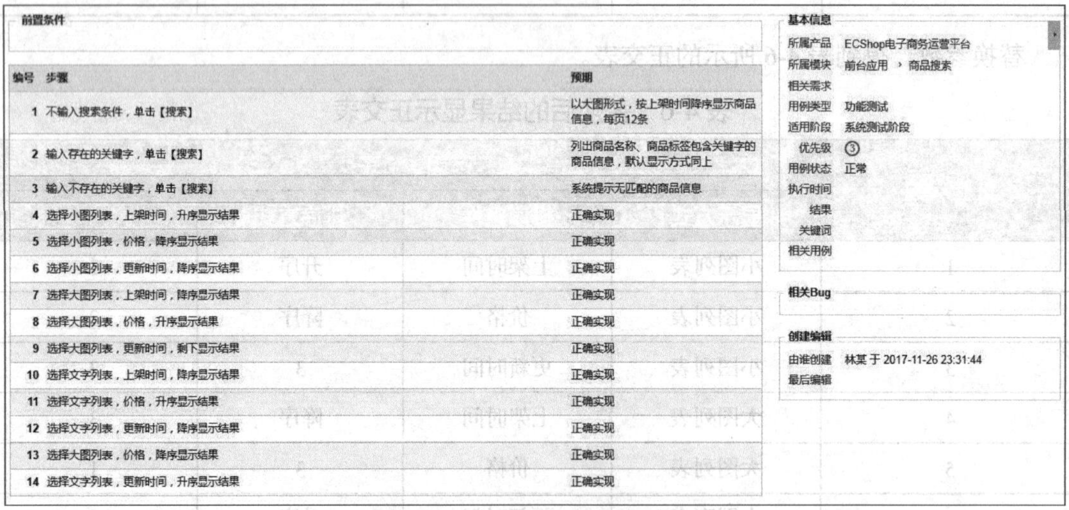

图 4-9　商品搜索功能测试用例

上述测试用例案例读者可参考附录 2 ECShop 测试用例案例列表。

通过上述过程，测试工程师完成测试用例的设计工作，评审通过后等待测试版本发布，然后进行测试用例执行、跟踪处理缺陷等活动。

微课 4.2.3　测试用例设计-商品搜索

实训课题

实现 ECShop 后台商品管理测试用例设计。

第 5 章　手工功能测试执行

本章重点

本章重点介绍 Web 项目手工功能测试流程及常用的测试技术，通过案例详细讲解如何搭建测试环境，开展冒烟测试及正式测试，并将功能、流程、安全、接口、兼容、前端性能等测试技术应用于实际的项目测试活动。测试过程中发现的缺陷如何利用禅道项目管理工具进行有效跟踪及管理，并在测试完成后输出测试报告。

学习目标

1. 了解手工测试流程。
2. 掌握测试环境搭建方法。
3. 理解冒烟测试概念及工作内容。
4. 熟练掌握功能测试、流程测试、安全测试、兼容性测试、接口测试等常用技术。
5. 掌握 AppScan、Jmeter 工具基本应用方法。
6. 熟练掌握缺陷管理流程在实际项目测试活动中的应用。
7. 了解软件测试报告内容。

5.1 测试套件设计

测试工程师执行测试用例时，有时为了执行的便捷或某个具体的测试目的，会将同一类型或同一任务的测试用例集合在一起，这样的用例集合，称为测试套件（Test Suite）。

测试工程师根据自己或团队测试需求确定是否设计测试套件。禅道项目管理平台提供了测试套件设计功能，建议测试工程师在执行测试前，先创建测试套件，再执行测试，这样便于后期的测试用例回归与结果跟踪。

【案例 5-1 ECShop 测试套件创建】

（1）测试工程师林某登录禅道，进入"测试"→"套件"页面，如图 5-1 所示。

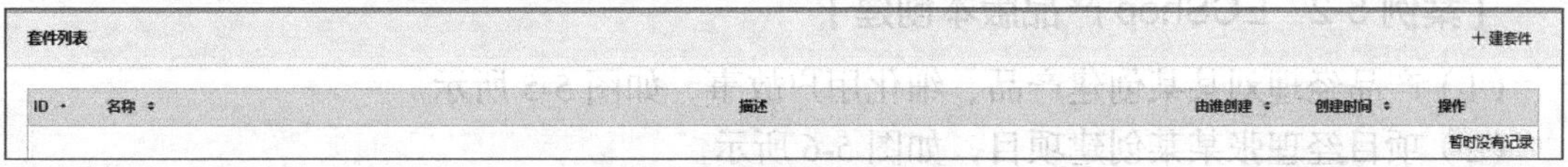

图 5-1　测试套件显示列表

（2）单击"建套件"，如图 5-2 所示。

图 5-2　用户个人应用测试套件

- 名称：输入套件用途描述，如此处“兼容性测试用例”。
- 描述：说明当前套件的作用。
- 访问权限：如果是个人使用，则选择“私有”；如果是项目团队使用，则选择“公开”。

设置完成后，保存返回套件列表，如图 5-3 所示。

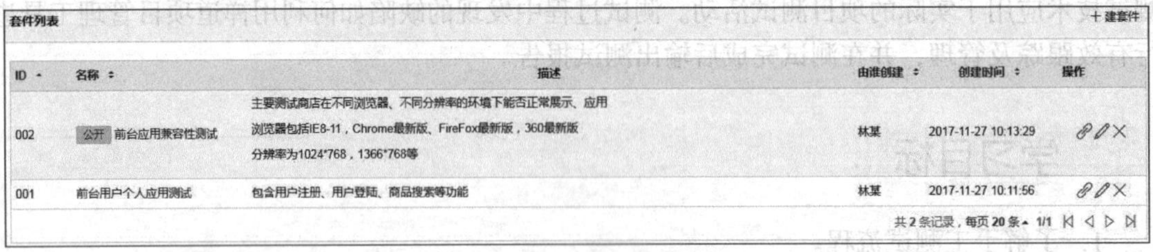

图 5-3　ECShop 测试套件列表

（3）测试套件创建完成后，将需关联的测试用例添加进去。单击🔗图标，出现图 5-4 所示界面。

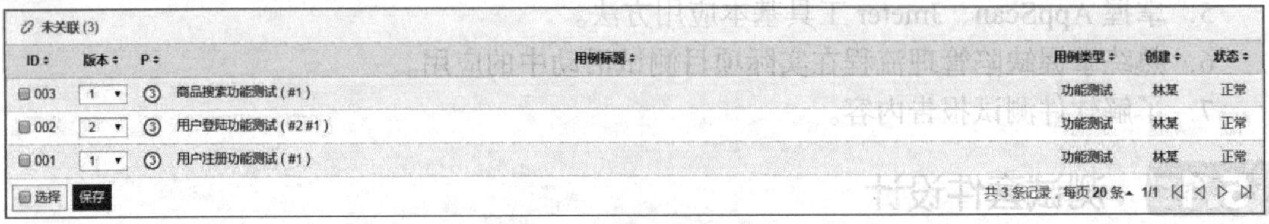

图 5-4　可关联用例列表

选择待关联的用例，保存即可完成测试套件创建。

微课 5.1　测试套件设计

5.2 测试版本创建

敏捷测试中，测试用例的执行与测试版本强相关，任何用例的执行，应当由待测版本衍生。因此，遵从敏捷开发及测试流程，应当由项目经理创建版本后，测试工程师关联测试用例或套件，最终执行某个版本的测试用例。

【案例 5-2　ECShop 产品版本创建】

（1）产品经理刘某某创建产品、细化用户故事，如图 5-5 所示。

（2）项目经理张某某创建项目，如图 5-6 所示。

（3）项目创建完成后，系统提示接下来的任务内容，如图 5-7 所示。

（4）项目经理张某某设置项目所需的团队成员，单击【设置团队】按钮，出现图 5-8 所示界面。

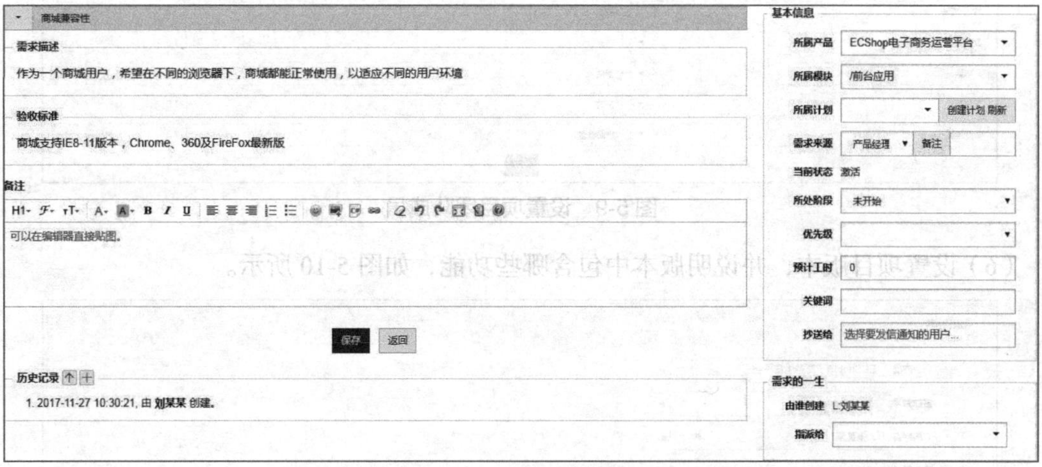

图 5-5　用户故事用例

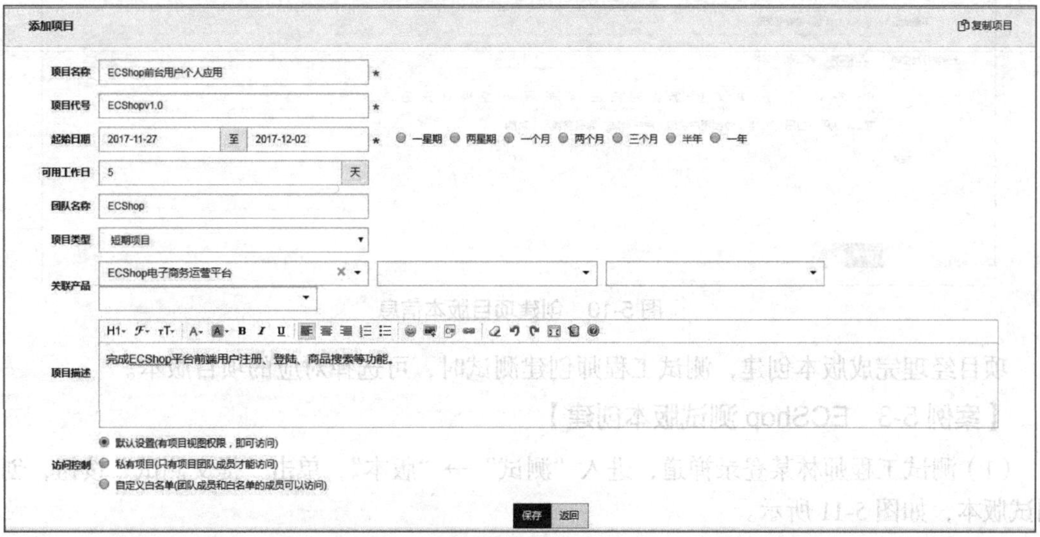

图 5-6　创建项目

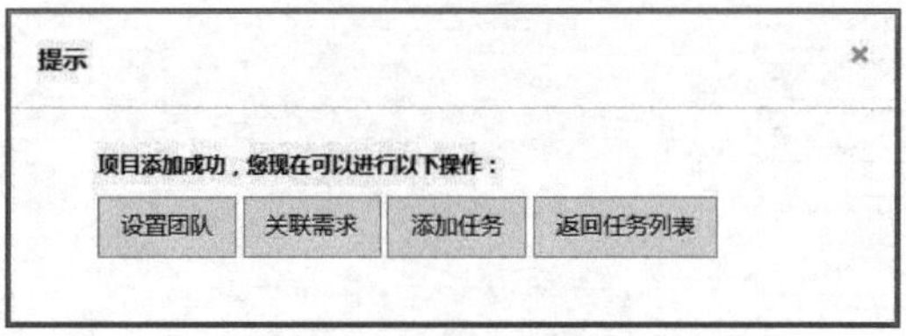

图 5-7　项目任务向导

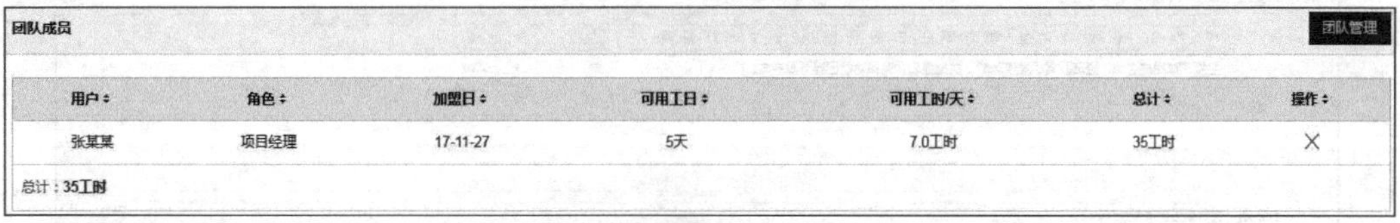

图 5-8　项目团队成员列表

（5）单击【团队管理】按钮，添加团队成员，如图 5-9 所示。

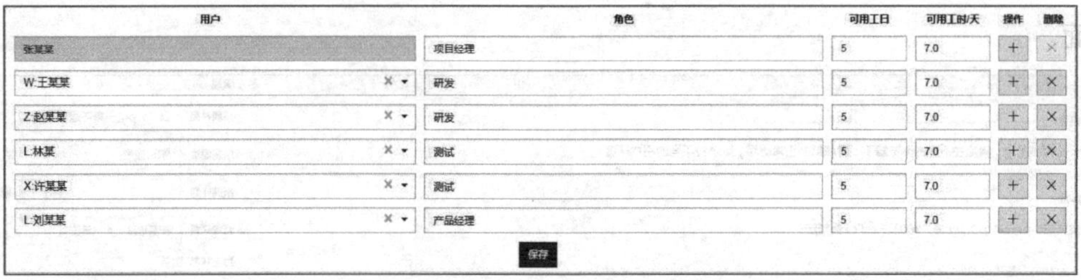

图 5-9　设置项目团队成员

（6）设置项目版本，并说明版本中包含哪些功能，如图 5-10 所示。

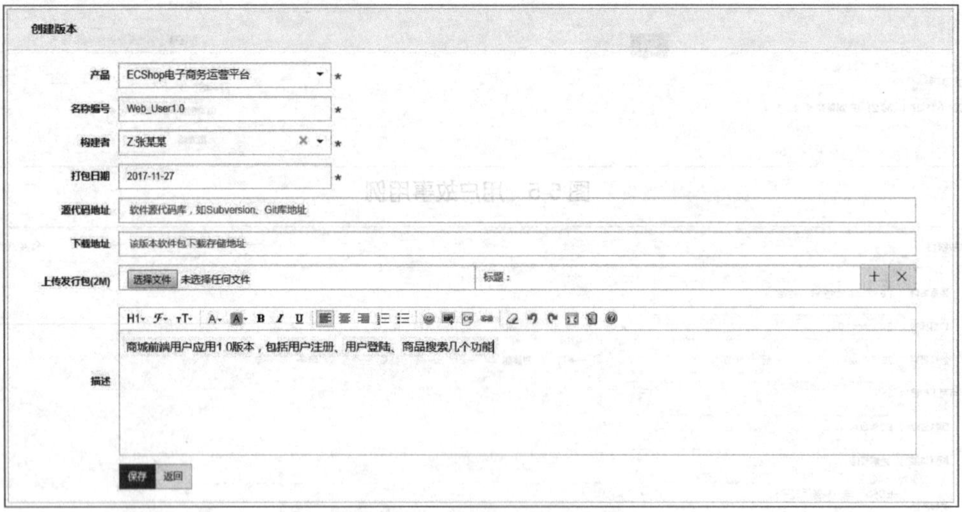

图 5-10　创建项目版本信息

项目经理完成版本创建，测试工程师创建测试时，可选择对应的项目版本。

【案例 5-3　ECShop 测试版本创建】

（1）测试工程师林某登录禅道，进入“测试”→“版本”，单击“提交测试”按钮，创建测试版本，如图 5-11 所示。

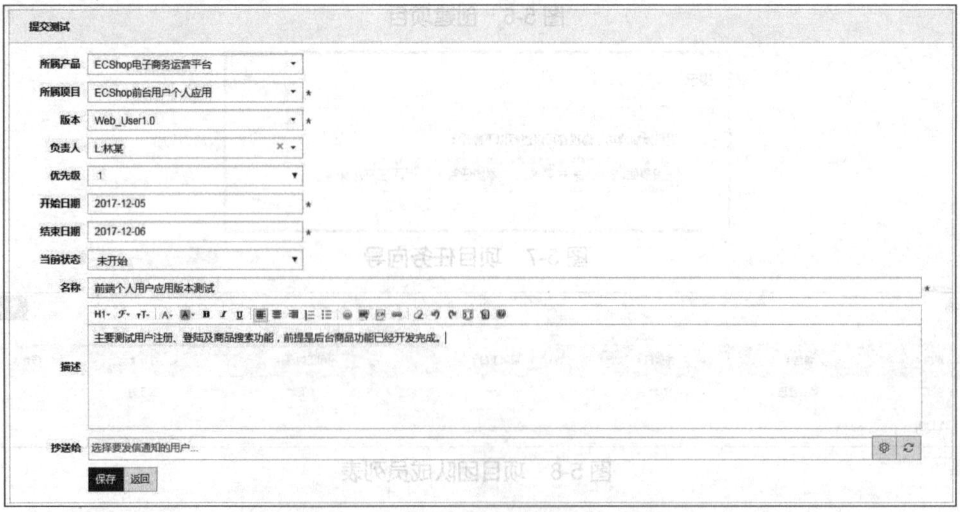

图 5-11　测试工程师创建测试版本

（2）创建测试版本后，关联测试用例，在版本列表界面，单击需关联用例版本后的 图标，进入图 5-12 所示的界面。

未关联 (3)
ID 版本 P 用例标题 用例类型 创建 执行人 执行时间 结果 状态
003 1 3 商品搜索功能测试（#1） 功能测试 林某 正常
002 2 3 用户登陆功能测试（#2 #1） 功能测试 林某 正常
001 1 3 用户注册功能测试（#1） 功能测试 林某 正常
选择 保存
共 3 条记录，每页 20 条 1/1

图 5-12 测试版本关联测试用例

选择需关联的测试用例，保存即可。

至此，在禅道中管理需求、项目、团队、版本、测试版本等操作均以完成。

测试套件、测试版本的设置，可在测试环境搭建前完成，也可在其后完成，从测试活动实施角度来说没有区别，测试工程师根据实际情况设置即可。

微课 5.2 测试版本创建

5.3 测试环境搭建

测试工程师需要遵从产品、Sprint 进度计划安排，在设计完成测试用例评审通过后，等待测试版本发布。开发工程师发布测试版本后，测试工程师应向配置管理员或开发工程师申请测试版本，并在开发工程师的指导下，完成测试环境搭建。

通常情况下，开发工程师进行测试版本集成时，需编写该测试版本的环境搭建单，连同测试版本一起提交至配置管理员或项目经理处。测试工程师接到测试申请、成功提取测试版本的同时，需同步提取对应版本的测试环境搭建单，如“ECShop 平台测试环境搭建单”。该文档详细描述了如何搭建 ECShop 平台测试环境以及环境搭建过程中的注意事项。如果开发工程师仅提供一份非常简单的文档，甚至不提供文档，则测试工程师应当具备相关的知识去解决。

测试工程师接受测试任务时，应当了解被测对象的开发语言、运行环境及环境搭建模式，便于自行搭建环境。

以 Web 系统为例，目前业内主流的开发语言有 Java、C#、PHP 等，移动应用 App 则由 Objective-C 开发的 iOS 和 Java 开发的 Android 应用为主。测试工程师首先需了解被测对象使用的开发平台及语言，从而确定环境搭建方法。

1. Java

目前绝对大多数 Web 系统采用 Java+JSP 为主的编程语言开发，采用 J2EE 模式进行系统设计、开发及部署。

J2EE 模式常用的 Web 服务器为 Tomcat、Jboss、Weblogic、Websphere 等，数据库则可采用 MySQL、SQL Server、Oracle、DB2 及 MangoDB，可运行在 Windows、Linux 或 UNIX 平台上，具有很好的平台扩展性。

2. C#

C#语言是.NET 平台所采用的编程语言，比早期微软公司的 ASP 语言更为优秀。很多中小型应用都采用 C#语言开发。C#语言开发的应用程序，运行在.NET 平台上，常用的 Web 服务器是 IIS，由微软公司开发。与之相对匹配度较好的数据库同样由微软公司研发的 SQL Server 系列，运行平台局限性较大，仅能运行在 Windows 平台上。

3. PHP

PHP 语言，在开发网站及论坛方面具有非常大的优势，小巧、高效，国内两大著名的论坛程序 Discuz 及 PHPWind 都采用 PHP 语言开发。PHP 语言对应的系统架构模式一般为 LAMP，即 Linux+Apache+MySQL+PHP。

本书中 ECShop 系统是基于 LAMP 架构、PHP 语言开发，以 MySQL 作为后台数据库，运行在 Linux 平台上的业务系统，与 Windows 平台相比，搭建 Linux 平台测试环境，需要测试工程师掌握 Linux 系统配置、常用命令等技能。

测试环境搭建工作一般由测试组长负责，如果没有测试组长，则由测试工程师协商分配，本次测试服务器搭建流程如图 5-13 所示。

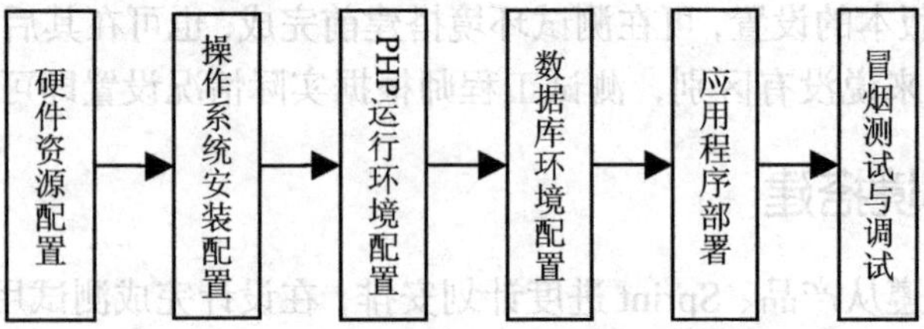

图 5-13 ECShop 测试环境搭建流程图

其他的测试环境搭建也是类似的流程方法，测试工程师根据实际情况调整内容即可。

为了便于读者学习整个 Web 项目测试过程，本书列出了 ECShop 平台环境搭建的完整过程。

5.3.1 环境配置需求

通常而言，用户需求规格说明书或产品需求大纲中定义软件平台的硬件与软件运行环境。硬件部分详细列出硬件型号，如 CPU、内存、硬盘、网卡等硬件设备的型号，同时对机型也有一定的要求，一般大型的项目会采用专业的服务器，如 IBM、DELL、HP 这些厂商生产的高品质的专业服务器，配置强劲，也有些项目采用普通的 PC。相对来说，专业服务器各方面配置都要比普通的 PC 好得多，不过价格也贵了很多。

软件部分则会详细列出支撑本软件系统运行的软件环境，如操作系统、Web 服务器、编译器、中间件、数据库等。同样需要列出版本型号。软件产品开发过程中，版本之间的差异很可能导致软件的失效，因此必须指明与软件系统运行相关的所有硬件、软件版本。

1. 测试服务器硬件需求

硬件信息获取相对来说要容易些。一般情况下，可以根据用户需求规格说明书获得，或者根据开发工程师提供的文档描述获得。硬件之间的差别不是很大，其带来的版本间影响也是比较小的，只需在通用的硬件平台上进行测试即可。

ECShop 测试服务器硬件需求如表 5-1 所示。

表 5-1 ECShop 测试服务器硬件需求列表

主机用途	机型	台数	CPU/台	内存容量/台	硬盘	网卡
Web 应用服务器	PC	1	I7	8GB	SATA 1TB	1000Mbit/s
数据库服务器	PC	1	I7	8GB	SATA 1TB	1000Mbit/s

注：本次测试数据库服务器与 Web 服务器共用一台机器。

从表 5-1 得知，实际测试过程中，测试工程师需要详细了解被测系统的硬件配置，这个要求在实施功能测试的时候，其必要性体现不出，但性能测试时将会起到关键性的作用。所以，一定要弄清楚被测系统所需的硬件平台配置。

实际工作中，测试服务器的详细配置信息往往被忽略，有时仅仅大概列出服务器的配置，比如 CPU、内存、硬盘、网卡等。作为测试工程师，应该本着实事求是的态度，弄清楚每一个硬件配置，即使其他团队成员未能给出详细的配置，测试工程师也必须弄清楚。每一种测试结果都是在特定的环境下出现，什么样的配置下软件系统出现什么样的表现，测试工程师需要关注，并需体现在最终测试报告中。

2. 测试服务器软件需求

与硬件需求相比，软件需求要复杂得多。软件的类别太广泛，版本也很多，例如，Windows 产品系列就有 Windows XP、Windows 7、Windows 10、Windows 2008 Server 之分，还不包括某些过渡产品，同系列的还有版本之分。UNIX/Linux 则更多，以 Linux 为例，全球大概有 400 多种相同内核、不同形式的 Linux 系统，如红旗、RedHat、Ubuntu、Debian 等，被测软件在这些操作系统上的表现可能有很大的差别，可能存在兼容性问题。搭建测试环境时，必须指明当前系统运行所必需的软件版本。

ECShop 测试服务器软件需求如表 5-2 所示。

表 5-2 ECShop 测试服务器软件需求列表

名 称	用 途	版 本 号
Apache	Web 服务器	2.2.15-60.el6.centos.6.x86_64
PHP	Web 服务器	5.3.3-49.el6.x86_64
MySQL	数据库	5.1.71-1.el6.x86_64
CentOS	系统平台	6.5 x64

从表 5-2 中得知本系统所需的软件版本，测试工程师在环境搭建前需准备这些版本的软件。一般情况下，可向开发工程师索取。如果公司中有正式的配置管理，或者有相应的质量管理规范，则需根据相应的流程去索取。

上面仅仅介绍了测试服务器的配置，实际上还应该有测试客户端的配置，不过很多时候不考虑这些，除非有特殊的说明，比如软件中可能需要使用第三方插件时，则需根据实际需要配置相应的环境。

根据上述硬件、软件方面的配置要求，准备好资源，可开展测试环境搭建工作。

微课 5.3.1 环境配置需求

5.3.2 硬件采购安装

硬件需求配置很简单，只需要根据测试服务器硬件需求列表，向公司里负责硬件资源管理的部门或者人员申请即可。管理流程比较完善的公司可能会有环境保障部门，由专人负责公司硬件资源的管理与维护，也可能由质量保证部门负责这方面的事情。如果公司有现成的硬件设备，则直接分配；如果没有，可提交采购计划进行采购。

微课 5.3.2 硬件采购安装

5.3.3 软件安装配置

测试服务器硬件资源到位后，测试工程师着手操作系统安装。

通常在普通的 PC 上安装操作系统确实比较简单，按照常规的方式安装即可，但在另外一种方式下，可能比较麻烦。有些时候，根据资源的分配，可能需要在虚拟机，如 VMware Workstation 上安装相应的系统。至于为什么需要用虚拟机，这里简单介绍一下。有些公司的服务器配置是比较强劲的，如果一个很强的机器仅让它发挥部分的效能，性价比不高，多数情况下一机多用，一台服务器上安装一个宿主系统，然后利用虚拟机工具模拟多个系统环境，测试工程师在这些虚拟系统上开展工作。虚拟机上安装系统时，需要考虑的是硬盘容量的大小及型号、网络的连接方式等。安装过程中，尽量模拟真实的测试环境。至于虚拟机的用法，这里不多介绍，读者可自行查阅相关资料学习。

【案例 5-4 ECShop 测试环境搭建】

本次项目应用 Linux 平台，使用 CentOS 6.5 版 64 位系统，并且在 VMWare 中搭建，VMWare 安装 CentOS 的过程请参考“附录 1 CentOS 环境搭建手册”。

虚拟系统完成搭建后，需配置 ECShop 运行所需的 Apache、PHP 及 MySQL 环境，其过程与安装禅道过程类似，这里不做阐述，请读者参考本书“3.3.2 禅道安装配置”。

微课 5.3.3 软件安装配置

5.3.4 应用程序部署

Apache、PHP、MySQL 安装完成后，将 ECShop 安装包从其官方网站下载后，上传到 CentOS 的/var/www/html 目录下，然后根据其官方安装说明进行安装配置即可。如果缺少相关组件，根据提示查找相关资料逐步安装相关组件。

安装过程中需将 ecshop 目录权限增加读写执行权限，如：

```
[root@ecshopserver html]# chmod a=rwx -R ecshop
```

需注意的是，如果目录权限全开，可能存在目录访问安全性方面的风险。

微课 5.3.4 应用程序部署

5.4 执行冒烟测试

任何测试对象正式开展测试活动之前，需先验证其核心功能能否正常运行，如果其核心功能无法正常工作，则不必执行深度测试，这个过程一般称为“冒烟测试”。冒烟测试书面语一般表述为“预测试”，冒烟测试是一种通俗表达方式。

冒烟测试，指利用较短的时间，对冒烟测试用例进行执行，保证被测对象核心功能能够正常工作，一般执行时间控制在 30 分钟以内。

如果冒烟测试通过，则可开展深度测试，否则，测试工程师有权退回测试版本，由开发工程师重新组织测试版本。

冒烟测试用例，通常可选择测试用例级别高的用例作为冒烟用例，也可根据被测对象实际情况单独设计，如果被测对象涉及大量的流程性事务，则可以以基本流程为冒烟测试用例。

冒烟测试结束后，敏捷开发团队进行冒烟测试结果评估，确认是否可进行正式测试。通常判断标准是如果所有冒烟测试用例全部执行通过，则认为

微课 5.4 执行冒烟测试

冒烟测试通过，若任意一条冒烟测试用例不通过，则冒烟测试失败。

5.5 执行正式测试

冒烟测试通过后，测试工程师需根据各自的测试任务进行测试用例执行工作。

针对 Web 系统，测试执行时测试工程师应当从功能、流程、安全、兼容性、前端性能、接口等几个方面开展测试活动。

5.5.1 功能测试

用户无论使用什么业务系统，都期望该系统实现用户需要的业务，而任何业务实现过程都是由单个功能组合而成的，因此在一个 Web 系统中，保证其单个及组合功能的正确性是所有测试活动中的首要关注点，只有单个功能正确后，才能进行流程类的测试。

结合软件质量中的功能特性，通常情况下，Web 系统功能测试从以下几个方面考虑。

1. 控件测试

对于单个逻辑功能，测试工程师需要关注其是否正确实现了需求定义的功能性需求，并需明确该需求是否确实应该在需求中体现。例如，登录功能，需关注其能否正确实现合法数据能够登录，而非法数据拒绝登录。商品查询功能中的排序功能，如果系统默认设计为降序排序，则需弄清楚用户是否有此需求，如果有，则验证该排序是否正确实现了默认降序功能。

贯穿于整个业务系统的逻辑功能，需保证其单个功能的正确性，然后才是整个业务流程的正确性测试。

【案例 5-5 ECShop 注册控件测试】

Web 系统中，客户端通过 Post 等方式发送请求与服务器交互时，大部分是以表单的方式发送，如图 5-14 所示。

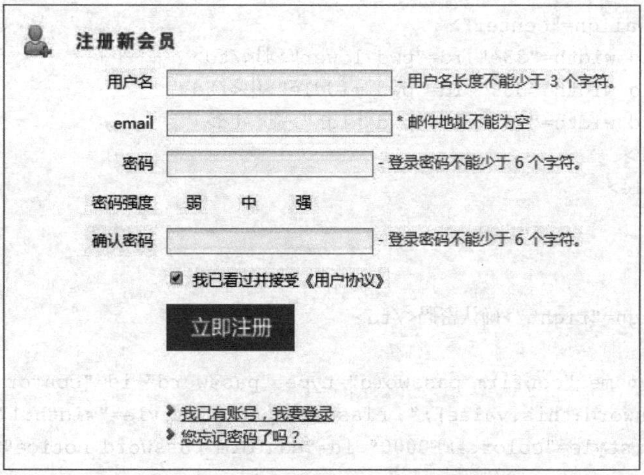

图 5-14 ECShop 用户注册页面

图 5-14 所示是 ECShop 网站用户注册页面，用户填写相关数据信息后，使用 Post 方法提交请求至“user.php”逻辑处理页面进行注册操作。该表单上共有 6 个表单控件：用户名文本编辑框、E-mail 文本编辑框、密码文本编辑框、确认密码文本编辑框、复选框、注册按钮，其对应的页面源代码如下。

```
  <form action="user.php" method="post" name="formUser" onsubmit="return register();">
      <table width="100%"  border="0" align="left" cellpadding="5" cellspacing="3">
        <tr>
          <td width="13%" align="right">用户名</td>
          <td width="87%">
          <input  name="username"  type="text"  size="25"  id="username"  onblur="is_
registered(this.value);" class="inputBg"/>
            <span id="username_notice" style="color:#FF0000"> *</span>
          </td>
        </tr>
        <tr>
          <td align="right">email</td>
          <td>
          <input  name="email"  type="text"  size="25"  id="email"  onblur="checkEmail
(this.value);"  class="inputBg"/>
            <span id="email_notice" style="color:#FF0000"> *</span>
          </td>
        </tr>
        <tr>
          <td align="right">密码</td>
          <td>
          <input name="password" type="password" id="password1" onblur="check_password
(this.value);" onkeyup="checkIntensity(this.value)" class="inputBg" style="width:179px;" />
            <span style="color:#FF0000" id="password_notice"> *</span>
          </td>
        </tr>
        <tr>
          <td align="right">密码强度</td>
          <td>
            <table width="145" border="0" cellspacing="0" cellpadding="1">
              <tr align="center">
                <td width="33%" id="pwd_lower">弱</td>
                <td width="33%" id="pwd_middle">中</td>
                <td width="33%" id="pwd_high">强</td>
              </tr>
            </table>
          </td>
        </tr>
        <tr>
          <td align="right">确认密码</td>
          <td>
          <input name="confirm_password" type="password" id="conform_password" onblur=
"check_conform_password(this.value);"  class="inputBg" style="width:179px;"/>
            <span style="color:#FF0000" id="conform_password_notice"> *</span>
          </td>
        </tr>
                    <tr>
          <td> </td>
          <td><label>
            <input name="agreement" type="checkbox" value="1" checked="checked" />
            我已看过并接受《<a href="article.php?cat_id=-1" style="color:blue" target="_
```

```
blank">用户协议</a>》</label></td>
        </tr>
        <tr>
          <td> </td>
          <td align="left">
          <input name="act" type="hidden" value="act_register" >
          <input type="hidden" name="back_act" value="" />
          <input name="Submit" type="submit" value="" class="us_Submit_reg">
          </td>
        </tr>
        <tr>
          <td colspan="2"> </td>
        </tr>
        <tr>
          <td> </td>
          <td class="actionSub">
          <a href="user.php?act=login">我已有账号，我要登录</a><br />
          <a href="user.php?act=get_password">您忘记密码了吗？</a>
          </td>
        </tr>
      </table>
    </form>
```

常见的业务系统基本页面元素一般包含编辑框、按钮、图片/音频/视频、下拉列表、单选按钮、复选框和 Flash 插件等几种。

（1）编辑框

需考虑其默认焦点、输入长度、输入内容类型（如字母、汉字、特殊符号、脚本代码等）、输入格式限制、能否粘贴输入、能否删除文本等因素。例如，图 5-14 所示的“用户名”字段，测试时需考虑其用户名长度、组成、格式限制、是否重名等情况，测试用例设计时，可利用等价类、边界值方法详细设计。

图 5-14 所示假设是 ECShop 系统的 DEMO 原型图，测试工程师可根据该 DEMO，提取需求，如表 5-3 所示。

表 5-3　用户注册显性需求提取表

序　号	测 试 点	限制条件
1	用户名	用户名长度不能少于 3 个字符
2	E-mail	邮件地址不能为空
3	密码	登录密码不能少于 6 个字符
4	确认密码	登录密码不能少于 6 个字符

表 5-3 仅列出了 DEMO 中明确给出的显性需求，测试工程师在考虑显性需求的同时还应当关注被测对象的隐性需求，如“E-mail”邮箱格式、“确认密码”应当与“密码”输入保持一致等。更新后的需求表如表 5-4 所示。

通过类似的方法，测试工程师进行编辑框对象测试分析时，需明确每个输入框的限制条件，这样才能保证测试覆盖率，降低漏测风险。

表 5-4 用户注册功能显性及隐性需求表

序 号	测试点	限制条件
1	用户名	用户名不能为空 用户名长度不能少于 3 个字符 不能使用已存在的用户名
2	E-mail	邮件地址不能为空 邮件地址格式必须包含@符号
3	密码	登录密码不能为空 登录密码不能少于 6 个字符
4	确认密码	与密码保持一致

（2）按钮

大部分 Web 系统都用常规按钮提交请求或实现功能跳转，也可能使用图片或其他控件实现按钮功能。对于按钮而言，一般需考虑其默认焦点、按钮视图、按钮功能、脚本触发等方面。

HTML 中的按钮有三种属性：Button、Submit、Reset。

① Button

Button 本身不具备数据提交传递功能，如需实现提交功能，需绑定脚本，如单击某个按钮，出现新的界面。

```
<input type="button" value="弹出窗口" onclick="window.open('/test.hmtl'','_blank')">
```

被测对象如果包含此类 Button，测试工程师应当关注其实现方式是否正确，是否能够触发相关操作。

② Submit

Submit 是 Button 最常用的类型，当需将表单数据提交至服务器时，可利用 Submit 按钮自动提交数据信息。需注意的是，如果代码中增加了输入验证类的 JS 脚本，提交数据时可能出现重复提交数据的缺陷。本节案例系统 ECShop 用户注册表单中的“立即注册”按钮使用的是“Submit”类型。

```
<input name="Submit" type="submit" value="" class="us_Submit_reg">
```

③ Reset

当页面数据信息输入错误或需重新填写时，可使用 Button 的“Reset”属性。测试工程师测试此类按钮时需关注 Reset 功能是否实现，并且光标位于第一个必填项。

除了 Button 类型需验证外，还需验证 Button 的文字描述及 UI 设计。

（3）图片

图片在软件系统中应用非常广泛，用户往往因为某些精美的图片吸引他而选择使用软件系统，测试工程师实施测试时，需对系统中的图片进行测试，保证良好的用户体验。

图片测试包括图片内容、大小、显示、Alt 属性和链接等几个方面。

① 内容

图片内容应该准确表述当前需表述的主题，如购物车示意图，一般使用如图 5-15 所示的样式表示，而不会用箱包、手提袋等形象，不恰当的示意图容易引起误解。

图 5-15　图片形象表示

如果涉及颜色设计，一般也有特定的要求，需根据界面原型设计实现。同时，任何图片内容均不能违法。

每个人对色彩的理解不一样，应当根据原型设计进行验证，如果没有，测试工程师可根据自己的感觉判断，但提出带有主观性质的缺陷一般定义为最低级别。

② 大小

图片容量大小关乎页面响应性能，因此应适当降低图片容量大小，选择更便于网络传输的图片格式，如 JPG、PNG 等。

除了图片容量大小外，尺寸大小也应当考虑，不能造成整体界面显示变形，有任何违和感。

③ 显示

图片显示更多关注于图片显示的清晰度、协调性，以 ECShop 中的商品图片为例，显示较为模糊，当然这个跟上传的商品图片质量有关，但如果系统设计了图片压缩功能，导致图片显示不清晰，则需提出缺陷。图 5-16 所示的图片显示较为模糊，不够清晰。

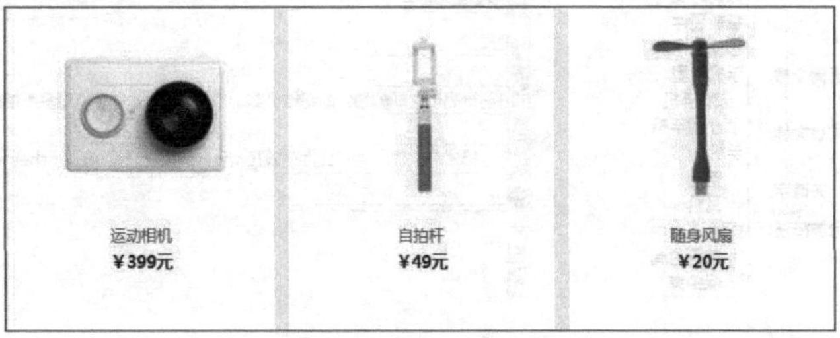

图 5-16　商品图片显示

④ Alt 属性

有时候需对图片进行备注，尤其是图片作为菜单时，鼠标移动到该图片时，显示对应的菜单名称，测试工程师应当测试该 Alt 属性表述是否正确，是否有错别字，字体设置是否正确。Alt 属性示例如图 5-17 所示。

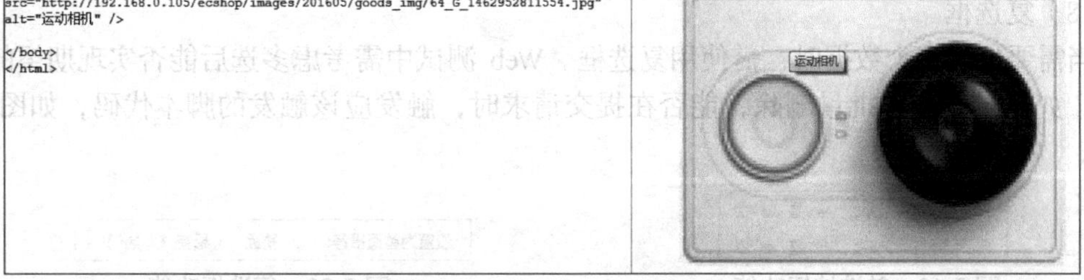

图 5-17　图片 Alt 属性示例

⑤ 链接

设计 Web 系统时，有时候将图片作为链接进行页面跳转，也可能将图片作为按钮使用，测试时需验证是否实现了对应的功能。

（4）音频

如果 Web 系统中引用了某些背景音乐时，需根据产品需求验证自动播放功能是否正常实现，音频文件是否正确，播放插件能否正常启用等。如果产品设计不允许用户下载音频文件，则测试工程师需进行音频链接安全性测试。

（5）视频

与音频类似，视频除了测试播放控制、播放插件、链接安全性之外，还需考虑视频的压缩格式、数据缓冲情况。

（6）下拉列表

下拉列表在多元化的数据信息展示传输过程中经常被用到，在测试过程中需关注其列表值是否正确，是否有重复，选中后能否正确传递、是否可以多选等方面，如图 5-18 所示。

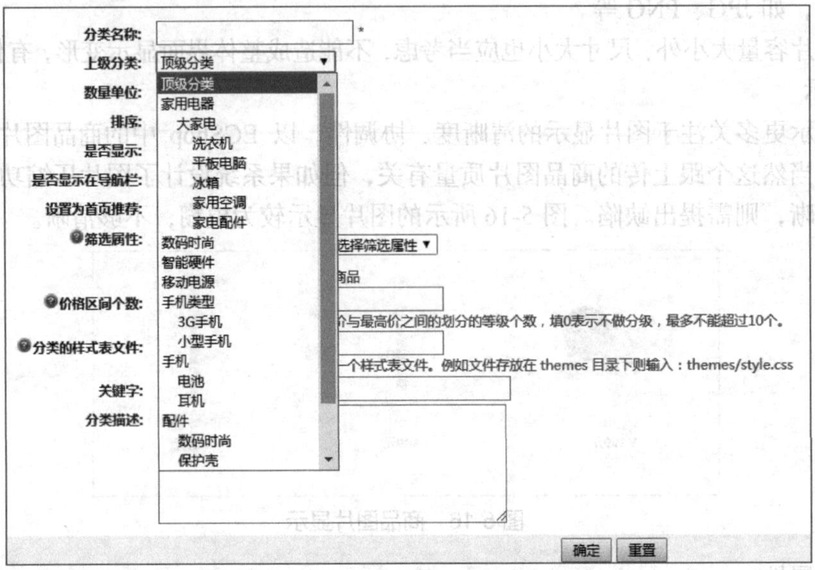

图 5-18　添加商品分类界面

某些下拉列表中的数据来源于其他功能，测试时需考虑功能间的耦合及先后逻辑关系。

（7）单选按钮

单选按钮在 Web 系统中非常常见，当需实现多选一功能时，一般会使用单选按钮。测试过程中需关注单选按钮是否有默认设置以及选中后能否保存数据，如图 5-19 所示。

（8）复选框

当需要选择多个数据时，需使用复选框。Web 测试中需考虑多选后能否实现期望的业务功能，如批量设置、批量删除，能否在提交请求时，触发应该触发的脚本代码，如图 5-20 所示。

图 5-19　单选按钮功能

图 5-20　复选框功能

（9）Flash 插件

很多时候，为了提高交互性，可能使用 Flash 插件或其他应用程序插件与用户进行交互，在此类元素的测试过程中需考虑其单独功能的实现情况，以及其与应用系统的接口能否正确传递参数，保证业务流程的正确性。

单个逻辑功能测试时，需考虑的因素较多，因此测试工程师在测试时需仔细认真，不能遗漏任何测试点，因为无法确切模拟最终用户的业务活动，仅能尽可能地模拟它们，降低系统发布后出错的可能性。

微课 5.5.1-1 功能测试-控件测试

2. 链接测试

对于页面链接功能，测试工程师需考虑其链接文字描述正确性、链接地址跳转正确性、链接触发脚本正确性、是否存在 404 错误等。

如果是小型 Web 系统，链接较少，人工测试即可，如果被测对象包含很多链接，则可利用 Xenu 或其他链接测试工具进行。

【案例 5-6 ECShop 链接测试】

Xenu 是测试工程师应用较多的链接测试工具，小巧、便捷。可以对本地网页文件测试链接，也可以输入任何公网网站进行测试。测试完成后自动生成测试报告，如果链接存在错误，Xenu 用红色显示，如图 5-21 所示。

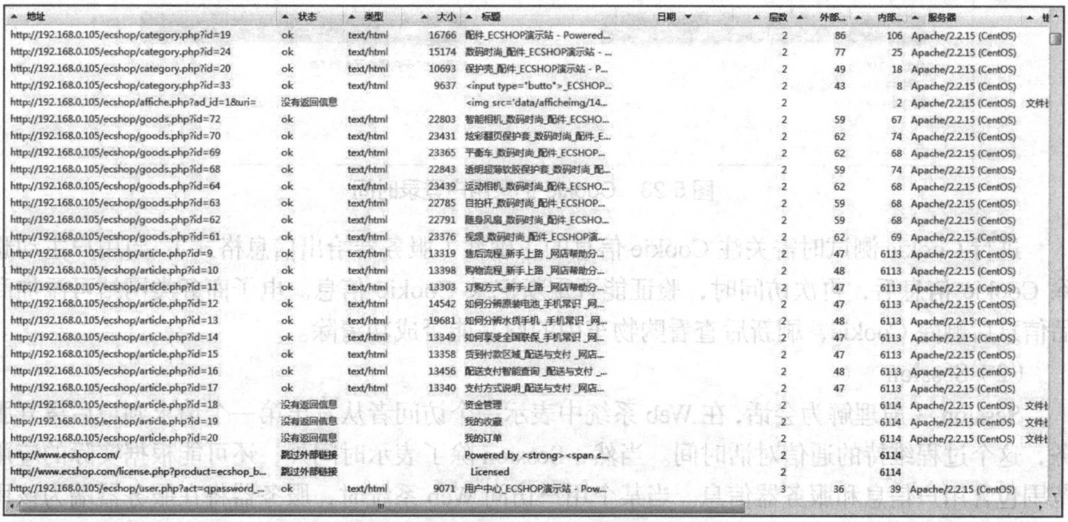

地址	状态	类型	大小	标题	日期	层数	外部...	内部...	服务器	错
http://192.168.0.105/ecshop/category.php?id=19	ok	text/html	16766	配件_ECSHOP演示站 - Powered...		2	86	106	Apache/2.2.15 (CentOS)	
http://192.168.0.105/ecshop/category.php?id=24	ok	text/html	15174	数码时尚_配件_ECSHOP演示站 - ...		2	77	25	Apache/2.2.15 (CentOS)	
http://192.168.0.105/ecshop/category.php?id=20	ok	text/html	10693	保护壳_配件_ECSHOP演示站 - P...		2	49	18	Apache/2.2.15 (CentOS)	
http://192.168.0.105/ecshop/category.php?id=33	ok	text/html	9637	<input type="butto">_ECSHOP...		2	43	8	Apache/2.2.15 (CentOS)	
http://192.168.0.105/ecshop/affiche.php?ad_id=1&uri=	没有返回信息			<img src='data/afficheimg/14...		2		2	Apache/2.2.15 (CentOS)	文件t
http://192.168.0.105/ecshop/goods.php?id=72	ok	text/html	22803	智能相机_数码时尚_配件_ECSHO...		2	59	67	Apache/2.2.15 (CentOS)	
http://192.168.0.105/ecshop/goods.php?id=70	ok	text/html	23431	炫彩翻页保护套_数码时尚_配件_E...		2	62	74	Apache/2.2.15 (CentOS)	
http://192.168.0.105/ecshop/goods.php?id=69	ok	text/html	23365	平衡车_数码时尚_配件_ECSHOP...		2	62	68	Apache/2.2.15 (CentOS)	
http://192.168.0.105/ecshop/goods.php?id=68	ok	text/html	22843	透明超薄软胶保护套_数码时尚_配...		2	59	74	Apache/2.2.15 (CentOS)	
http://192.168.0.105/ecshop/goods.php?id=64	ok	text/html	23439	运动相机_数码时尚_配件_ECSHO...		2	62	68	Apache/2.2.15 (CentOS)	
http://192.168.0.105/ecshop/goods.php?id=63	ok	text/html	22785	自拍杆_数码时尚_配件_ECSHOP...		2	59	68	Apache/2.2.15 (CentOS)	
http://192.168.0.105/ecshop/goods.php?id=62	ok	text/html	22791	随身风扇_数码时尚_配件_ECSHO...		2	59	68	Apache/2.2.15 (CentOS)	
http://192.168.0.105/ecshop/goods.php?id=61	ok	text/html	23376	视频_数码时尚_配件_ECSHOP演...		2	62	69	Apache/2.2.15 (CentOS)	
http://192.168.0.105/ecshop/article.php?id=9	ok	text/html	13319	售后流程_新手上路 _网店帮助分...		2	47	6113	Apache/2.2.15 (CentOS)	
http://192.168.0.105/ecshop/article.php?id=10	ok	text/html	13398	购物流程_新手上路 _网店帮助分...		2	48	6113	Apache/2.2.15 (CentOS)	
http://192.168.0.105/ecshop/article.php?id=11	ok	text/html	13303	订购方式_新手上路 _网店帮助分...		2	47	6113	Apache/2.2.15 (CentOS)	
http://192.168.0.105/ecshop/article.php?id=12	ok	text/html	14542	如何分辨原装电池_手机常识 _网...		2	47	6113	Apache/2.2.15 (CentOS)	
http://192.168.0.105/ecshop/article.php?id=13	ok	text/html	19681	如何分辨水货手机 _手机常识 _网...		2	48	6113	Apache/2.2.15 (CentOS)	
http://192.168.0.105/ecshop/article.php?id=14	ok	text/html	13349	如何享受全国联保_手机常识 _网...		2	47	6113	Apache/2.2.15 (CentOS)	
http://192.168.0.105/ecshop/article.php?id=15	ok	text/html	13358	货到付款区域_配送与支付 _网店...		2	47	6113	Apache/2.2.15 (CentOS)	
http://192.168.0.105/ecshop/article.php?id=16	ok	text/html	13456	配送支付智能查询 _配送与支付 _...		2	48	6113	Apache/2.2.15 (CentOS)	
http://192.168.0.105/ecshop/article.php?id=17	ok	text/html	13340	支付方式说明_配送与支付 _网店...		2	47	6113	Apache/2.2.15 (CentOS)	
http://192.168.0.105/ecshop/article.php?id=18	没有返回信息			资金管理		2		6114	Apache/2.2.15 (CentOS)	文件t
http://192.168.0.105/ecshop/article.php?id=19	没有返回信息			我的收藏		2		6114	Apache/2.2.15 (CentOS)	文件t
http://192.168.0.105/ecshop/article.php?id=20	没有返回信息			我的订单		2		6114	Apache/2.2.15 (CentOS)	文件t
http://www.ecshop.com/	跳过外部链接			Powered by <strong><span s...		2		6114		
http://www.ecshop.com/license.php?product=ecshop_b...	跳过外部链接			Licensed		2		6114		
http://192.168.0.105/ecshop/user.php?act=qpassword_...	ok	text/html	9071	用户中心_ECSHOP演示站 - Pow...		3	36	39	Apache/2.2.15 (CentOS)	

图 5-21 Xenu 链接测试

执行完成后，Xenu 给出测试结果，如图 5-22 所示，共计验证了 6479 个链接，发现了 9 个错误。

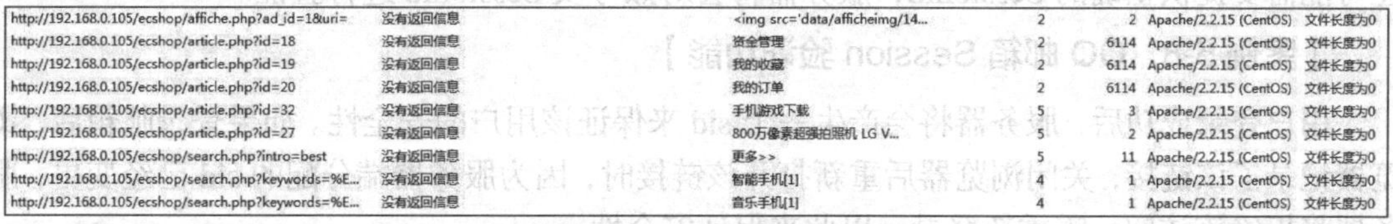

http://192.168.0.105/ecshop/affiche.php?ad_id=1&uri=	没有返回信息	<img src='data/afficheimg/14...	2	2	Apache/2.2.15 (CentOS)	文件长度为0
http://192.168.0.105/ecshop/article.php?id=18	没有返回信息	资金管理	2	6114	Apache/2.2.15 (CentOS)	文件长度为0
http://192.168.0.105/ecshop/article.php?id=19	没有返回信息	我的收藏	2	6114	Apache/2.2.15 (CentOS)	文件长度为0
http://192.168.0.105/ecshop/article.php?id=20	没有返回信息	我的订单	2	6114	Apache/2.2.15 (CentOS)	文件长度为0
http://192.168.0.105/ecshop/article.php?id=32	没有返回信息	手机游戏下载	5	3	Apache/2.2.15 (CentOS)	文件长度为0
http://192.168.0.105/ecshop/article.php?id=27	没有返回信息	800万像素超强拍照机 LG V...	5	2	Apache/2.2.15 (CentOS)	文件长度为0
http://192.168.0.105/ecshop/search.php?intro=best	没有返回信息	更多>>	5	11	Apache/2.2.15 (CentOS)	文件长度为0
http://192.168.0.105/ecshop/search.php?keywords=%E...	没有返回信息	智能手机[1]	4	1	Apache/2.2.15 (CentOS)	文件长度为0
http://192.168.0.105/ecshop/search.php?keywords=%E...	没有返回信息	音乐手机[1]	4	1	Apache/2.2.15 (CentOS)	文件长度为0

图 5-22 ECShop 链接测试错误列表

微课 5.5.1-2 功能测试-链接测试

3. 缓存测试

根据 Web 系统体系架构不同，系统开发过程中可能采用 Cookie、Session、Cache 等方法来优化、处理数据信息。

（1）Cookie

当用户访问一个 Web 系统后，服务器为了在下一次用户访问时，判断该用户是否为合法用户、是否需要重新登录，或者希望客户端记录某些数据信息时，可设计 Cookie 以某种具体的数据格式记录在客户端硬盘中。

通常情况下，Cookie 可记录用户的登录状态，服务器可保留用户信息，在下一次访问时可显示该用户上一次访问时间，如图 5-23 所示。对于购物类网站，也可利用 Cookie 实现购物车功能。

【案例 5-7 ECShop Cookie 功能】

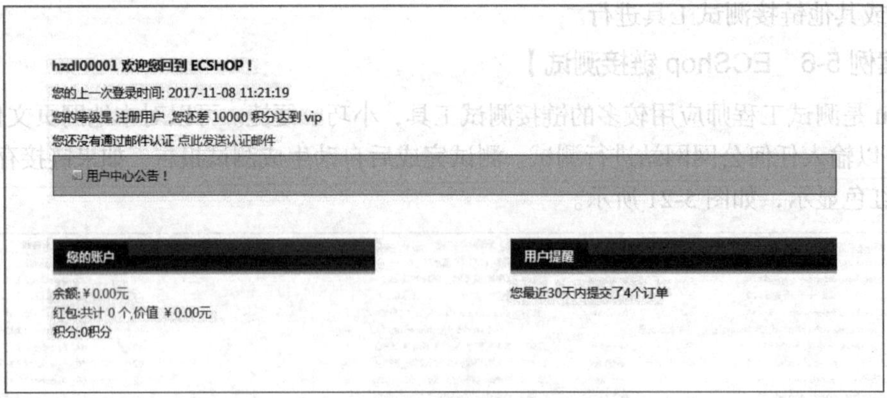

图 5-23 Cookie 记录用户登录时间

进行 Cookie 测试时需关注 Cookie 信息的正确性（服务器给出信息格式），当用户主动删除 Cookie 信息后，再次访问时，验证能否重新记录 Cookie 信息。电子商务类网站可添加商品信息后删除 Cookie，刷新后查看购物车中的商品能否成功清除。

（2）Session

Session 一般理解为会话，在 Web 系统中表示一个访问者从发出第一个请求到最后离开服务，这个过程维持的通信对话时间。当然，Session 除了表示时间外，还可能根据实际的应用范围包含用户信息和服务器信息。当某个用户访问 Web 系统时，服务器将在服务器端为该用户生成一个 Session，并将相关数据记录在内存或文件中，某个周期后，如果用户未做任何操作，则服务器将释放该 Session。为了识别每个用户会话，服务器生成 Sessionid 来标识。

从安全性角度考虑，用户使用软件系统进行业务操作时，除了需提供正确的账号信息外，还可能需要提供正确的 Sessionid，服务器将会对账号及 Sessionid 进行验证。

【案例 5-8 QQ 邮箱 Session 验证功能】

用户登录成功后，服务器将会产生一个 sid 来保证该用户的安全性。如果登录邮箱后，浏览器记录了该链接，关闭浏览器后重新打开该链接时，因为服务器端分配的 sid 已经变更，服务器将拒绝该访问，需重新登录，以此来保证安全性。

```
https://mail.qq.com/cgi-bin/frame_html?sid=U5kSg2nWXCo9fnwm&r=075a785659913aee85cc041927efa681
```

（3）Cache

Web 系统将用户或系统经常访问或使用的数据信息存放在客户端 Cache（缓存）或服务器端 Cache 中，以此来提高响应速度。与 Cookie 和 Session 不同，Cache 是服务器提供的响应数据，为了提高响应速度，存放在客户端或服务器端。用户发出请求后，首先根据请求的内容从本地读取，如果本地存在所需的数据，则直接加载，减轻服务器的压力，若本地不存在相关数据，则从服务器的 Cache 中查询，若还不存在，则进行进一步的请求响应操作。很多时候，服务器用 Cache 提高访问速度，优化系统性能。在 Web 系统前端性能测试时，需关注 Cache 对测试结果的影响。

微课 5.5.1-3 功能测试-缓存测试

从图 5-24 可以看到，当网页访问以后，客户端将保存相关的数据信息，再次访问时，浏览器首先判断本地是否有待请求的数据，如果有，则直接读取，不再从服务器获取。

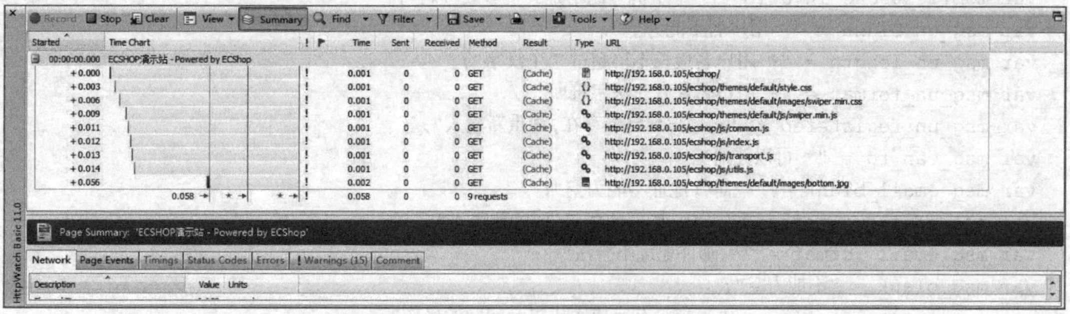

图 5-24 Cache 对网页访问的影响

4. 脚本功能

为了实现一些特殊的效果或功能，系统往往会使用 JavaScript、VBScript 脚本编程技术。例如，动态的验证、特殊的展示效果，在测试过程中需进行此类效果或功能的测试，以检验相关脚本的正确性，同时需考虑它们是否有兼容性问题。

【案例 5-9 ECShop 脚本功能测试】

ECShop 用户注册功能的初始页面如图 5-25 所示。

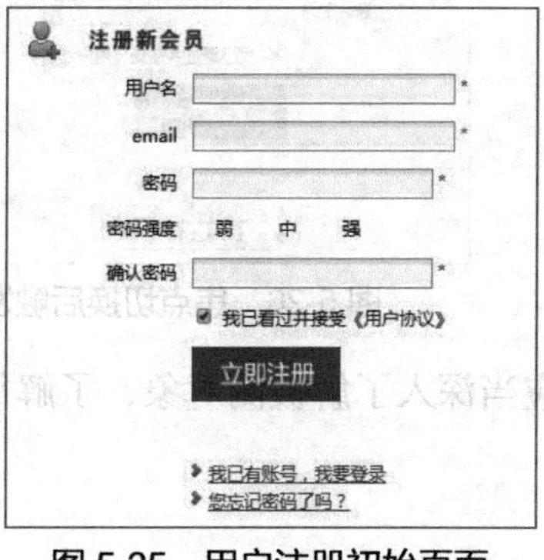

图 5-25 用户注册初始页面

默认情况下，用户注册页面仅标识出相关输入区域必填（以红色*表示），当“用户名”不输入，光标切换到“email”时，将触发输入合法性判断的 JavaScript 脚本。

```
<script type="text/javascript">
```

```
var process_request = "正在处理您的请求...";
var username_empty = "- 用户名不能为空。";
var username_shorter = "- 用户名长度不能少于 3 个字符。";
var username_invalid = "- 用户名只能是由字母数字以及下划线组成。";
var password_empty = "- 登录密码不能为空。";
var password_shorter = "- 登录密码不能少于 6 个字符。";
var confirm_password_invalid = "- 两次输入密码不一致";
var email_empty = "- Email 为空";
var email_invalid = "- Email 不是合法的地址";
var agreement = "- 您没有接受协议";
var msn_invalid = "- msn 地址不是一个有效的邮件地址";
var qq_invalid = "- QQ 号码不是一个有效的号码";
var home_phone_invalid = "- 家庭电话不是一个有效号码";
var office_phone_invalid = "- 办公电话不是一个有效号码";
var mobile_phone_invalid = "- 手机号码不是一个有效号码";
var msg_un_blank = "* 用户名不能为空";
var msg_un_length = "* 用户名最长不得超过 7 个汉字";
var msg_un_format = "* 用户名含有非法字符";
var msg_un_registered = "* 用户名已经存在,请重新输入";
var msg_can_rg = "* 可以注册";
var msg_email_blank = "* 邮件地址不能为空";
var msg_email_registered = "* 邮箱已存在,请重新输入";
var msg_email_format = "* 邮件地址不合法";
var msg_blank = "不能为空";
var no_select_question = "- 您没有完成密码提示问题的操作";
var passwd_balnk = "- 密码中不能包含空格";
var username_exist = "用户名 %s 已经存在";
</script>
```

对应的界面效果如图 5-26 所示。

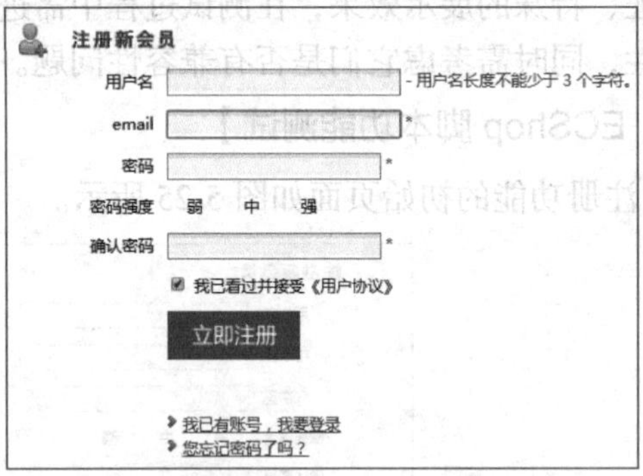

微课 5.5.1-4 功能测试-脚本功能

图 5-26 焦点切换后触发脚本判断

测试工程师在执行测试时应当深入了解被测对象，了解每个操作的背后知识，这样才能发现更深层次的缺陷。

5. 文件上传下载

业务系统中可能会使用一些文件上传下载的控件，如图 5-27 所示。对于此类控件，测试时需考虑文件上传格式、上传内容、上传后能否正确打开、上传过程中如果出现异常是否有信息提示。对于文件下载则需考虑下载的文件能否正确打开使用、下载过程中能否中断、中断后可否续传、下载保存的文件名是否正确等。通常情况，此类控件会使用比较成熟的功能组件，因此测试难度相对较小。

图 5-27　商品图片上传功能

如果上传完成后存在预览功能，测试工程师应当验证该预览是否实现，并且预览的图片是否清晰，软件系统如果对上传的图片进行压缩，测试工程师需保证压缩后的照片清晰可用，有人在实际工作中遇到过 App 将图片压缩后清晰度不够，导致无法通过系统验证，需重试很多次才符合，这样的设计对用户来说是极其糟糕的。

微课 5.5.1-5　功能测试-文件上传下载

6. 表格测试

表格作为数据库数据在 UI 层面的直观展示，是用户实现信息管理的最佳媒介，因此在测试活动中经常涉及这方面的测试。

【案例 5-10　后台商品管理列表测试】

ECShop 系统的后台商品管理功能页面，采用的是表格形式展现数据，如图 5-28 所示。

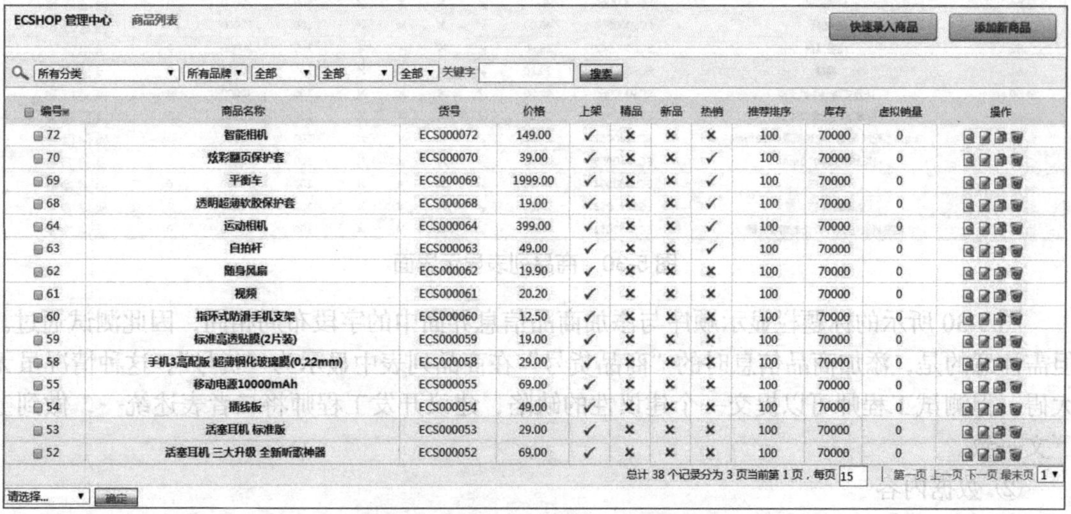

图 5-28　ECShop 后台商品信息列表

表格测试一般关注数据显示、翻页和附加功能等几个方面。

（1）数据显示

用户与系统的交互信息，很多时候通过数据形式记录在数据库中，通过逻辑代码处理，以表格形式展示相关信息，用户增加、修改、删除以及查询数据的最终结果都体现在表格上，因此验证数据显示的正确性是表格测试的核心。

数据显示主要涉及标题栏、数据内容、字符编码和列宽等几个方面。

① 标题栏

标题栏应该与产品需求/DEMO 设计相同，字体设计一致，排序需遵从用户习惯确定，如果系统有增加数据的功能，则标题栏的内容、顺序应与增加界面的布局相同。

以 ECShop 商品管理为例，添加商品的界面如图 5-29 所示。

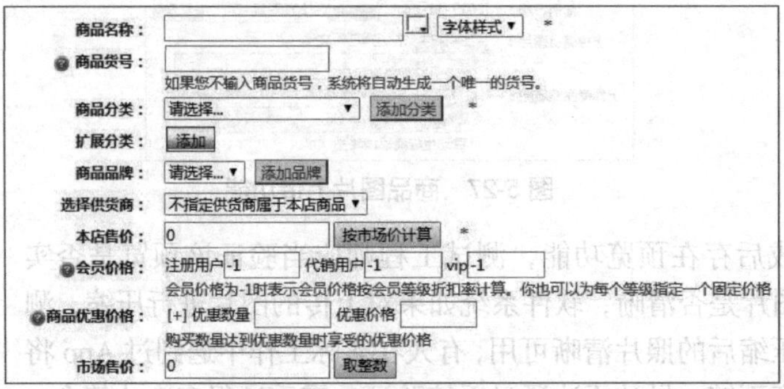

图 5-29 添加商品信息界面

从图 5-29 得知，商品信息添加功能的字段分别是：商品名称、商品货号以及价格，那么商品列表标题栏显示顺序也应当是商品名称、商品货号、价格等，如图 5-30 所示。如果商品货号排在商品名称前面，则测试工程师可提出建议性缺陷。

编号	商品名称	货号	价格	上架	精品	新品	热销	推荐排序	库存	虚拟销量	操作
72	智能相机	ECS000072	149.00	✓	×	×	×	100	70000	0	
70	炫彩翻页保护套	ECS000070	39.00	✓	×	×	✓	100	70000	0	
69	平衡车	ECS000069	1999.00	✓	×	×	✓	100	70000	0	
68	透明超薄软胶保护套	ECS000068	19.00	✓	×	×	✓	100	70000	0	
64	运动相机	ECS000064	399.00	✓	×	×	✓	100	70000	0	
63	自拍杆	ECS000063	49.00	✓	×	×	✓	100	70000	0	
62	随身风扇	ECS000062	19.90	✓	×	×	×	100	70000	0	
61	视频	ECS000061	20.20	✓	×	×	×	100	70000	0	
60	指环式防滑手机支架	ECS000060	12.50	✓	×	×	×	100	70000	0	
59	标准高透贴膜(2片装)	ECS000059	19.00	✓	×	×	×	100	70000	0	
58	手机3高配版 超薄钢化玻璃膜(0.22mm)	ECS000058	29.00	✓	×	×	×	100	70000	0	
55	移动电源10000mAh	ECS000055	69.00	✓	×	×	×	100	70000	0	
54	插线板	ECS000054	49.00	✓	×	×	×	100	70000	0	
53	活塞耳机 标准版	ECS000053	29.00	✓	×	×	×	100	70000	0	
52	活塞耳机 三大升级 全新听歌神器	ECS000052	69.00	✓	×	×	×	100	70000	0	

图 5-30 商品列表显示界面

图 5-30 所示的标题栏显示顺序与添加商品信息界面中的字段布局相同，因此测试通过。但需注意的是，添加商品信息时的“商品货号”在商品列表中显示为“货号”，这种情况虽无大碍，但测试工程师可以提交一个建议性的缺陷，建议开发工程师将二者表述统一，做到上下文一致。

② 数据内容

表格显示格式确定后，需验证数据内容是否正确，如果“商品名称”列下显示的是“商品货号”，则是很严重的缺陷，测试工程师应当细致检查数据，尤其是通过字段名称跳转到新页面的数据信息，如单击“商品名称”可打开该商品的详细信息，在测试过程中需仔细校对数据的正确性。

③ 字符编码

字符编码一般跟程序代码有关，可能由于浏览器编码设置错误，导致乱码，如图 5-31 所示。

上述情况是由于 Firefox 浏览器编码改为简体中文，导致数据显示乱码，将浏览器重新设置为 Unicode 格式后显示正常，测试工程师在执行测试时，需确认是由于浏览器编码原因导致乱码错误还是因为程序代码字符集设计错误导致乱码。

图 5-31 商品信息显示乱码

有时候乱码错误可能是因为数据导入数据库时造成的错误，如图 5-32 所示。以 MySQL 数据库为例，执行 SQL 导入时，如果不进行匹配的字符集设置，可能导致乱码，这种情况一般是环境搭建问题，与程序代码无关，设置好数据库字符集格式即可。

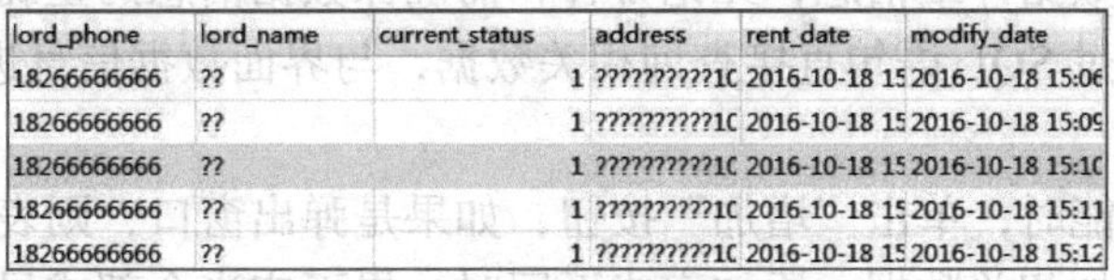

lord_phone	lord_name	current_status	address	rent_date	modify_date
18266666666	??	1	??????????1C	2016-10-18 15	2016-10-18 15:06
18266666666	??	1	??????????1C	2016-10-18 15	2016-10-18 15:09
18266666666	??	1	??????????1C	2016-10-18 15	2016-10-18 15:10
18266666666	??	1	??????????1C	2016-10-18 15	2016-10-18 15:11
18266666666	??	1	??????????1C	2016-10-18 15	2016-10-18 15:12

图 5-32 数据库数据乱码

④ 列宽

列宽设置不合理将会导致表格界面显示错乱，或者当列数据内容较多时，会导致页面被撑开，从而导致界面显示错误，这种情况下，需测试系统是否具有自适应功能，当数据超过界面定义的边界时自动截取或收缩，如果没有自适应功能，则具体情况具体分析，但必须保证界面显示美观，商品分类列宽显示界面如图 5-33 所示。

移动电源	1	
软件测试软件测试软件测试软件测试软件测试	0	
手机	3	
电池	0	
耳机	3	
配件	10	
数码时尚	8	
保护壳	1	
服装	6	
	0	
充值卡	0	
阿双方的都是都是发到啥的萨芬速度发生的都	0	个
手机类型	0	
小型手机	3	台

图 5-33 商品分类列宽显示界面

ECShop 商品分类管理中，针对商品类别名称长度进行了控制，当超过 20 个汉字时，系统自动截取，仅保留前 20 个汉字，并在显示列表中固定列宽，这种情况下，就不会出现界面被撑开、显示错乱的现象。但此处仍有个细节问题，商品分类列表中，单行可容纳 20 个汉字，但在 19 个汉字时换行，第二行仅有 1 个字，测试工程师可提出建议，加大列宽，以容纳换行的 1 个汉字，或者单行超过 10 个汉字时换行，尽可能美化 UI，当然，这仅仅是建议，可根据 UI 设计人员的设计测试。

（2）翻页

翻页功能是绝大多数表格都应用到的功能，通常有第一页、最后一页、上一页、下一页、跳转第_页等，这类功能测试根据字面意思测试即可，跳转功能这可根据文本编辑框的测试方法进行，如输入非数字、输入单引号等。

有些翻页功能设计时，次页显示的第一条数据是前一页的最后一条数据，设计如此，并非缺陷，测试工程师在测试时应当与开发工程师确认。

（3）附加功能

表格中有时候会提供查看、增加、修改、删除数据以及设置每页显示多少条数据的功能，测试工程师应当逐个测试，以确保每项功能正确。

① 查看数据

不同的设计方法，提供了不同的功能，有些表格通过记录名称打开数据详细信息，有些则通过功能按钮打开数据详细信息，无论哪种，需确保数据信息的正确性，这类测试如有条件，可连接数据库通过 SQL 语句直接查询相关数据，与界面数据信息进行对比测试。

② 增加数据

测试增加数据功能时，单击“增加”按钮，如果是弹出窗口，则表格数据信息不应当刷新，在新的界面中添加相关数据，添加完成返回时，界面应当全部或局部刷新，显示新增加的数据。

如果新增加的数据未能出现在列表中，首先应当确认该数据是否应该显示在当前页面，如果是，再检查是否是因为浏览器缓存问题导致页面刷新错误，最后验证数据库是否存入数据成功。

③ 修改数据

很多产品在设计修改功能时，要求将原来的数据读取出来，这点应根据产品设计确定。如果需读出原数据，测试工程师需确认原数据读取是否正确，其他测试方法与增加数据类似。

修改数据时，有些字段是不可重新编辑的，如系统自动生成的 id 号，或者分配的流水号、贷款申请单号等，如果进入修改页面，这些数据处于可编辑状态，无论能否真正编辑，都应当提交缺陷。

修改数据时的必填项设置应该与增加数据设置一致。

修改数据具有一定的破坏性，因此数据修改操作在提交时应该给予信息提示，提示信息应与产品需求一致。

修改数据需考虑数据锁定问题，即数据被其他用户或操作打开时，该数据不可编辑（修改或删除），以保证数据的一致性与安全性。

④ 删除数据

删除数据最具破坏性，在执行删除数据操作前，系统应当给予提示，如有必要可进行二次确认，如果用户放弃删除操作，则列表不应当刷新，如果用户确认执行删除操作，删除操作完成后，列表进行刷新，已删除的信息不应当出现。

删除数据与修改数据一样，同样需考虑数据锁定问题，用户在打开某条记录时，其他用户或操作不可进行修改或删除操作。常用的一个测试方法是具有权限的两个用户同时打开某条记录，A 用户先执行删除操作，B 用户再执行修改操作，验证被测对象的处理方式。

以 ECShop 商品类别管理为例，后台管理分别利用两个浏览器登录后，选择某个商品类别进行修改及删除操作。先删除类别，再进行修改，ECShop 提示修改成功，但返回类别列表时，该类别并不存在，这种情况测试工程师应当提出缺陷，因为用户在实际应用过程中可能会出现类似冲突的问题，系统应当给予合理的处理与提示。

⑤ 设置每页显示条数

与跳转功能一样，需测试合法输入与非法输入的情况，其他根据需求确认即可。

微课 5.5.1-6 功能测试-表格测试

7. 查询测试

查询功能几乎在所有的软件产品中都有，查询功能极大地方便了用户根据条件检索所需的数据，通过不同条件的组合，得到不同价值的数据。

查询功能测试一般考虑条件组合、结果显示两个方面。

（1）条件组合

查询功能通常至少包括两个以上的查询条件。

【案例 5-11 ECShop 商品信息查询功能测试】

ECShop 商品信息查询功能，包括商品分类、商品品牌、商品类型、供货商类型、商品状态和关键字 6 个条件，如图 5-34 所示。

图 5-34 商品信息查询功能

像这样的组合测试，如果采用排列组合的方法，则测试组合非常多，而且容易漏测，一般建议使用测试用例设计方法中的正交试验进行用例设计，然后再进行测试。

图 5-34 所示的查询功能包括所有分类、品牌、商品类型、供货商类型、商品状态及关键字共计 6 个查询条件，其中“商品分类”“商品品牌”“商品类型”包含了若干个分类，“供货商类型”“商品状态”分别有 3 种取值，而“关键字”如果以等价类的思想划分，则可分为输入关键字和不输入关键字两种。通过这样的分析，测试工程师可将“商品分类”“商品品牌”“商品类型”3 种条件采用等价类与边界值思想，各取 3 个值，分别是所有、中间任意值和最后一个值，“供货商类型”“商品状态”分别有 3 种取值，“关键字”取输入和不输入两个值，如表 5-5 所示。

表 5-5 组合条件取值分析表

条件字段	取值 1	取值 2	取值 3
商品分类	所有分类	中间任意值	最后一个值
商品品牌	所有品牌	中间任意值	最后一个值
商品类型	全部	中间任意值	全部推荐
供货商类型	全部	北京供货商	上海供货商
商品状态	全部	上架	下架
关键字	输入	不输入	

从表 5-5 可以看出，一共有 6 个查询条件，每个查询条件有 3 种取值，利用正交设计的思想，即是 6 因子 3 水平，测试工程师可根据正交试验用例设计方法查找匹配的正交表，如 6 因子 3 水平 1 因子 6 水平，这个正交表与需要的正交表匹配，用例数最少，共计 18 条，如表 5-6 所示。

表 5-6　3^6 6^1　n=18 正交表

序号|因子	A	B	C	D	E	F	G
1	0	0	0	0	0	0	0
2	0	0	1	1	2	2	1
3	0	1	0	2	2	1	2
4	0	1	2	0	1	2	3
5	0	2	1	2	1	0	4
6	0	2	2	1	0	1	5
7	1	0	0	2	1	2	5
8	1	0	2	0	2	1	4
9	1	1	1	1	1	1	0
10	1	1	2	2	0	0	1
11	1	2	0	1	2	0	3
12	1	2	1	0	0	2	2
13	2	0	1	2	0	1	3
14	2	0	2	1	1	0	2
15	2	1	0	1	0	2	4
16	2	1	1	0	2	0	5
17	2	2	0	0	1	1	1
18	2	2	2	2	2	2	0

表 5-6 比测试用例设计的所需的因子多了一个，因此可将“G”因子丢弃。替换后的正交表如表 5-7 所示。

表 5-7　替换后的正交表

序号|因子	商品分类	商品品牌	商品类型	供货商类型	商品状态	关键字	G
1	所有分类	所有品牌	全部	全部	全部	输入	0
2	所有分类	所有品牌	中间任意值	北京供货商	下架	2	1
3	所有分类	中间任意值	全部	上海供货商	下架	不输入	2
4	所有分类	中间任意值	全部推荐	全部	上架	2	3
5	所有分类	最后一个值	中间任意值	上海供货商	上架	输入	4

续表

序号|因子	商品分类	商品品牌	商品类型	供货商类型	商品状态	关键字	G
6	所有分类	最后一个值	全部推荐	北京供货商	全部	不输入	5
7	中间任意值	所有品牌	全部	上海供货商	上架	2	5
8	中间任意值	所有品牌	全部推荐	全部	下架	不输入	4
9	中间任意值	中间任意值	中间任意值	北京供货商	上架	不输入	0
10	中间任意值	中间任意值	全部推荐	上海供货商	全部	输入	1
11	中间任意值	最后一个值	全部	北京供货商	下架	输入	3
12	中间任意值	最后一个值	中间任意值	全部	全部	2	2
13	最后一个值	所有品牌	中间任意值	上海供货商	全部	不输入	3
14	最后一个值	所有品牌	全部推荐	北京供货商	上架	输入	2
15	最后一个值	中间任意值	全部	北京供货商	全部	不输入	4
16	最后一个值	中间任意值	中间任意值	全部	下架	输入	5
17	最后一个值	最后一个值	全部	全部	上架	不输入	1
18	最后一个值	最后一个值	全部推荐	上海供货商	下架	2	0

说明：“关键字”条件只有两个值，因此“2”根据随机分配“输入”“不输入”即可。根据测试工程师的经验再补充一些用例即可，具体的正交试验用例设计方法，请读者参考《软件测试技术基础教程 理论、方法与工具》一书。

上述案例中，有一个细节需单独测试，即“商品类别”与“商品品牌”应当联动，“商品类别”发生变化后，“商品品牌”中的数据应当变化。

（2）结果显示

查询结果显示与表格测试一样，根据查询出来的结果判断查询是否正确。测试过程中需考虑条件与条件间的逻辑关系，不同的系统对模糊查询的界定不同，测试工程师需与开发工程师确认。

微课 5.5.1-7 功能测试-查询测试

8. 测试经验库

与测试用例设计不同，测试经验库更多体现的是测试工程师在日常测试活动中的经验积累，这些经验很多时候不一定编写为测试用例，但可作为测试执行、发现缺陷活动中必不可少的补充。

测试工程师可将测试活动过程中积累的经验，添加到经验库中。通过长时间积累，作为产品团队的一笔“财富”，每一位新成员加入，都可以先学习经验库，以便更快速地融入团队。

测试经验库可以分为功能设计、信息提示、系统交互、容错处理和数据边界等几个部分。

（1）功能设计

所有系统功能设计应当根据用户需求规格说明书确定，但从开发工程师角度思考，他们更多关注的是功能实现，至于是否确实是用户期望、满足用户使用习惯的设计，可能关注度不高，而测试工程师以用户视角验证被测对象，除了关注功能实现外，还需关注是否满足用户使用习惯或约定俗成的规则。

（2）功能冗余

买东西送赠品，不一定是好事。根据用户需求实现满足其期望功能，总是恰当的做法。开发工程师觉得有用的功能并不一定是用户期望的，如老年手机设计了酷炫的灯光效果、总共不超过 10 条数据却设计了查询功能。功能越多，出错的可能性越高。

（3）功能夸大

出于营销目的，产品团队可能通过某种形式夸大被测对象的功能性，测试工程师应该结合系统 DEMO、宣传页、用户手册及用户需求进行多重验证，以判断是否存在夸大现象。

（4）功能过度

一个简单的功能，却需要通过多个步骤操作才能实现，用户无法记忆太多复杂的步骤。对于用户而言，“事不过三”总是对的，也是他们期望的。

任何系统设计，越是简洁越好，功能过于复杂的系统，通常没有好下场。

（5）功能无用

既然没有用的功能，开发出来做什么，需求分析的时候，是否真的分析清楚了？为了功能而实现功能，通常不是一个好的做法。

（6）功能错误

错误的功能，肯定需要处理。人民币转换日元，却以欧元的汇率转换，系统是怎么设计的？

（7）功能缺失

说好了有按照订单号、订单总金额、商品名称等字段排序的功能，用户却在哪儿都找不到。

（8）提示错误

明明必填项“类别名称”为空，系统却提示“商品单位不能为空”，错误的信息提示可能让人怀疑整个系统的质量。

（9）提示费解

“对不起，你的操作不正确，请联系管理员！”，“我哪里错了，管理员是谁，我去哪里找他？”。能不能明确告诉用户错误位置及错误原因？

（10）提示冗余

用户名及密码都没有输入，提交登录后，系统先提示“用户名不能为空”，确定后又提示“密码不能为空”，有什么话能不能一口气说完？

（11）菜单错乱

相同类别的菜单应该在同一目录，查找与替换功能应该在一起。

（12）不可退出

一些脚本错误出现后，无论确定还是取消，都无法退出当前状态，只能强制关闭进程。

（13）无限等待

到底要加载多久？到底要下载多长时间？哪怕一个虚假的预估时间，对用户来说也是一种安慰。

（14）多重光标

一个一个来，那么光标都来提示用户，用户怎么知道应该先操作哪个，还是系统已经疯了？

（15）输入限定

用户名长度不超过 18 个字符、类别名称不超过 15 个字符、内容简介不超过 2000 个字符，这些都是对用户输入的限定，超过限定的输入是不被接受的。系统应当对超限输入做出明确的禁止。

（16）输出限定

小数点保留几位，是个严重的问题，是否应该有个规则说明，1.5 万元与 1.55 万元的差别是 500 元。有限的区域只能显示 20 个字符，多余的信息则以折叠方式展示。

（17）错误恢复

不小心的误操作，是否导致无法挽回的结果？密码输入错误几次才会被锁定？系统在用户操作错误时应该给予“改过自新”的机会。

异常的故障出现，系统能否恢复到故障前的状态，也是系统健壮性的重要表现。

（18）异常调用

系统提示用户可以使用微信或 QQ 登录，可怎么授权都无法使用，该怎么办呢？

支付时明明支付成功了，为什么提示支付失败？钱哪儿去了？还能退回来吗？

系统与系统间的调用，更要保证数据及逻辑的正确性。

（19）软件边界

数组只能容纳 10 个整数，现在有 9 个、10 个、11 个的可能性，系统响应是什么？

（20）硬件边界

内存使用率已经 99%了，系统还能运行吗？磁盘已经没有空间了，还需要写日志怎么办？

（21）时间边界

系统等待过程中，是否可以给其发送命令，还有 1 秒结束安装了，能否取消？还有 1 秒完成卸载了，能否取消？系统要求 15 秒内给予响应，否则托管，在 15 秒刚到时做出响应是否取消托管可能性？

微课 5.5.1-8 功能测试-测试经验库

（22）空间边界

系统规定了控件的应用空间，如果把控件拖到区域外呢？是否存在“免死”区域，是否有越界可能？

5.5.2 流程测试

软件在发展初期，大部分实现的都是单一功能，如计算器，用户期望计算器实现加、减、乘、除等运算功能，单一输入，单一输出，无论是软件开发还是测试，相对来说较为容易。

随着用户需求越来越复杂，对软件系统的价值要求越来越高，软件系统不再仅仅实现一些基础功能，如信息的增、删、改、查，而是在基础功能平台上，实现更多流程性、事务性的功能。

【案例 5-12 信用卡申请功能流程】

银行提供用户在线申请信用卡功能，用户访问申请地址，输入身份证号码，输入个人信用证明，银行后台自动校验，如果符合，则根据规则发放信用卡，如不符合则拒绝，或发起人工审核。可能涉及的流程图如图 5-35 所示。

如今绝大多数的业务系统由用户管理、权限管理、工作流管理、基础数据维护四大核心组件构成，每个核心组件中涉及信息的增加、修改、删除、查询等相关操作。测试工程师测试任何软件，应当先理解被测的业务结构，从而根据用户需求优先级制定合理的测试计划与策略。

从用户角度考虑，用户期望软件完成其所需的业务流程，其他功能则是辅助流程的，因此流程测试是日常测试工作中非常重要的内容。

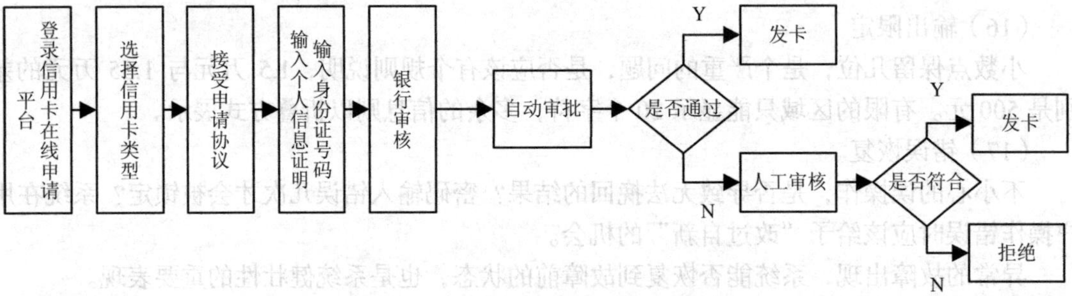

图 5-35 信用卡在线申请业务处理流程

流程测试是测试工程师将被测对象的各个功能通过业务流程贯穿起来运行，模拟真实用户实际的工作流程，从而验证流程的正确性。

流程测试通常分为三个步骤：流程需求分析、流程测试设计、流程测试执行。

1. 流程需求分析

业务流程，一般可能由多个功能、多种角色、多种权限组合而成，过程中涉及较多的测试点，进行流程需求分析时，需分析业务流程涉及哪些具体的功能、角色及权限。

【案例 5-13 ECShop 用户购买商品流程】

ECShop 系统的“注册用户购买商品”业务流程如图 5-36 所示。

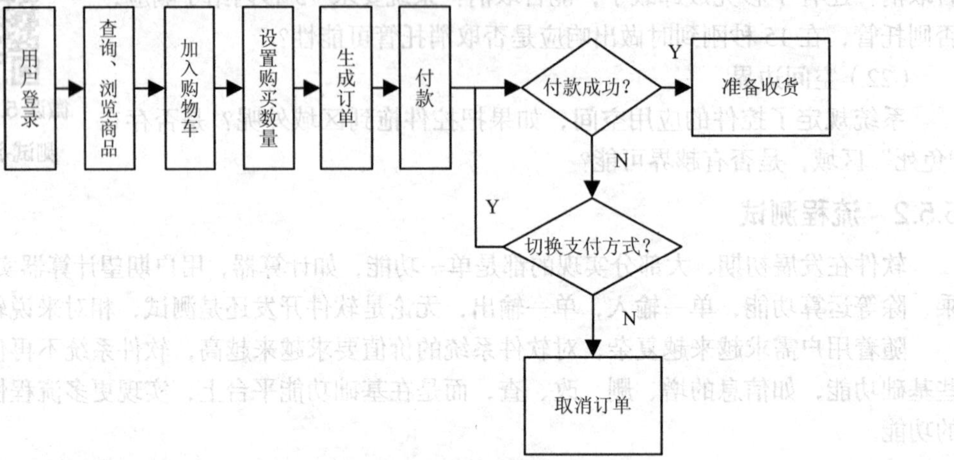

图 5-36 注册用户商品购买流程

图 5-36 所示是 ECShop 注册用户登录平台后购买商品的基本流程，从登录→查询→浏览商品到最终的收货节点，从用户应用角度分析，仅涉及一个角色、一种权限，虽然过程中包含多个功能点，但测试工程师针对这样的流程测试时，无需关注每个节点的功能性特性，仅需考虑软件系统是否正确实现了对应的业务流程，具体每个节点的验证性测试活动应该单独开展。

也有些流程较为复杂，以请假流程来说，过程中可能涉及多个角色、多种权限，如图 5-37 所示。

测试工程师测试图 5-37 所描述的请假流程时，需分析该流程中包含哪些角色、需要哪些权限，判定路径有几条。

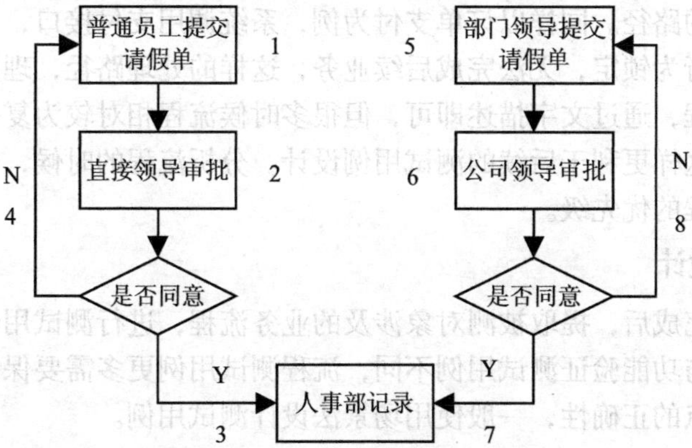

图 5-37　员工请假流程

（1）角色

需确定被测流程共涉及几种角色，因为每种角色对应的权限不同，测试工程师应当从用户角色考虑流程的合理性，而不仅仅关注系统实现。

上述流程图共涉及普通员工、部门领导、公司领导和人事四种角色，测试用例设计时至少需要创建这四种角色的用户，才能真实地模拟用户行为。

（2）权限

不同的角色对应不同的权限，通过流程测试，可发现权限设计方面的缺陷，以请假流程为例，部门领导应该具有审批普通员工的请假单权限，但不应当具有审批公司领导请假单的权限。测试流程前需确保权限功能的正确性。

（3）路径

路径，是流程包含的分支路径。分支路径说明了业务流程的复杂度，以员工请假流程为例，共有 4 条路径，分别是：

```
路径 1: 1、2、3
路径 2: 1、2、4
路径 3: 5、6、7
路径 4: 5、6、8
```

路径根据其处理业务流程的方式不同，划分为基本流、备选流及异常流三种形式。

① 基本流

基本流从流程开始直至流程结束，中间无任何异常分支，往往表述一个正向的业务流程，也是优先级较高的流程，简单而言，即流程中所有功能都输入软件系统可接受的数据，从而完成整个业务流程。图 5-37 所示员工请假流程中，“普通员工提交请假单→部门领导→同意→人事记录请假信息”是基本流程。

② 备选流

尽管在流程流转过程中出现了异常，但仍能回到基本流主线，最终完成用户期望的业务行为，这样的流程称为备选流。以 ECShop 用户进行订单支付时，密码输入错误后重新输入，系统验证正确后完成支付，这样的业务过程即属于备选流。

③ 异常流

针对业务流程，一般分解到基本流与备选流即可，但在实际的测试过程中，应当根据实际业务情况增加异常流分支划分。异常流是在备选流的基础上，违反系统约束最终导致用户期望结果未能达成的路径。同样以订单支付为例，系统调用支付接口，用户密码输入错误超过 3 次，导致支付行为锁定，无法完成后续业务，这样的处理路径，理解为异常流。

简单的业务流程，通过文字描述即可，但很多时候流程相对较为复杂，此时测试工程师最好绘制流程图，这样更利于后续的测试用例设计。分析流程的时候，根据流程的重要程度及使用频率确定流程的优先级。

2. 流程测试设计

流程需求分析完成后，提取被测对象涉及的业务流程，进行测试用例的设计。

流程测试用例与功能验证测试用例不同，流程测试用例更多需要保证流程的正确性，不需要校验单个功能点的正确性，一般使用场景法设计测试用例。

【案例 5-14　ECShop 用户购买流程分析】

ECShop 注册用户购物流程分析，首先确定该流程所涉及的用户角色，然后根据产品需求或用户故事，确定基本流、备选流及异常流。

测试工程师将分析出来的流程路径，可以利用表格形式记录，表格中包含序号、流程属性、流程描述和角色等信息，如表 5-8 所示。

表 5-8　注册用户业务流程划分表

序号	流程属性	流程描述	角色
1	基本流	用户成功登录、选择商品成功支付，完成购物	注册用户
2	备选流	用户登录失败后重新登录，完成购物	注册用户
3	异常流	用户登录失败超过 3 次，24 小时内不允许登录	注册用户
4	备选流	用户登录成功，选择商品但支付失败，重新支付，完成购物	注册用户
5	异常流	用户登录成功，选择商品但支付失败，取消订单	注册用户
6	备选流	用户登录成功，选择商品，支付成功，取消订单	注册用户

通过上述路径分支划分，最终生成对应的测试用例，需要注意的是，流程中涉及登录、支付等功能的正确性，需单独测试验证，流程测试中仅关注流程本身，而不是单个功能节点本身。

大部分的流程测试都采用上述的方法，测试工程师应当确保对用户期望实现的业务清晰，否则无法设计出合理的流程用例，很可能被已经实现的系统流程误导。

设计流程用例的时候，测试工程师需注意流程中的判定条件、边界数据、异常处理以及是否符合实际用户应用场景。

【案例 5-15　银行贷款申请流程】

很多银行的贷款申请流程及说明如图 5-38 和表 5-9 所示。

上述流程相比一般的业务就复杂多了，流程中涉及至少客户经理、自动审批规则、电核、一级审批、二级审批等五个节点，并且在每个节点中又涉及很多单点功能验证。测试工程师在分析上述需求时，应当仔细阅读每一个流程描述。例如，“系统将会通过自动审批规则来判断相关的贷款申请是否需要进行电核处理”这句需求中“自动审批规则”包括哪些具体规则，这个隐性需求同样需要测试工程师提取确认，否则无法保证测试的质量。

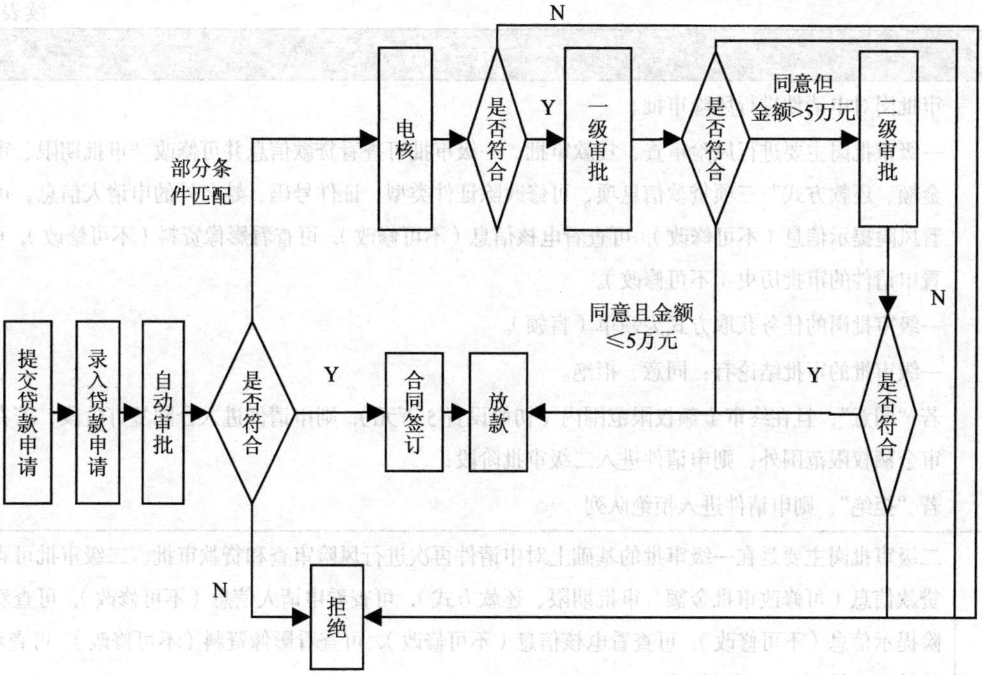

图 5-38　贷款申请流程

表 5-9　贷款申请流程说明

步骤	说　明
1	客户通过门店、银行柜台或其他渠道申请贷款办理
2	客户经理或业务受理渠道发起贷款申请，填写或录入贷款申请单，采集客户基本信息等，提交自动审核，若符合贷款申请条件，则直接到放款节点，若部分条件匹配，提交至电核岗进行核准；若不符合条件，则拒绝该笔业务（标记申请单非物理删除）
3	电核岗负责核实贷款申请人的身份信息、调查贷款真实性等工作，其主要职责是确认此次申请的真实性和有效性，并在核实信息后完成信息的修正工作。系统将会通过自动审批规则来判断相关的贷款申请是否需要进行电核处理，若满足自动审批规则，则通过后直接提交到合同签订环节，不再需要电核及人工审批；否则，申请件需要进行电核及人工审批（一级、二级审批）。 电核岗不仅可查看贷款信息，还可修改除“证件类型、证件号码、姓名”外的申请人信息，不需要查看风险提示信息。 电核将实现以消费贷款申请件为单位来进行电核。 电核项页面信息要素可进行参数化配置。 电核岗位的任务获取方式为领单（盲领）。 电核的审核结论有：同意、拒绝。 若“同意”，则申请件进入一级审批阶段； 若“拒绝”，则申请件进入拒绝队列

续表

步骤	说明
4	审批岗对申请件进行风险审批。 一级审批岗主要进行风险审查、贷款审批，一级审批可查看贷款信息并可修改“审批期限、审批金额、还款方式”三项贷款信息项，可修改除证件类型、证件号码、姓名外的申请人信息，可查看风险提示信息（不可修改），可查看电核信息（不可修改），可查看影像资料（不可修改），可查看申请件的审批历史（不可修改）。 一级审批岗的任务获取方式为领单（盲领）。 一级审批的审批结论有：同意、拒绝。 若“同意”，且在终审金额权限范围内（初始设置 5 万元），则申请件进入合同签订阶段，若在终审金额权限范围外，则申请件进入二级审批阶段； 若“拒绝”，则申请件进入拒绝队列
5	二级审批岗主要是在一级审批的基础上对申请件再次进行风险审查和贷款审批。二级审批可查看贷款信息（可修改审批金额、审批期限、还款方式），可查看申请人信息（不可修改），可查看风险提示信息（不可修改），可查看电核信息（不可修改），可查看影像资料（不可修改），可查看申请件的审批历史（不可修改）。 二级审批岗的任务获取使用竞办（明领）的方式，能够看到本人及任务池中所有无人办理的申请件。 二级审批岗的审批结论有：同意、拒绝。 若“同意”，则申请单进入合同签订阶段； 若“拒绝”，则申请单进入拒绝队列

对于边界问题，上述流程中当一级审批同意后，如果贷款申请金额超过 5 万元，则需进行二级审批，因此在设计用例时，需考虑此类边界问题。

3. 流程测试执行

流程测试，相比单个功能点测试更消耗测试时间，尤其是金融、通信及运营类的系统平台，往往一条路径的测试就需要构造大量的测试数据才能完成，因此，在执行流程测试时，应该提前准备好相关的测试数据，如果涉及较大量的数据，可利用一些数据生成工具来制造测试数据。

敏捷测试中以一个 Sprint 为节点，通常 Sprint 中包括的用户故事具有较强的耦合度，测试工程师根据产品实现，确定业务流程从而开展测试活动。

流程测试执行的顺序可以先从单个功能测试开始，这点根据开发工程师提供的模块确定，开发工程师提供了哪些功能，测试工程师则先开始测试，当模块逐步集成时，再进行流程测试，因为流程测试的前提是单个功能点正确。

当产品功能逐步集成后，进行冒烟测试时，应当将基本流作为冒烟测试用例执行，验证被测对象是否具备可测性。冒烟测试通过后再进行正式测试。

以上介绍的是从用户角度出发，完成某个具体业务需求的流程测试方法，在实际测试工作中，还有一种流程测试思路，称为逻辑流程测试方法。

【案例 5-16　ECShop 商品管理功能测试】

ECShop 商品管理功能的应用逻辑流程如图 5-39 所示。

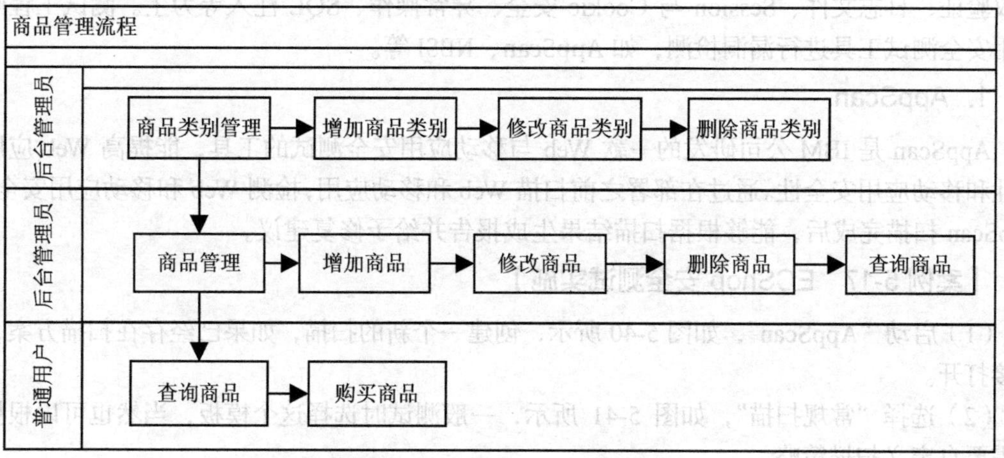

图 5-39　ECShop 商品管理流程

软件测试实施过程中，从用户角度出发，可能因每个角色的业务目标不同，而导致业务逻辑断裂，造成测试活动无逻辑，浪费测试时间，如果测试工程师不仅仅关注用户期望，还从数据完整性、可塑性角度考虑，将会降低这类风险。

以图 5-39 为例，测试工程师在实施测试过程中，可先进行后台商品类别管理的测试，然后再进行商品信息管理，最后再切换用户进行购买业务。如果测试任务分配时，将后台商品管理与前台购物分开，则有可能造成数据不一致的错误，同时也会增加测试工程师之间的沟通成本。通常进行以下测试流程。

首先测试商品类别管理功能，只有存在商品类别，才能添加商品。商品类别管理中先执行增加商品类别测试用例，然后再执行修改商品类别用例，最后执行删除商品类别用例。

商品类别管理功能测试完成后，进行商品管理测试，同样的顺序，执行增加商品用例→修改商品用例→删除商品用例→查询商品用例，遵循用户基本的应用习惯。

最后切换身份，使用注册用户账号登录前台，执行查询商品、购买商品的用例，从而完成完整的商品管理功能（提供数据、应用数据）。

除了上述两种情况外，还有一种可能性，就是 Web 系统与 App 结合的结构，测试这种结构时同样需考虑业务逻辑的一致性。例如，某航空公司官网和其 App 注册与登录功能要求不一致。官网要求注册账号密码不少于 6 位，但 App 登录时，提示密码为 6 位，当用户在官网密码设置超过 6 位时，则无法在 App 登录，必须修改为 6 位。这样的缺陷对用户而言是无法接受的，应用起来非常麻烦。

目前大部分的业务系统中，都涉及大量的业务流程，因此测试工程师应当重视流程测试的方式方法。如果被测对象没有明确的需求或者需求中没有给出流程图，测试工程师可根据相关测试资源绘制流程图，流程图不一定画得很完美，只需要表述流程结构即可，这样便于对被测对象的理解、测试用例设计及后期的执行操作。如果测试设计时，能够接触到实际的用户更好，可请用户帮忙评审流程，从而保证测试设计的正确性。

微课 5.5.2　流程测试

5.5.3 安全测试

Web 系统安全性测试是个比较宽泛的概念，常见的测试关注点以目录设置、口令验证、授权验证、日志文件、Session 与 Cookie 安全、异常操作、SQL 注入等为主。测试工程师可利用安全测试工具进行漏洞检测，如 AppScan、NBSI 等。

1. AppScan

AppScan 是 IBM 公司研发的一款 Web 与移动应用安全测试的工具，能提高 Web 应用安全性和移动应用安全性。通过在部署之前扫描 Web 和移动应用，检测 Web 和移动应用安全性，AppScan 扫描完成后，能够根据扫描结果生成报告并给予修复建议。

【案例 5-17　ECShop 安全测试实施】

（1）启动“AppScan”，如图 5-40 所示，创建一个新的扫描，如果已经存在扫描方案，可直接打开。

（2）选择“常规扫描”，如图 5-41 所示，一般测试时选择这个模板，当然也可以根据实际需要自定义扫描策略。

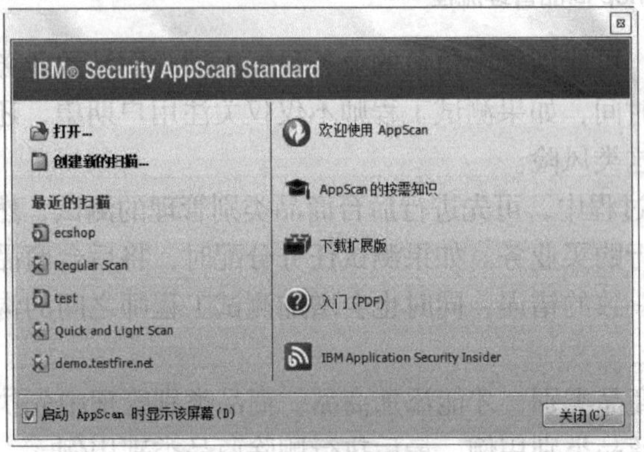

图 5-40　启动 AppScan

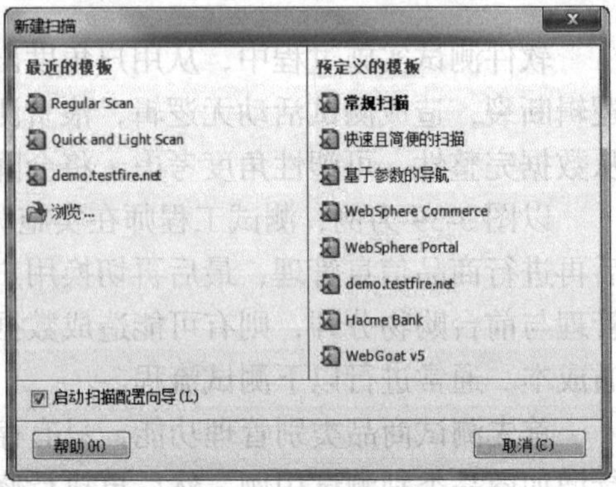

图 5-41　选择扫描模板

（3）使用“配置向导”，配置扫描策略。本次进行 ECShop 平台安全扫描，选择“Web 应用程序扫描”，如图 5-42 所示。

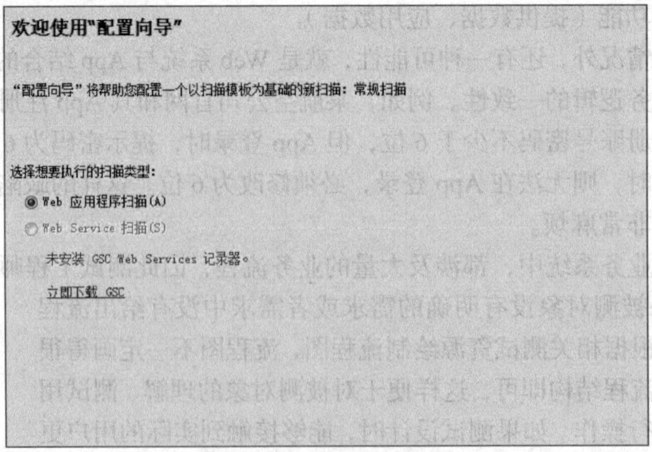

图 5-42　配置扫描策略

（4）设置待扫描的 Web 系统 URL，勾选“仅扫描此目录中或目录下的链接”，其他默认设置，如图 5-43 所示。

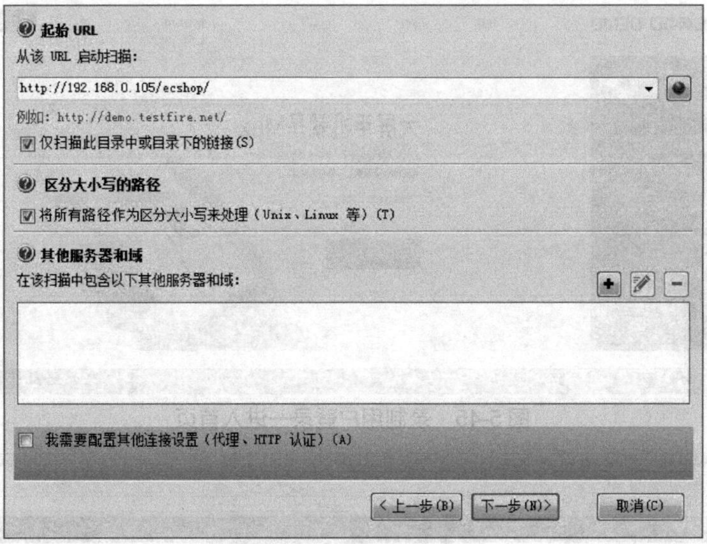

图 5-43 设置扫描网站 URL

（5）如果仅仅是针对普通网站扫描，则无需登录系统，但有很多操作需要登录后才能执行，因此需设置登录账号，此处模拟注册用户登录后访问每个链接以及执行相关购买操作。可使用“记录”“提示”“自动”等形式，建议使用“记录”方式，该方式使用录制的方式自动记录账号验证过程，类似于 BadBoy 软件。单击【记录】按钮，进行用户登录过程录制，如图 5-44 所示。

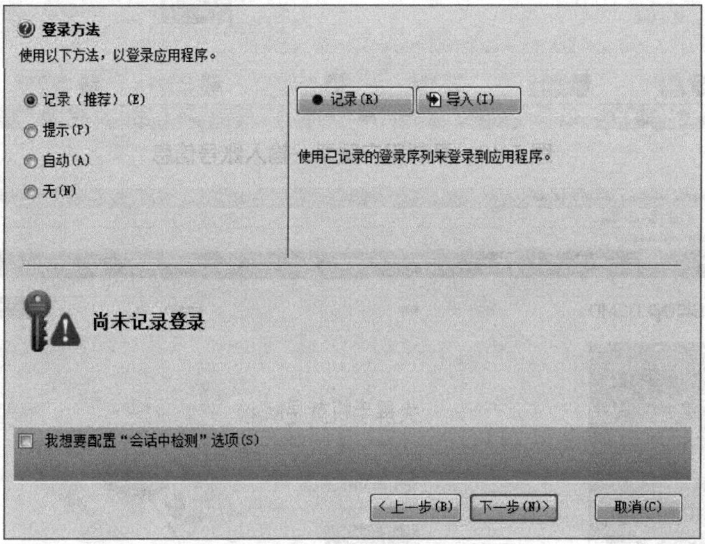

图 5-44 设置登录账号设置方式

（6）启动录制过程，进入 ECShop 首页，如图 5-45 所示。

（7）输入用户名及密码，与常规登录操作相同，如图 5-46 所示。

（8）登录成功后，退出系统，如图 5-47 所示。

图 5-45　录制用户登录—进入首页

图 5-46　录制用户登录—输入账号信息

图 5-47　录制用户登录过程—登录成功

（9）AppScan 生成登录数据进程，此时不可取消，如图 5-48 所示。

图 5-48　生成登录数据进程

（10）自动生成登录数据，生成成功后的界面如图 5-49 所示，单击【下一步】按钮，选择测试策略。

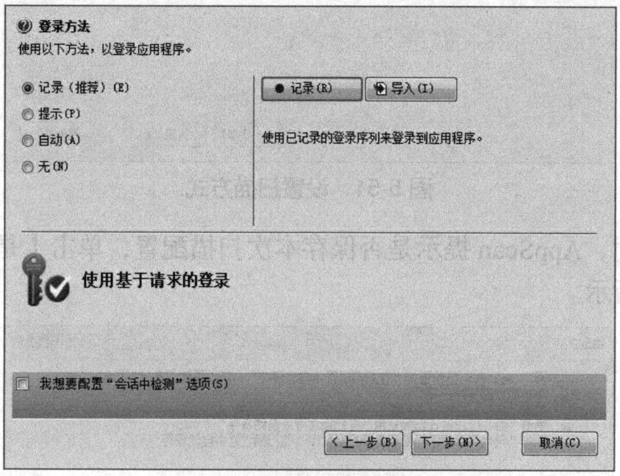

图 5-49　成功生成登录数据

（11）选择安全测试策略，通常选择缺省值，如图 5-50 所示。缺省值中包括常规的 HTTP 响应、SQL 注入、跨站点脚本攻击等安全测试策略。

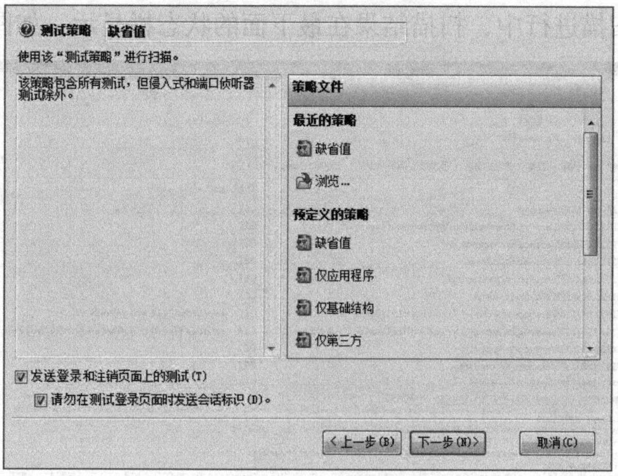

图 5-50　选择测试策略

（12）设置启动扫描方式，AppScan 默认提供了 4 种方式。“全面自动扫描”表示策略配置完成，将开始全面扫描，全面扫描包括两个部分，一是探索，二是测试。AppScan 在测试之前，需先进行网站结构扫描，只有扫描获得 Web 架构后才能进行测试。测试则进行安全策略应用，开展实际测试活动。一般选择“启动全面自动扫描”，除非需自定义。本次测试选择

“启动全面自动扫描”，单击【完成】按钮，完成扫描配置向导，如图 5-51 所示。

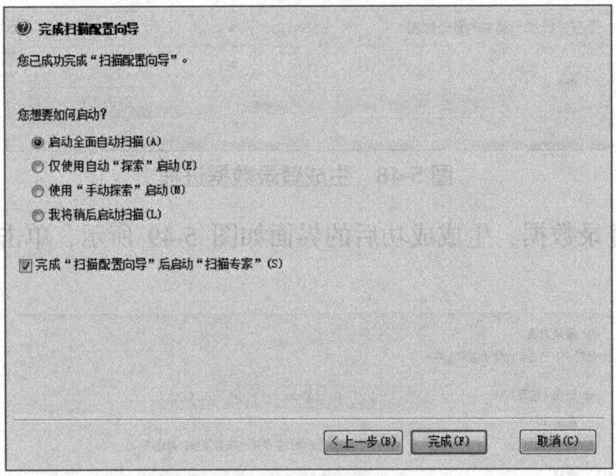

图 5-51　设置扫描方式

（13）启动扫描时，AppScan 提示是否保存本次扫描配置，单击【是】按钮，保存本次扫描配置，如图 5-52 所示。

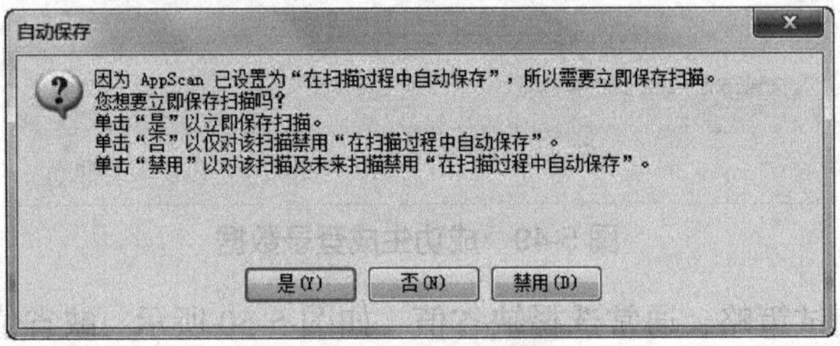

图 5-52　保存扫描配置提示

（14）AppScan 扫描进行中，扫描结果在最下面的状态栏显示，如图 5-53 所示。

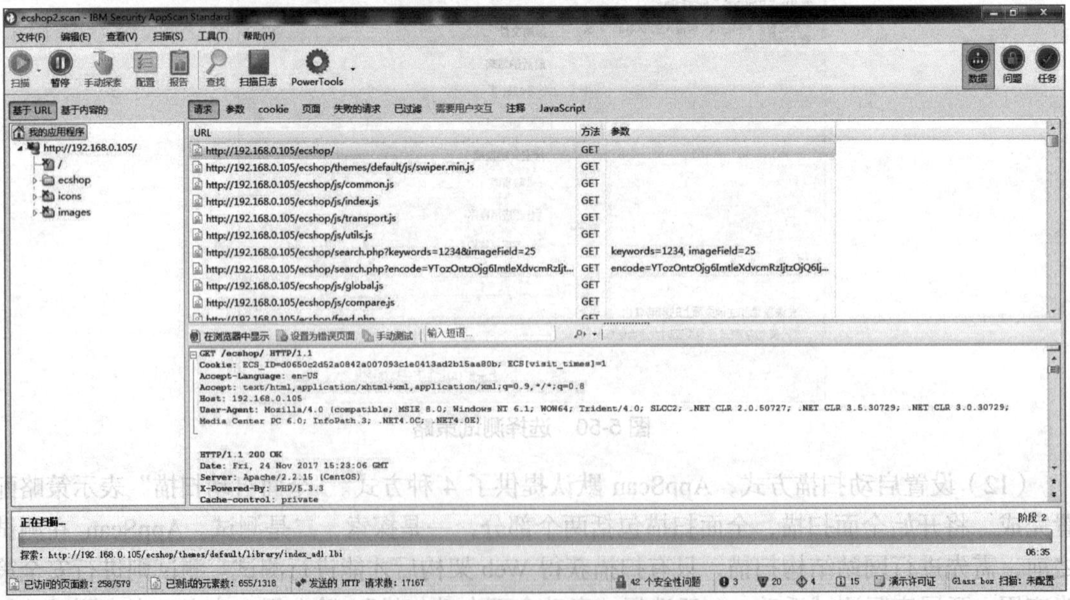

图 5-53　AppScan 扫描界面

（15）扫描完成导出测试报告，AppScan 输出结果为 PDF 格式。结果报告中详细列出本次安全测试结果，测试工程师可对这些进行确认、汇报。测试得出的安全问题列表和原因如图 5-54 和图 5-55 所示。

问题类型 20　　TOC

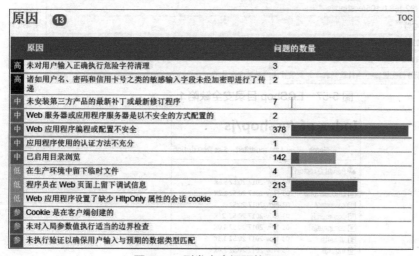

	问题类型	问题的数量
高	跨站点脚本编制	2
高	已解密的登录请求	2
中	Apache Web Server 目录列表	1
中	不充分帐户封锁	1
中	会话标识未更新	1
中	跨站点请求伪造	1
中	目录列表	25
中	通过框架钓鱼	1
低	Robots.txt 文件 Web 站点结构暴露	1
低	发现 Web 应用程序源代码泄露模式	4
低	发现目录列表模式	117
低	会话 cookie 中缺少 HttpOnly 属性	2
低	在参数值中找到了内部 IP 公开模式	2
参	HTML 注释敏感信息泄露	209
参	发现电子邮件地址模式	5
参	发现可能的服务器路径泄露模式	2
参	发现内部 IP 泄露模式	364
参	客户端（JavaScript）Cookie 引用	1
参	潜在文件上载	5
参	应用程序错误	1

图 5-54　ECShop 平台安全问题列表

原因 13　　TOC

	原因	问题的数量
高	未对用户输入正确执行危险字符清理	3
高	诸如用户名、密码和信用卡号之类的敏感输入字段未经加密即进行了传递	2
中	未安装第三方产品的最新补丁或最新修订程序	7
中	Web 服务器或应用程序服务器是以不安全的方式配置的	2
中	Web 应用程序编程或配置不安全	378
中	应用程序使用的认证方法不充分	1
中	已启用目录浏览	142
低	在生产环境中留下临时文件	4
低	程序员在 Web 页面上留下调试信息	213
低	Web 应用程序设置了缺少 HttpOnly 属性的会话 cookie	2
参	Cookie 是在客户端创建的	1
参	未对入局参数值执行适当的边界检查	1
参	未执行验证以确保用户输入与预期的数据类型匹配	1

图 5-55　引发安全问题的原因

微课 5.5.3-1　安全测试-AppScan

2. 目录设置

目录设置对系统的安全性而言非常关键。日常生活中，很多人在一些应用系统中通过某些小手段总能看到本不该展现的数据信息。

【案例 5-18　ECShop 目录安全测试】

通过某商品的图片属性查看其网络路径，如 ECShop 商品图片的地址：

```
http://192.168.0.105/ecshop/images/201605/goods_img/70_G_1462955414630.jpg
```

分析上述路径结构可知，其上一级目录路径为“goods_img”，在浏览器直接键入对应的地址，如“http://192.168.0.105/ecshop/images/201605/goods_img”，可以访问所有图片信息列表，如图 5-56 所示，测试工程师如果发现类似的问题，应当及时提出缺陷。

Index of /ecshop/images/201605/goods_img

Name	Last modified	Size	Description
Parent Directory		-	
35_G_1462851036470.jpg	03-Nov-2017 20:52	7.9K	
35_P_1462851036491.jpg	03-Nov-2017 20:52	2.8K	
36_G_1462851087064.jpg	03-Nov-2017 20:52	7.3K	
36_P_1462851087679.jpg	03-Nov-2017 20:52	3.7K	
37_G_1462852086030.jpg	03-Nov-2017 20:52	17K	
37_P_1462852086459.jpg	03-Nov-2017 20:52	106K	
38_G_1462951652287.jpg	03-Nov-2017 20:52	15K	
38_P_1462852185865.jpg	03-Nov-2017 20:52	2.5K	
38_P_1462951652167.jpg	03-Nov-2017 20:52	104K	
39_G_1462852326708.jpg	03-Nov-2017 20:52	8.4K	
39_P_1462852326183.jpg	03-Nov-2017 20:52	6.5K	
40_G_1462852478331.jpg	03-Nov-2017 20:52	8.6K	
40_P_1462852478197.jpg	03-Nov-2017 20:52	79K	
40_P_1462852478926.jpg	03-Nov-2017 20:52	75K	

图 5-56　商品图片列表目录

AppScan 扫描结果显示 ECShop 系统存在 25 个目录安全问题，如图 5-57、图 5-58 所示。其他 24 个目录安全问题此处不一一列出，读者可利用 AppScan 自行测试验证。

目录列表

严重性：	中
URL：	http://192.168.0.105/ecshop/js/
实体：	js/ (Page)
风险：	可能会查看和下载特定 Web 应用程序虚拟目录的内容，其中可能包含受限文件
原因：	已启用目录浏览
固定值：	修改服务器配置以拒绝目录列表，并安装推出的最新安全补丁

图 5-57　ECShop 目录安全缺陷 1

Index of /ecshop/js

Name	Last modified	Size	Description
Parent Directory		-	
auto_complete.js	03-Nov-2017 20:52	5.6K	
calendar.php	03-Nov-2017 20:52	1.2K	
calendar/	03-Nov-2017 20:52	-	
common.js	03-Nov-2017 20:52	29K	
compare.js	03-Nov-2017 20:52	4.0K	
global.js	03-Nov-2017 20:52	3.3K	
index.js	03-Nov-2017 20:52	2.4K	
lefttime.js	03-Nov-2017 20:52	3.2K	
myship.js	03-Nov-2017 20:52	851	
region.js	03-Nov-2017 20:52	2.4K	
shopping_flow.js	03-Nov-2017 20:52	13K	
showdiv.js	03-Nov-2017 20:52	2.4K	
tagbox.js	03-Nov-2017 20:52	506	
transport.js	03-Nov-2017 20:52	22K	
user.js	03-Nov-2017 20:52	19K	
utils.js	03-Nov-2017 20:52	4.2K	

Apache/2.2.15 (CentOS) Server at 192.168.0.105 Port 80

图 5-58　ECShop 目录安全缺陷 2

除了上述目录安全文件，链接安全性也需关注，如果产品有防下载设置，测试工程师应当进行测试。

有些网络攻击，是通过系统的管理入口进行的。对于常见的管理员后台入口页面名称在设置目录时同样需要注意，不应将入口名称或路径做普通文件设置，应加以保护，如变换入口目录路径或重命名关键文件。例如，管理员入口地址“http://192.168.0.105/ecshop/admin”可改为“http://192.168.0.105/ecshop/eca”，以免用户轻易猜出入口地址。

【案例 5-19　NBSI 测试登录入口安全】

利用 NBSI 工具探测 ECShop 管理登录入口结果如图 5-59 所示。

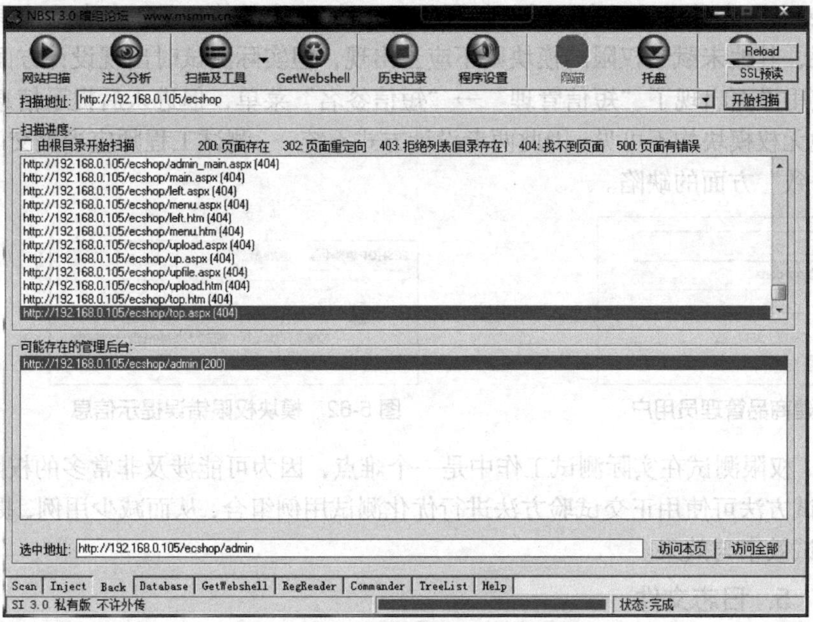

图 5-59　NBSI 扫描网站管理后台结果

微课 5.5.3-2　安全测试-目录设置

3. 口令验证

目前大多数的 Web 系统都设置了登录功能，只有验证通过后，才能访问相关的数据信息。在测试此类功能时，必须测试有效和无效的用户名及口令，同时需考虑大小写、错误次数限制、代码注入等。口令安全测试通常融合在功能测试中。

微课 5.5.3-3　安全测试-口令验证

4. 授权验证

典型的业务系统基本由用户、用户组（角色）、权限及基本功能构成，权限管理在整个业务系统中起着至关重要的作用，即使通过了口令验证，不同用户、不用角色仍可能具有不同的权限，因此在测试过程中需重点测试授权问题，如未登录是否可以浏览信息、未授权是否可以使用功能、权限重叠时能否正确分配等。

【案例 5-20　ECShop 授权测试】

ECShop 管理员设置时，可根据创建的角色，分配对应的权限，然后检测该角色的用户能否使用赋予的权限，未赋予的权限则不应使用。

（1）Admin 登录后台，创建“商品管理员”角色，并赋予商品管理相关权限，其他权限则不设置，如图 5-60 所示。

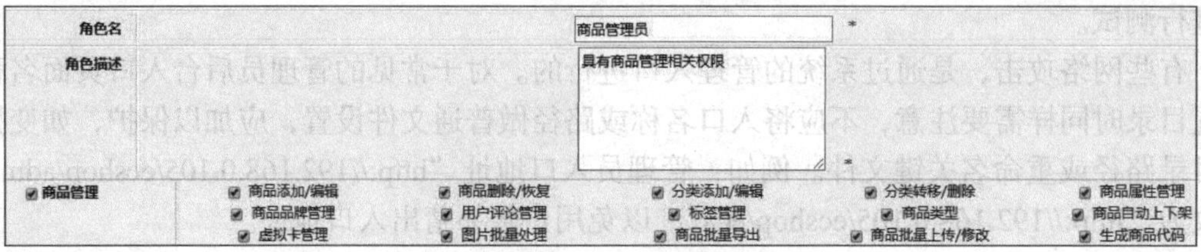

图 5-60　ECShop 后台创建角色

（2）创建管理员，并将其角色设置为“商品管理员”，如图 5-61 所示。

（3）使用“liudebao”账号登录后台，验证权限是否正确，“商品管理员”角色应当具有商品管理的所有权限，其他未赋予权限的模块则不应当出现，但实际测试时出现设计方面的缺陷，“liudebao”应用界面出现了“短信管理”→“短信签名”菜单，但进入后提示信息如图 5-62 所示，而其他无权模块均不可见，因此两者设计方式不统一，测试工程师应当提交“权限模块控制方式不一致”方面的缺陷。

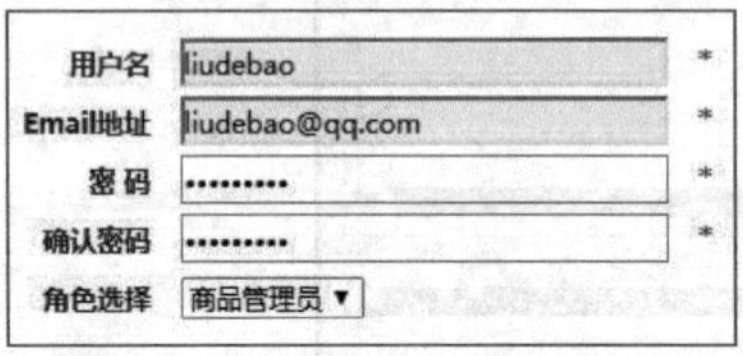

图 5-61　创建商品管理员用户

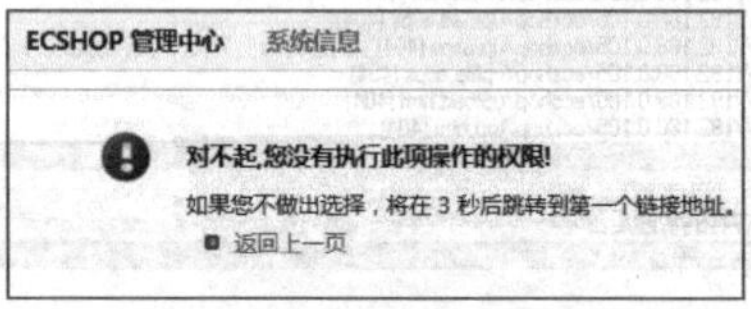

图 5-62　模块权限错误提示信息

权限测试在实际测试工作中是一个难点，因为可能涉及非常多的权限，测试方法可使用正交试验方法进行优化测试用例组合，从而减少用例，提高测试效率与效果。

微课 5.5.3-4　安全测试-授权验证

5. 日志文件

日志的功能是追踪，任何可能危害系统安全的操作都应被记录，测试时需确认是否以安全的方式记录了应该记录的信息。

【案例 5-21　ECShop 日志功能测试】

ECShop 的后台管理员可查看管理员对系统的操作行为，如图 5-63 所示。

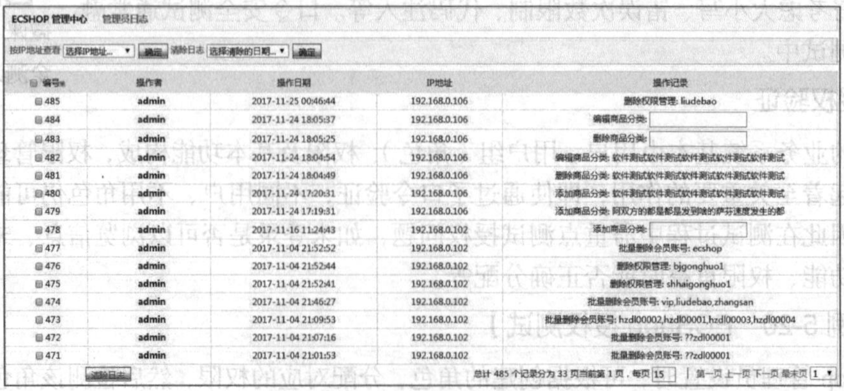

图 5-63　管理员操作日志

从功能测试角度考虑，需验证该日志管理功能是否正确实现，但从安全测试角度，则需考虑该日志管理是否记录了应该记录的信息，从日志记录的结果来看，并没有对其他管理员的操作进行记录，而且其他角色的用户即使赋予了日志管理权限，但也只能查看 admin 用户的操作日志，因此测试工程师测试此处功能时可提交一个日志记录方面建议性的缺陷。

微课 5.5.3-5 安全测试-日志文件

6. Session 与 Cookie 安全

攻击者通过伪造 Session 或恶意读取 Cookie，从而窃取用户的信息都是非常严重的安全事故，因此在测试时需关注 Session 的失效机制及失效时间、Cookie 记录与读取的权限。

【案例 5-22 ECShop Session 与 Cookie 安全缺陷】

AppScan 测试出 ECShop 关于 Cookie 方面存在 2 个安全风险，如图 5-64、图 5-65 所示。

会话 cookie 中缺少 HttpOnly 属性	
严重性：	低
URL：	http://192.168.0.105/ecshop/user.php
实体：	ECS[user_id] (Cookie)
风险：	可能会窃取或操纵客户会话和 cookie，它们可能用于模仿合法用户，从而使黑客能够以该用户身份查看或变更用户记录以及执行事务
原因：	Web 应用程序设置了缺少 HttpOnly 属性的会话 cookie
固定值：	向所有会话 cookie 添加"HttpOnly"属性

图 5-64 Cookie 安全问题 1

会话 cookie 中缺少 HttpOnly 属性	
严重性：	低
URL：	http://192.168.0.105/ecshop/user.php
实体：	ECS_ID (Cookie)
风险：	可能会窃取或操纵客户会话和 cookie，它们可能用于模仿合法用户，从而使黑客能够以该用户身份查看或变更用户记录以及执行事务
原因：	Web 应用程序设置了缺少 HttpOnly 属性的会话 cookie
固定值：	向所有会话 cookie 添加"HttpOnly"属性

图 5-65 Cookie 安全问题 2

微课 5.5.3-6 安全测试-Session 与 Cookie 安全

7. 异常操作

测试工程师不能奢望用户按照系统设计的意愿去使用，因此在测试任何功能、业务过程中需模拟任何的异常操作，验证系统能否经得起考验，如输入过长的数据、输入特殊符号、上传带恶意代码的文件、非法下载禁止下载的文件等。

【案例 5-23 商品添加功能 HTML 代码注入测试】

ECShop 后台添加商品分类名称中输入 HTML 代码，如图 5-66 所示。

保存后，系统没有做出任何处理，能够成功保存，且在列表中显示该 button 分类，如图 5-67 所示。

上述的处理是不正确的，系统应当限制此类数据的输入。

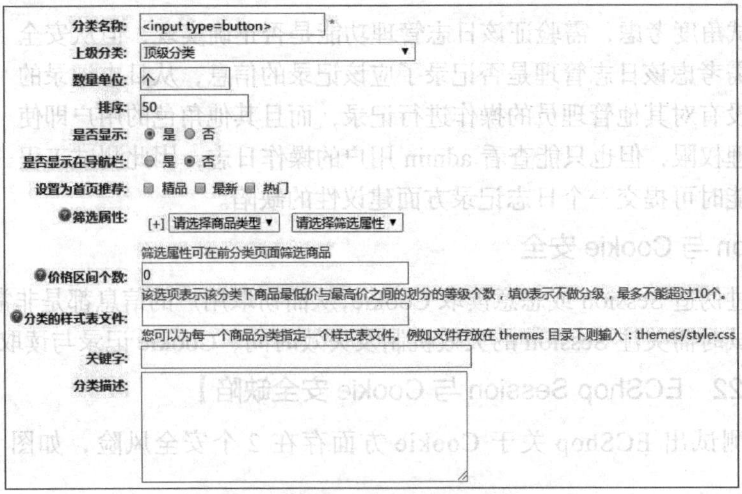

图 5-66　添加 html 格式的分类名称

课 5.5.3-7　安全测试-异常操作

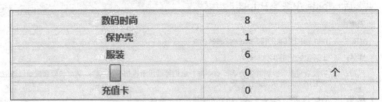

图 5-67　分类名称显示为按钮

8. SQL 注入

SQL 注入是 Web 系统安全攻击的常见手段，攻击者通过构建特殊的输入或非法的 SQL 命令插入表单或页面请求的字符串中后提交，从而达到利用服务器执行恶意 SQL 语句的目的。SQL 注入攻击成功后，可直接屏蔽服务器验证，获取访问权限，甚至获取服务器的最高权限，执行篡改记录等恶意行为。

容易被实施 SQL 注入的主要原因是程序没有细致地过滤用户输入的数据，致使非法数据侵入系统。

SQL 注入根据注入技术原理的不同，一般分为数据库平台注入和程序代码注入。数据库平台 SQL 注入由 Web 系统使用的数据库平台配置不安全或平台本身存在漏洞引发；程序代码注入则主要是由于开发人员在设计时，未能考虑细致及编码时错误实现，从而导致攻击者轻易利用此缺陷，执行非法数据查询。

SQL 注入的产生原因通常有以下几个。

（1）不恰当的数据类型处理。

（2）不安全的数据库配置。

（3）不合理的查询集处理。

（4）不当的错误处理。

（5）不合适的转义字符处理。

（6）不恰当的请求处理。

SQL 注入的方法一般有猜测法及屏蔽法，猜测法主要是通过猜测数据库可能存在的表及列，根据组合的 SQL 语句获取表信息。屏蔽法主要是利用 SQL 输入值不严谨错误进行逻辑验证，从而使得 SQL 验证结果始终为真，达到绕开验证的目的。

（1）猜测法

在 Web 系统的日常测试工作中，经常接触如下的 URL 请求语句。

```
http://www.test.com?empid=123
```

上述 URL 表示请求了 test 系统中 empid=123 的数据信息，“?empid=123”正是提交数据库服务器的查询参数，此时，可在 URL 地址嵌入 SQL 恶意攻击语句。例如：

```
http://www.test.com?empid=123'or'1'='1
```

这样可列出所有的数据信息，如果需要猜测对应的表名，还可写成：

```
http://www.test.com?empid=123'or 1=(select count(*) from emp)--
```

如果不存在该表，则可能会报错，说明 emp 对象名无效，并可告知是哪种数据库类型，然后根据不同的数据库类型，使用对应的系统表名称进行查询攻击。

【案例 5-24　商品浏览 SQL 注入测试】

ECShop 某个商品的 URL 地址为：

```
http://192.168.0.105/ecshop/goods.php?id=64
```

利用猜测法构造注入 URL，如：

```
http://192.168.0.105/ecshop/goods.php?id=64 'or 1=(select count(*) from goods)--
```

回车访问后，出现图 5-68 所示界面，该信息表明 ECShop 已经进行了该种注入类型的预防。

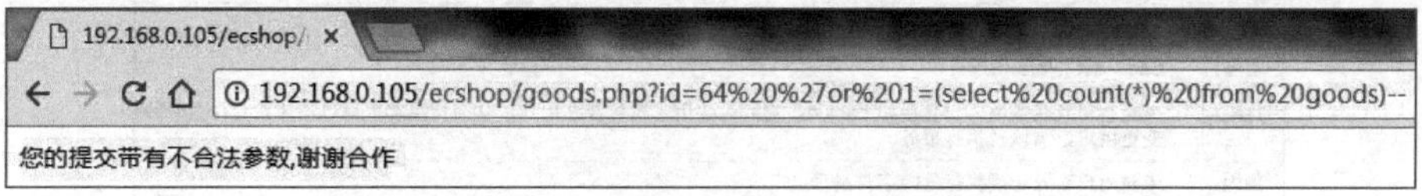

图 5-68　猜测法注入 SQL 提示界面

（2）屏蔽法

屏蔽法一般利用 SQL 语句 AND 和 OR 运算符进行攻击，以登录功能为例，通常登录 SQL 验证语句如下。

```
select * from users where username='$username' and password='$password'
```

在实际攻击过程中，将用户名 username 和密码 password 输入为：'a' or 1=1，这样 SQL 语句则变成：

```
select * from users where username='a' or 1=1 and password='a' or 1=1
```

“AND”执行优先级高于“OR”，因此先执行 1=1 and password='a'，执行结果为假，username='a'也为假，但 1=1 为真，因此整个 SQL 语句的执行结果为真，可成功绕开验证登录系统。

当然在实际的使用过程中，SQL 注入可能比上述的方法更为复杂，需开发人员在设编码时尽可能防范此类攻击方法。

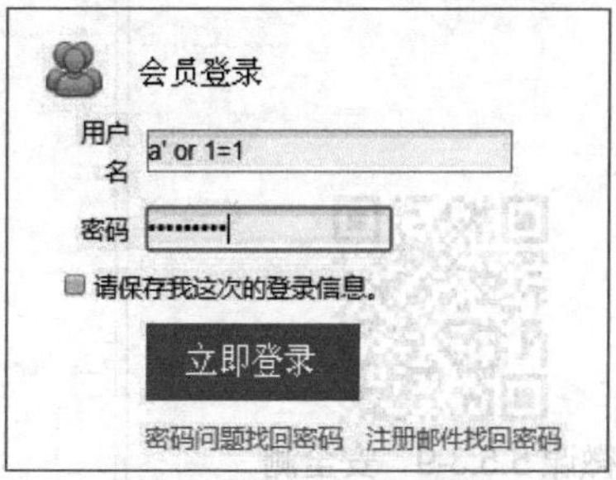

图 5-69　用户登录 SQL 屏蔽法测试

【案例 5-25　用户登录功能 SQL 注入测试】

以 ECShop 注册用户登录功能为例，用户名输入“a' or 1=1”，密码输入正确，如图 5-69 所示，进行 SQL 屏蔽法攻击，系统提示“用户名或密码错误”，表示系统已经做了防范。

AppScan 测试结果显示 ECShop 中不存在 SQL 注入方面的缺陷。

微课 5.5.3-8　安全测试-SQL 注入

9. 跨站点脚本攻击

攻击者利用网站漏洞，上传恶意代码，从而获取用户信息，盗取账户信息，造成用户损失，Web 系统开发工程师应当防止此类错误。

【案例 5-26 ECShop 跨站点脚本攻击测试】

利用 AppScan 扫描 ECShop 系统，发现了 2 个跨站点脚本攻击方面的问题，如图 5-70、图 5-71 所示。

跨站点脚本编制	
严重性：	高
URL：	http://192.168.0.105/ecshop/temp/compiled/pages.lbi.php
实体：	pages.lbi.php (Page)
风险：	可能会窃取或操纵客户会话和 cookie，它们可能用于模仿合法用户，从而使黑客能够以该用户身份查看或变更用户记录以及执行事务
原因：	未对用户输入正确执行危险字符清理
固定值：	查看危险字符注入的可能解决方案

图 5-70 跨站点脚本攻击问题 1

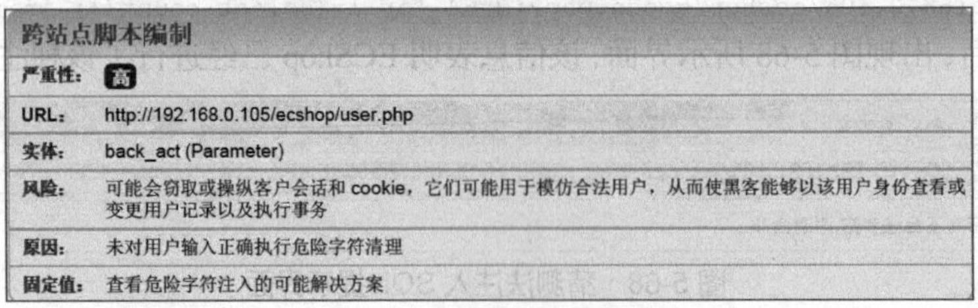

跨站点脚本编制	
严重性：	高
URL：	http://192.168.0.105/ecshop/user.php
实体：	back_act (Parameter)
风险：	可能会窃取或操纵客户会话和 cookie，它们可能用于模仿合法用户，从而使黑客能够以该用户身份查看或变更用户记录以及执行事务
原因：	未对用户输入正确执行危险字符清理
固定值：	查看危险字符注入的可能解决方案

图 5-71 跨站点脚本攻击问题 2

AppScan 构造了以下脚本。

```
<form name="selectPageForm" action="/ecshop/temp/compiled/pages.lbi.php/"><script>
alert(12241)</script>" method="get">
```

针对上述脚本，ECShop 没有做出防范，并执行了该脚本，模拟执行结果如图 5-72 所示。

图 5-72 注入代码执行模拟页面

微课 5.5.3-9 安全测试-跨站点脚本攻击

5.5.4 兼容测试

如今的操作系统、浏览器及显示屏幕分辨率的型号、规格越来越多，B/S 与 C/S 结构一样，同样需要进行兼容性测试，以验证被测对象能否在不同的操作系统、浏览器及分辨率正常工作。

Web 兼容性测试一般分为平台、分辨率和浏览器三个测试方向。

1. 平台兼容性

平台兼容性，主要验证被测对象在用户常用的操作系统平台能否正常工作。目前用户常用的 PC 操作系统平台主要有 Windows、Linux、Mac OS。

Windows 目前主要有 Windows XP、Windows 7、Windows 8、Windows 10，几乎处于垄断状态。

Linux 系统一般作为服务器使用，普通用户使用较少，一般兼容性测试时不考虑该系统类型。

Mac OS 系统是苹果公司基于 UNIX 内核推出的苹果设备专用操作系统，目前也占据了一部分的用户。

基于用户应用基数，进行 Web 测试时，通常选用 Windows 平台进行兼容性测试，除非有特别需求。

进行平台兼容性测试时，需根据被测对象的用户对象确定。有些产品面向特定的用户，因此可以限定产品应用的平台，如仅支持 Windows 7 及以上版本的 Windows 系统，这样将降低了开发的难度。但如果面向用户为大众用户，则可能需考虑整个 Windows 系列。

实施平台兼容性测试时，建议使用虚拟机（VMware Workstation、Virtual Box）安装各个操作系统，便于测试的实施，在保证测试效果的同时，降低了测试投入。建议使用 VMware Workstation。

Web 系统在平台上出问题的可能性不大，一般可能出在浏览器或分辨率上。因此，在 Web 兼容性测试中，平台兼容性测试优先级较低。

微课 5.5.4-1 兼容测试-平台兼容性

2. 分辨率兼容性

随着显示屏技术的发展，如今的 PC 显示终端分辨率越来越高，根据广告公司 AdDuplex 统计的 PC 分辨率占比如图 5-73 所示。

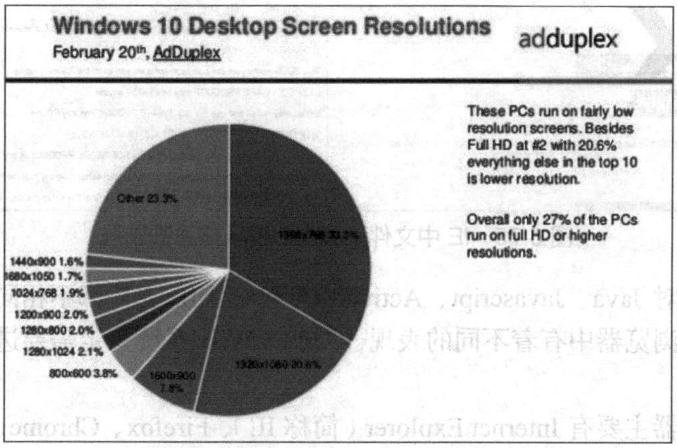

图 5-73 PC 主流分辨率占比

主流 PC 分辨率为 1280 像素×1024 像素、1366 像素×768 像素、1920 像素×1080 像素等，测试工程师进行 PC 分辨率测试时可参考此类数据。

分辨率测试是为了保证被测对象在不同分辨率的应用环境下，显示正常，不会出现显示错乱、菜单丢失等现象。

微课 5.5.4-2 兼容测试-分辨率兼容性

3. 浏览器兼容性

Web 兼容性测试中，最重要的部分即是浏览器兼容性测试。因为浏览器种类非常多，并且各自支持的插件类型不相同，因此很容易出现兼容性缺陷。

【案例 5-27 ECShop 浏览器兼容性测试】

图 5-74 所示是 ECShop 普通用户登录功能在 Chrome 与 Firefox 两种浏览器上的显示效果，从图中可以看出“用户名”在 Chrome 浏览器中出现换行显示。

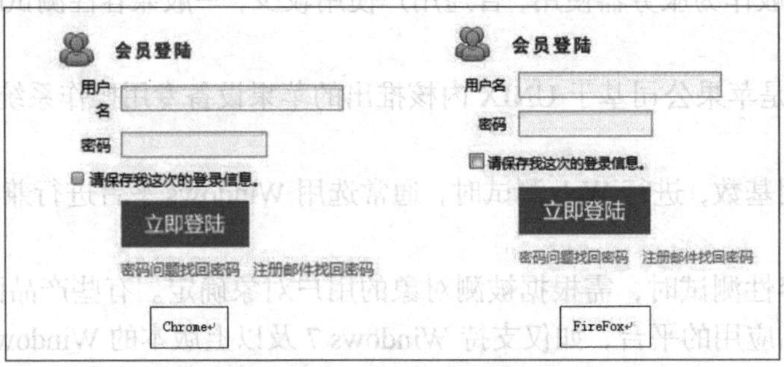

图 5-74 不同浏览器显示效果对比

【案例 5-28 HttpWatch 下载兼容性测试】

利用 IE 8 下载 HttpWatch 时，下载确认信息被遮挡，如图 5-75 所示，但利用 Chrome 访问则正常。

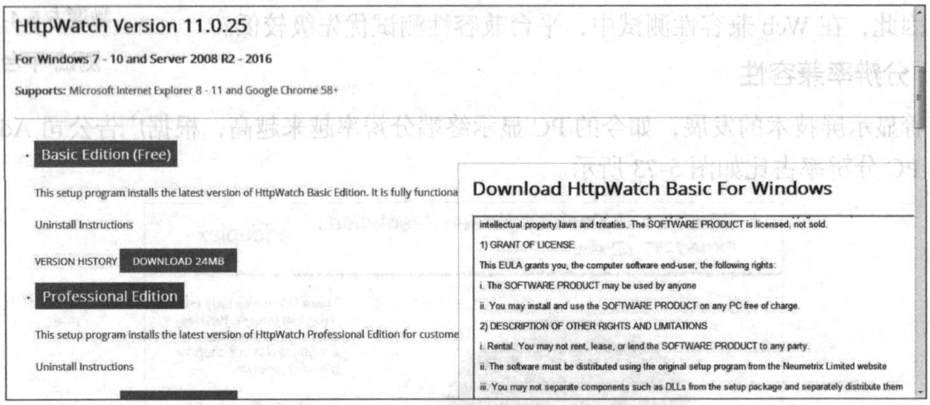

图 5-75 IE 中文件下载窗口确认信息被遮挡

不同的浏览器对 Java、Javascript、ActiveX 甚至 HTML 支持都不相同，网页中的框架结构也可能在不同的浏览器中有着不同的表现，因此，Web 系统一定需要进行某种程度的浏览器兼容性测试。

目前主流浏览器主要有 Internet Explorer（简称 IE）、Firefox、Chrome、360、QQ 和 Safari 等，每种浏览器又有不同的版本，因此需测试的组合相对较多。

IE 由微软公司生产并绑定在 Windows 系统中，因此占用大部分的用户，所以该浏览器一定需进行兼容性测试，以保证 Web 系统在 IE 上功能正常使用。IE 目前常用版本有 7、8、9、10、11 以及 Edge，其中 IE 7、8 很容易出问题，尤其现在很多 Web 系统采用 HTML 5 设计模式，但 IE8 以下版本对 HTML 5 的支持不好，而 IE8 又是 Windows 7 系统默认浏览器，因此测试工程师必须测试 Windows 7+IE8 这个组合。

其余浏览器如 Firefox、Chrome、360 等根据需要进行测试。

在进行浏览器兼容性测试时，如果浏览器带有广告过滤功能，测试实施时需开启。有些 Web 系统在交互过程中可能以弹出网页形式进行，如果浏览器开启了广告过滤功能，则可验证浏览器是否能够正确识别该弹出网页，避免出现误拦截。

测试工程师实施 Web 测试时，建议每个测试工程师采用不同的浏览器开展，这样可尽早进行浏览器兼容性测试活动，尽早发现兼容性方面的缺陷。

常见的浏览器兼容性缺陷一般有以下几种。

（1）Javascript 无法执行，导致功能失效。

（2）字体大小标准不一致，导致不同浏览器字体显示错误。

（3）颜色标准不一致，导致不同浏览器颜色显示不一致。

（4）HTML 标签不支持，导致显示错误。

（5）格式控制不支持，导致图形显示位置错乱。

浏览器兼容性测试如需要组合测试环境时，如 Windows 操作系统系列与浏览器版本组合时，可利用正交试验用例设计方法组合。

微课 5.5.4-3 兼容测试-浏览器兼容性

5.5.5 前端性能测试

一个 Web 系统，对于任何用户，都希望提供良好的用户体验，无论是响应速度，还是资源消耗。在实施测试活动时，需考虑被测对象的前端性能与并发性能。

Web 系统前端性能通常关注页面容量、资源数量、传输压缩、本地缓存和请求数量等方面。

1. 页面容量

用户每次请求的响应数据都需经过下载，本地浏览器渲染后展示。因此，页面容量的大小直接影响下载速度，决定用户的体验。很多公司都有相应的页面设计规范，如“非首页静态页面含图片字节不超过 60KB、全尺寸 Banner 不超过 14KB、竖边广告 130×300 25KB”等。因此在实际测试过程中需关注页面元素的大小，以确保这些元素确实根据页面设计标准进行。

【案例 5-29 Web 页面容量测试】

ECShop 的首页容量为 24718 字节，如图 5-76 所示。

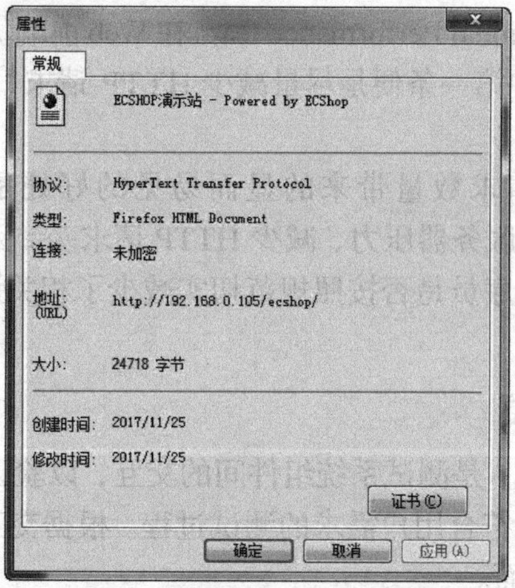

图 5-76 ECShop 首页容量

微课 5.5.5-1 前端性能测试-页面容量

2. 资源数量

在服务器传输过程中，如果资源文件太多，同样会降低网络的传输速度，因此坚决杜绝无效资源文件在服务器与客户端之间传输。测试工程师需确认每一个资源是否确实需要，并杜绝在过程中出现 404 错误的访问问题。利用 HttpWatch 录制客户端与服务器端的交互过程，生成汇总图，从而分析总体的资源数量是否与预期一致。

【案例 5-30 ECShop 首页资源数量测试】

图 5-77 所示是 ECShop 主页的资源分解图，从图中可以看出，客户端发出了大约 25 个请求，并且每一个请求的 HTTP 状态都为“200”，表示请求响应成功。

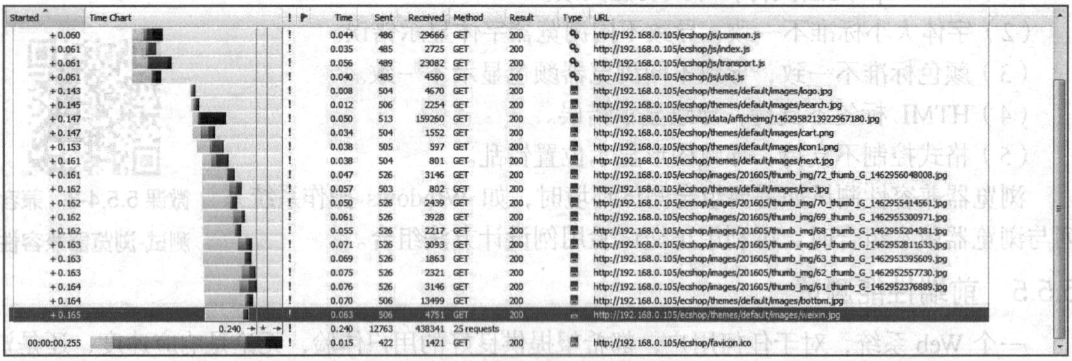

Started	Time Chart	!	Time	Sent	Received	Method	Result	Type	URL
+0.060		!	0.044	486	29666	GET	200		http://192.168.0.105/ecshop/js/common.js
+0.061		!	0.035	485	2725	GET	200		http://192.168.0.105/ecshop/js/index.js
+0.061		!	0.056	489	23082	GET	200		http://192.168.0.105/ecshop/js/transport.js
+0.061		!	0.040	485	4560	GET	200		http://192.168.0.105/ecshop/js/utils.js
+0.143		!	0.008	504	4670	GET	200		http://192.168.0.105/ecshop/themes/default/images/logo.jpg
+0.145		!	0.012	506	2254	GET	200		http://192.168.0.105/ecshop/themes/default/images/search.jpg
+0.147		!	0.050	513	159260	GET	200		http://192.168.0.105/ecshop/data/afficheimg/1462958213922967180.jpg
+0.147		!	0.034	504	1552	GET	200		http://192.168.0.105/ecshop/themes/default/images/cart.png
+0.153		!	0.038	505	597	GET	200		http://192.168.0.105/ecshop/themes/default/images/icon1.png
+0.161		!	0.038	504	801	GET	200		http://192.168.0.105/ecshop/themes/default/images/next.jpg
+0.161		!	0.047	526	3146	GET	200		http://192.168.0.105/ecshop/images/201605/thumb_img/72_thumb_G_1462956048008.jpg
+0.162		!	0.057	503	802	GET	200		http://192.168.0.105/ecshop/themes/default/images/pre.jpg
+0.162		!	0.050	526	2439	GET	200		http://192.168.0.105/ecshop/images/201605/thumb_img/70_thumb_G_1462955414561.jpg
+0.162		!	0.061	526	3928	GET	200		http://192.168.0.105/ecshop/images/201605/thumb_img/69_thumb_G_1462955300971.jpg
+0.162		!	0.055	526	2217	GET	200		http://192.168.0.105/ecshop/images/201605/thumb_img/68_thumb_G_1462955204381.jpg
+0.163		!	0.071	526	3093	GET	200		http://192.168.0.105/ecshop/images/201605/thumb_img/64_thumb_G_1462952811633.jpg
+0.163		!	0.069	526	1863	GET	200		http://192.168.0.105/ecshop/images/201605/thumb_img/63_thumb_G_1462953395609.jpg
+0.163		!	0.075	526	2321	GET	200		http://192.168.0.105/ecshop/images/201605/thumb_img/62_thumb_G_1462952557730.jpg
+0.164		!	0.076	526	3146	GET	200		http://192.168.0.105/ecshop/images/201605/thumb_img/61_thumb_G_1462952376889.jpg
+0.164		!	0.070	506	13499	GET	200		http://192.168.0.105/ecshop/themes/default/images/bottom.jpg
+0.165		!	0.063	506	4751	GET	200		http://192.168.0.105/ecshop/themes/default/images/weixin.jpg
	0.240	!	0.240	12763	438341	25 requests			
00:00:00.255		!	0.015	422	1421	GET	200		http://192.168.0.105/ecshop/favicon.ico

图 5-77 ECShop 首页资源

针对于每一个请求，其 HTTP 状态都应该是 200，如果出现 404、500 类的返回，则说明资源文件出现了错误，测试工程师应当提出缺陷。

微课 5.5.5-2 前端性能测试-资源数量

3. 本地缓存

在大型业务系统中，通常会将动态的业务响应转化成静态文件传输至客户端并写入缓存，当用户再次访问时，可根据实际情况从本地 Cache 文件读取，以此加快访问感受，减轻服务器压力。测试工程师可通过测试工具检测本地缓存设置对访问速度的影响。

微课 5.5.5-3 前端性能测试-本地缓存

4. 请求数量

雅虎的 Exceptional Performance team 在 Web 前端优化方面提出了经典的 34 条准则，其中第一条便是尽量减少 HTTP 请求（Make Fewer HTTP Requests）。

减少 HTTP 请求数量带来的显而易见的好处是：减少 DNS 请求所耗费的时间、减少服务器压力、减少 HTTP 请求头。因此测试工程师在实际测试时可关注程序员是否按照规范切实减少了相关请求的数量，从而优化系统前端性能。

微课 5.5.5-4 前端性能测试-请求数量

5.5.6 接口测试

所谓接口测试，是测试系统组件间的交互，以验证接口间数据传递的正确性与性能是否符合用户需求的测试过程。根据交互类型不同，分为系统内部接口、系统外部接口等两个方面。

1. 系统内部接口

系统内部接口，即系统内部各个组件间的数据交互，如用户通过浏览器发送注册信息到服务器，服务器进行验证，以便完成注册过程，这就是一个典型的系统内部接口处理过程。

接口测试也属于功能测试，但与传统的功能测试不同，接口测试更关注数据的传递，而不关注 UI 层面的设计。目前大部分 Web 系统分为前端与后台两种结构，用户通过前端展示的 UI 界面，输入数据，然后通过后台逻辑处理，从而实现用户期望的价值。传统功能测试通常需要已经设计完成的 UI 界面才能进行，但在敏捷开发模型中，很多时候并不能相对全面的实现 UI 设计，而接口测试更关注于底层数据的交互，相比传统功能测试，成本更低，受 UI 设计变更的影响较小，也更利于回归测试自动化的集成。

Web 系统开发过程中，大多数以 HTTP 协议为主，用户通过 Get 或 Post 方法发送数据请求，服务器接收请求后进行逻辑处理，并给出结果。以 ECShop 注册功能为例，用户通过发送注册信息，服务器进行验证，如合法则返回注册结果，如不合法，则给予相关提示。

利用 Fillder 抓包分析出普通用户注册时通过 Post 方式向服务器传递了用户名、E-mail 及密码信息，如图 5-78 所示。

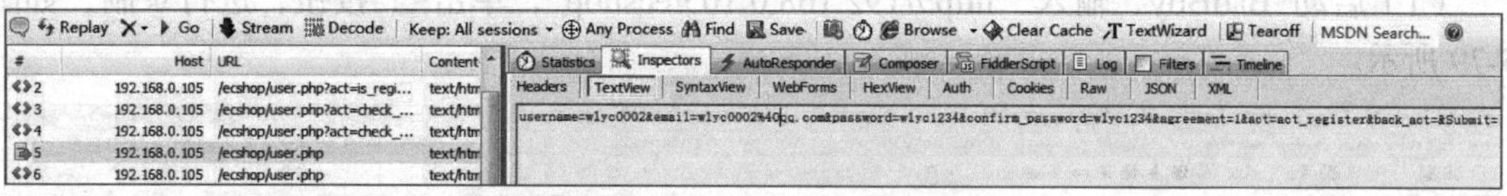

图 5-78 用户注册传递接口数据

传递数据内容如下。

```
username=wlyc0003&email=wlyc0003%40qq.com&password=wlyc1234&confirm_password=wlyc1234&agreement=1&act=act_register&back_act=&Submit=
```

传统功能测试时，测试工程师需在用户注册界面中输入用户名、E-mail、密码与确认密码进行手工测试，如果进行接口测试，则可利用接口测试工具实现，接口测试用例的设计方法与传统手工测试用例设计一样。

接口测试工具目前业内较多，如 PostMan、SoapUI、Jmeter 等，测试工程师多用 Jmeter，因为 Jmeter 工具除了能做接口测试外，还可进行性能测试，降低了学习、应用的难度。因此本书接口测试及性能测试均采用 Jmeter 实施。

【案例 5-31 用户注册 Jmeter 接口测试】

用户注册过程涉及用户名、E-mail、密码、确认密码和用户协议五个参数信息，与手工测试设计一样，先设计测试用例，如表 5-10 所示。

表 5-10 用户注册接口测试用例

编号	InTC-UserRegister	
标题	用户注册接口测试	
URL	/ecshop/user.php	
请求参数	参数名称	说明
	username	传递注册用户名
	email	email 地址

续表

请求参数	Password	密码
	confirm_password	确认密码
	Act	用户协议
返回数据	数据名称	说明
	布尔值	用户名是否可注册，true 表示可用，false 表示不可用
	布尔值	E-mail 是否合法，ok 表示合法，false 表示非法

如果有规范的接口文档设计，测试工程师可直接利用 Jmeter 进行脚本设计，如果没有，可利用 BadBoy 创建用户注册脚本，Jmeter 录制脚本较为麻烦，所以一般使用 BadBoy 录制，然后生成 Jmeter 文件，具体过程如下。

注：本书接口测试环境配置为 Jmeter 3.1，JDK 1.7 64 位，BadBoy 2.2.5。安装配置方式简单，这里不做赘述。

（1）启动 BadBoy，输入“http://192.168.0.105/ecshop”，单击 按钮，进行录制，如图 5-79 所示。

图 5-79 BadBoy 录制用户注册脚本

（2）执行用户注册过程，BadBoy 将每一个操作步骤生成一个 Step，如图 5-80 所示。

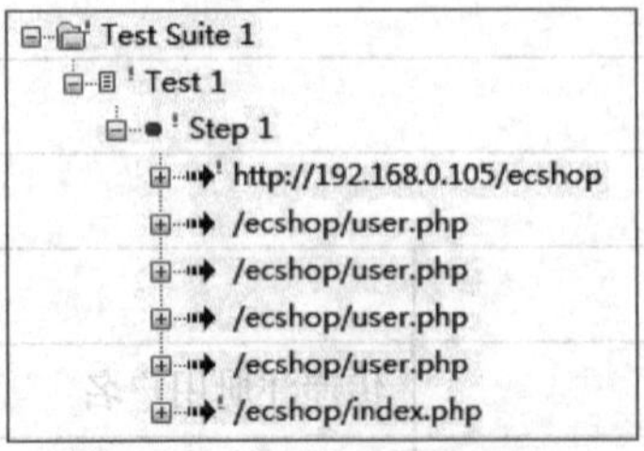

图 5-80 BadBoy 自动生成操作步骤

（3）录制完成后，单击“File”→“Export to JMeter”导出 Jmeter 文件。

（4）导出完成后，启动 Jmeter，打开 BadBoy 录制的脚本，如图 5-81 所示。

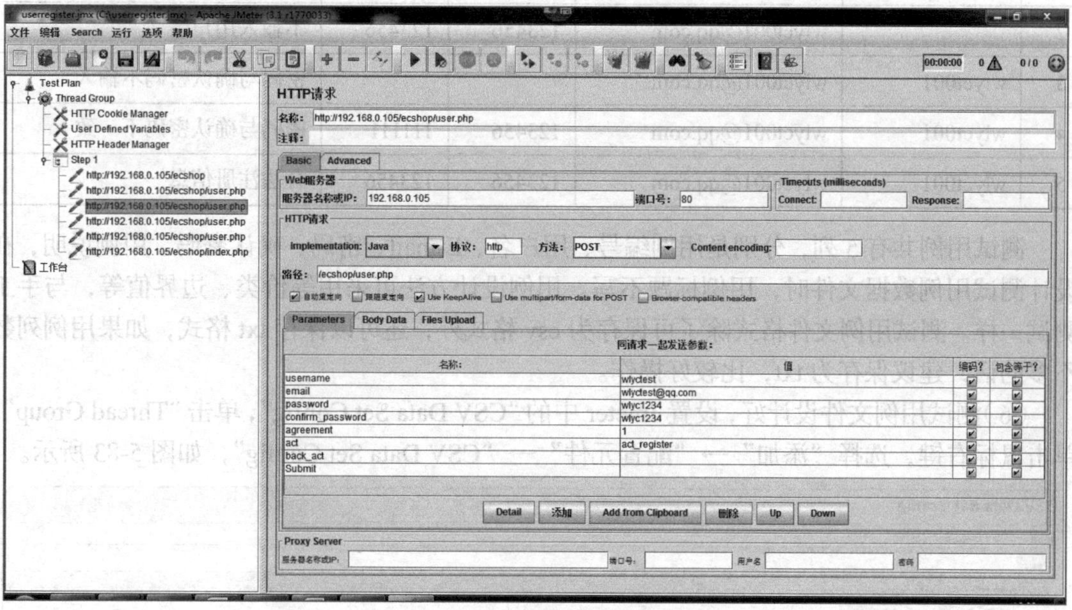

图 5-81 Jmeter 加载 BadBoy 脚本

从图 5-81 中可以看到，BadBoy 将注册请求参数全部抓取出来，如图 5-82 所示。

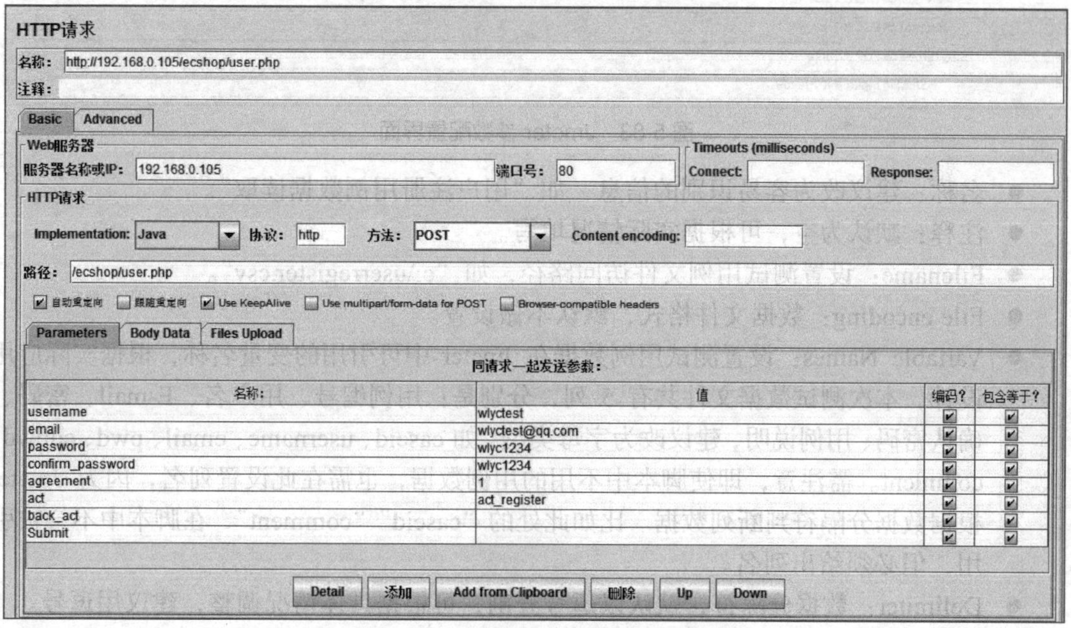

图 5-82 普通用户注册请求参数列表

测试工程师可对这些参数进行设计，以便于读取测试用例中的数据。下面是将测试数据参数化，读取测试用例的步骤。

（5）利用 Excel 设计测试用例，如表 5-11 所示，保存为 csv 文本格式（以逗号分隔）即可。

表 5-11 用户注册测试用例

1	wlyct001		123456	123456	不输入 E-mail
2		wlyct001@qq.com	123456	123456	不输入用户名
3	wlyct001	wlyct001@qq.com			密码与确认密码不输入
4	wlyct001	wlyct001@qq.com	123456	111111	密码与确认密码不一致
5	wlyct001	wlyct001@qq.com	123456	123456	合法注册信息

测试用例共有 5 列，分别是用例编号、用户名、E-mail、密码、确认密码、用例说明，在设计测试用例数据文件时，用例标题不写。用例设计方法可采用等价类、边界值等，与手工测试一样。测试用例文件格式除了可保存为 csv 格式外，还可以保存 txt 格式，如果用例列数不多的话，建议保存为 txt，比较好操作。

（6）测试用例文件设计好，设置 Jmeter 中的“CSV Data Set Config”，单击“Thread Group”，单击鼠标右键，选择“添加”→“配置元件”→“CSV Data Set Config”，如图 5-83 所示。

图 5-83 Jmeter 参数配置界面

- 名称：建议改为容易识别的信息，如“用户注册用例数据读取”。
- 注释：默认为空，可根据实际情况填写。
- Filename：设置测试用例文件访问路径，如“c:\userregister.csv”。
- File encoding：数据文件格式，默认不做设置。
- Variable Names：设置测试用例数据在 Jmeter 中可引用的变量名称，根据实际应用设计，本次测试数据文件共有 5 列，分别是：用例编号、用户名、E-mail、密码、确认密码、用例说明，建议改为字母类型，如 caseid、username、email、pwd、copwd、comment。需注意，即使脚本中不用的用例数据，也需在此设置列名，因为 Jmeter 根据数据分隔符判断列数据。比如此处的“caseid”“comment”，在脚本中不会被引用，但必须给出列名。
- Delimiter：数据分隔符，默认以逗号分割，可根据具体情况调整，建议用逗号。

其他选项默认，不做处理，设置完成后的参数配置界面如图 5-84 所示。

（7）修改请求中的值，改为参数配置中的列名，Jmeter 引用变量的方法是${变量名}，如${username}、${email}等。注册请求参数设置如图 5-85 所示。

（8）添加正则表达式提取器，获取服务器响应结果，以此判断用例执行情况。请求发送后，才有服务器响应，因此正则表达式提取器为后置处理器。单击用户注册请求发送的步骤，单击鼠标右键，选择“添加”→“后置处理器”→“正则表达式提取器”，如图 5-86 所示。

图 5-84　设置完成后的参数配置

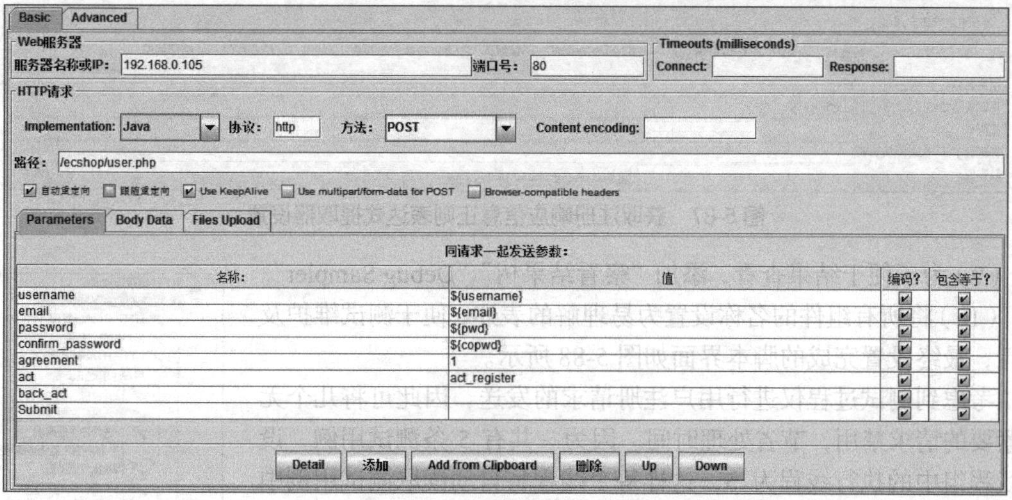

图 5-85　替换注册请求变量值

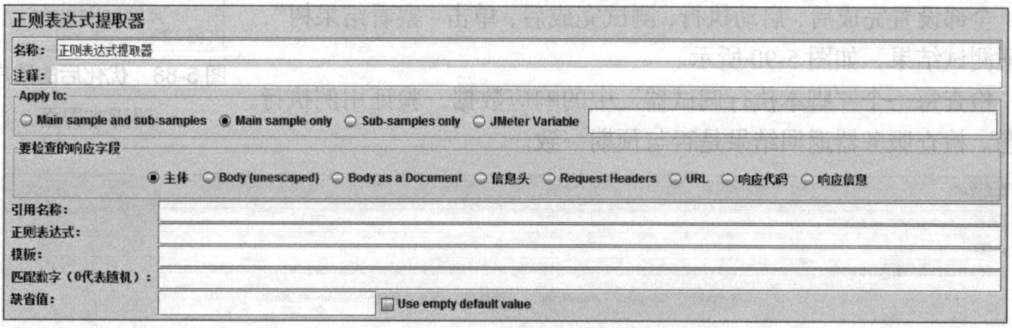

图 5-86　正则表达式提取器设置界面

- 名称：改为容易理解的信息，如“获取服务器处理信息提示”。
- Apply to：默认设置。
- 要检查的响应字段：默认。
- 引用名称：设置 Jmeter 可被引用的变量名称，如“msg”。
- 正则表达式：在响应主体中提取期望结果的正则表达式，如服务器响应为“<p style="font-size: 14px; font-weight:bold; color: red;">- 登录密码不能少于 6 个字符。</p>”，利用正则表达式可将“- 登录密码不能少于 6 个字符。”提取出与测试用例中的预期结果进行比较，此处设置的正则表达式为“font-weight:bold; color: red;">(.*)</p>”，表示提取“font-weight:bold; color: red;">”与“</p>”间的数据。

- 模板：当匹配到数据时，取第几个数据，通常设置为$数字$，如1，表示取第一个数据。
- 匹配数字：0 表示随机取，当匹配到多个数据，想随机使用一个时，将此处设置为 0。
- 缺省值：取不到数据时，缺省使用什么数据，此处默认，不做设置。

正则表达式提取器设置完成后的界面如图 5-87 所示。

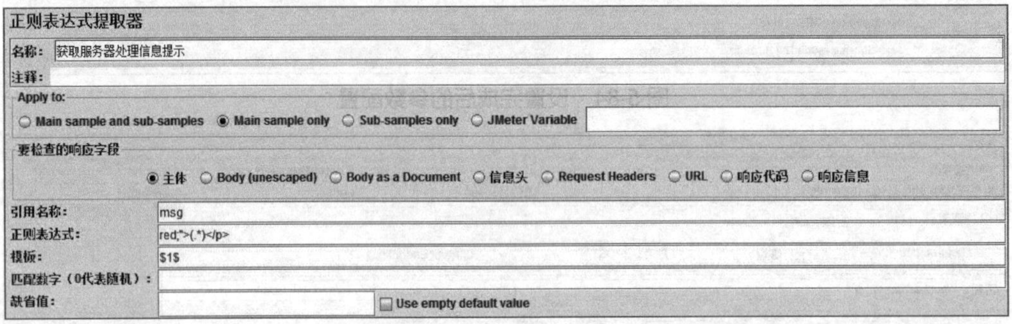

图 5-87　获取注册响应信息正则表达式提取器设置

（9）为了便于结果查看，添加“察看结果树”“Debug Sampler”。

（10）将所有组件的名称设置为易理解的表述，便于测试维护及执行，最终设置完成的脚本界面如图 5-88 所示。

图 5-88　优化后的用户注册脚本界面

考虑到测试过程仅进行用户注册请求的发送，因此可将几个无关紧要的请求禁用，节省处理时间。因为一共有 5 条测试用例，设置线程组中的执行线程为 5，这样每个线程将自动读取测试用例中的每条用例执行。线程组设置界面如图 5-89 所示。

全部设置完成后，启动执行，测试完成后，单击“察看结果树”，验证测试结果，如图 5-90 所示。

检查每一个“脚本执行调试器”中的响应数据，验证用例执行状态。检查服务器返回结果是否与预期一致。

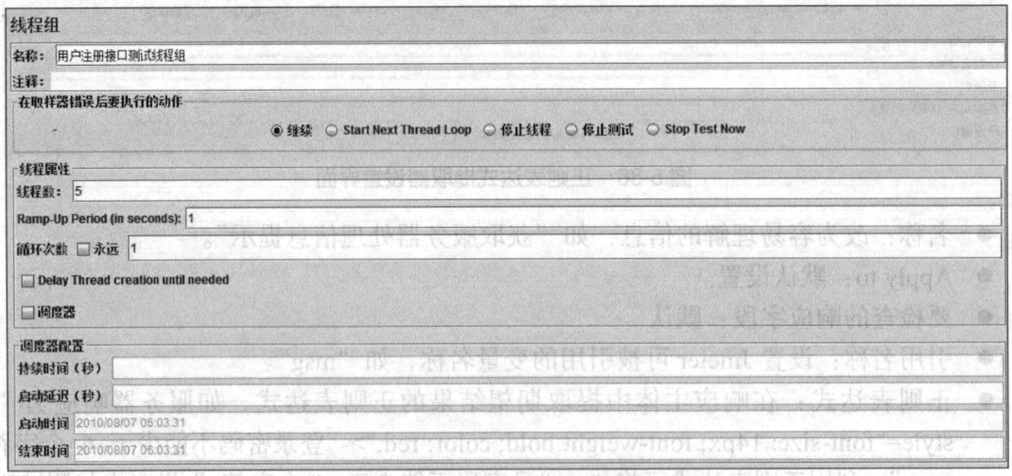

图 5-89　设置用例执行线程数

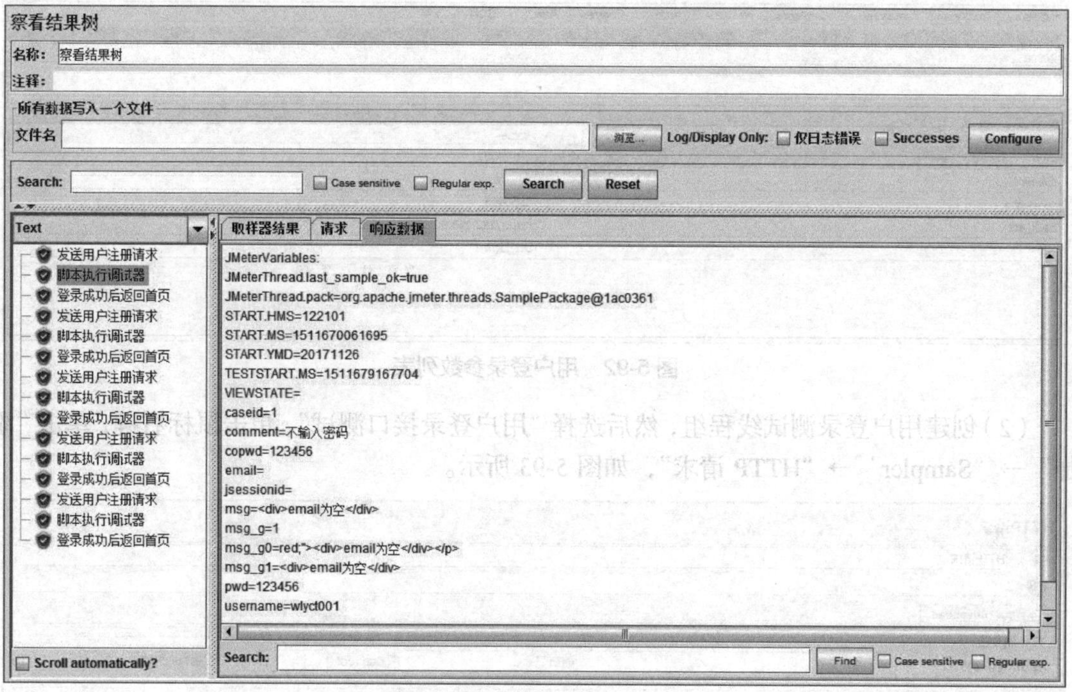

图 5-90 察看结果树界面

ECShop 用户注册通过接口测试时存在缺陷，在 UI 界面执行“确认密码与密码不一致”用例时，系统将提示“两次输入密码不一致”，但利用接口发送注册请求时，服务器不再检查确认密码的合法，可以注册成功，如图 5-91 所示。

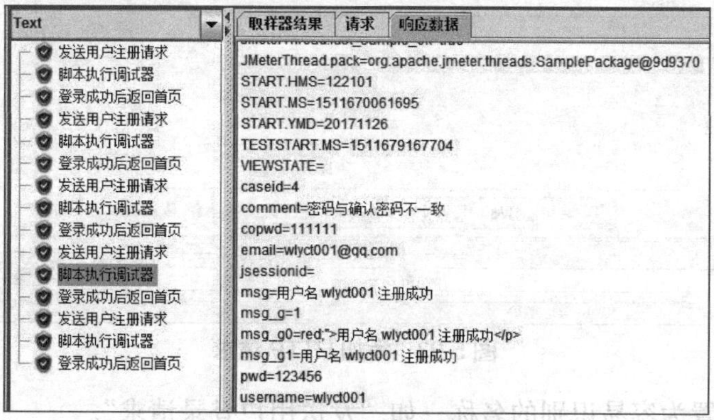

图 5-91 用户注册接口测试缺陷

从图 5-91 的响应数据可以看到，copwd=111111，pwd=123456，发送该请求，服务器提示注册成功。测试工程师应当提交缺陷。

【案例 5-32 用户登录 Jmeter 接口测试】

与用户注册接口测试相比，用户登录传递的参数较少，只有用户名及密码两个参数，因此可直接构建 HTTP 请求，设计脚本。

（1）利用 Fiddler 获取用户登录交互过程，发现其主要涉及 username、password、act 三个参数，并使用 post 方式传递数据，其余参数不影响登录操作，如图 5-92 所示。

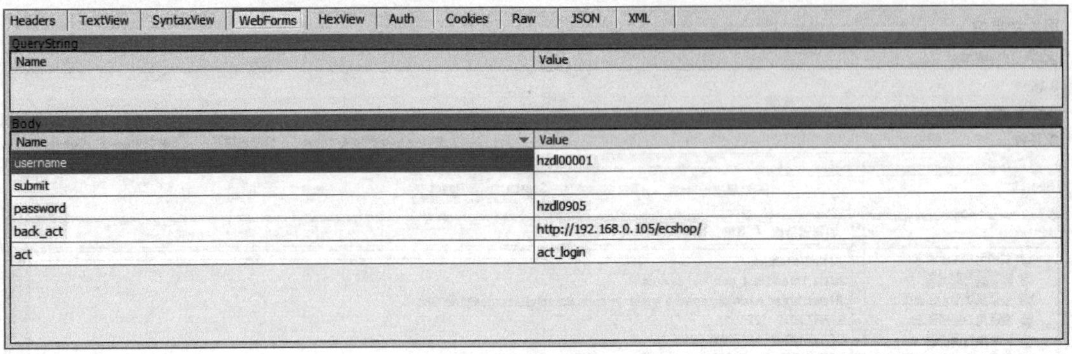

图 5-92　用户登录参数列表

（2）创建用户登录测试线程组，然后选择“用户登录接口测试”，单击鼠标右键，单击“添加”→“Sampler”→“HTTP 请求”，如图 5-93 所示。

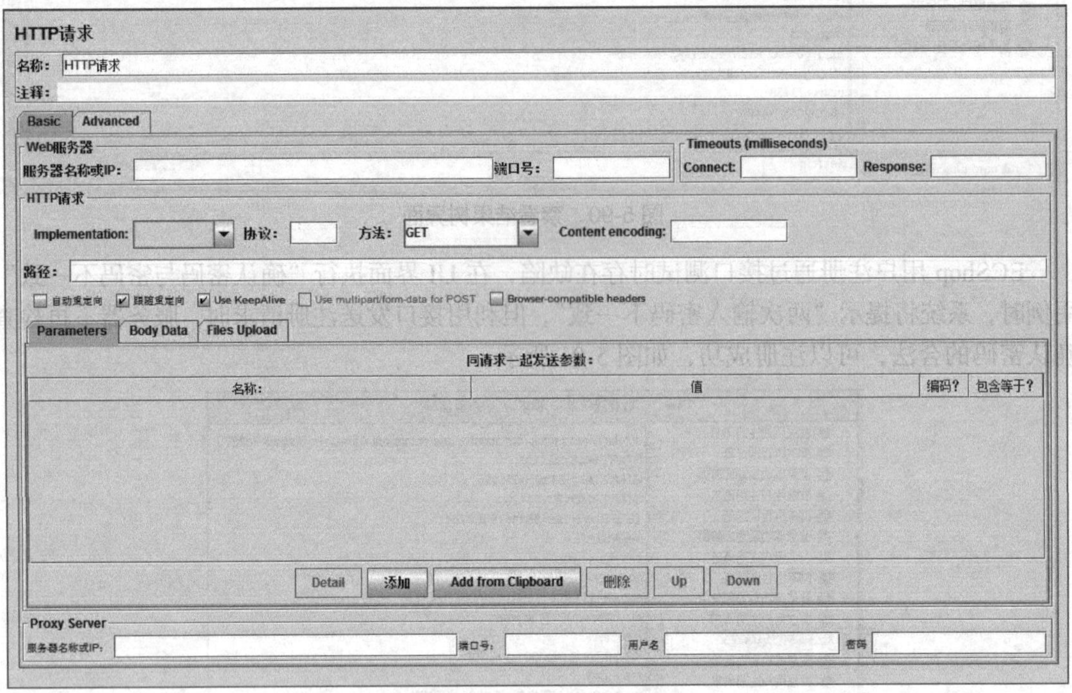

图 5-93　添加 HTTP 请求

- 名称：设置为容易识别的名称，如“发送用户登录请求”。
- 服务器名称或 IP：设置接收请求的服务器地址，如“192.168.0.105”。
- 端口号：设置服务器接收请求的端口号，此处为 80。
- Implementation：请求实现方式，没什么大的区别，与 BadBoy 录制时保持一致，故选择“Java”。
- 协议：请求发送所用协议，设置为“HTTP”。
- 方法：通过 Fiddler 分析用户登录过程使用的是 Post 方式，因此设置为“POST”。
- 路径：发送的请求路径，如“/ecshop/user.php”。
- 同请求一起发送参数：根据 Fiddler 探测的参数，添加相关参数。

完成设置后的界面如图 5-94 所示。

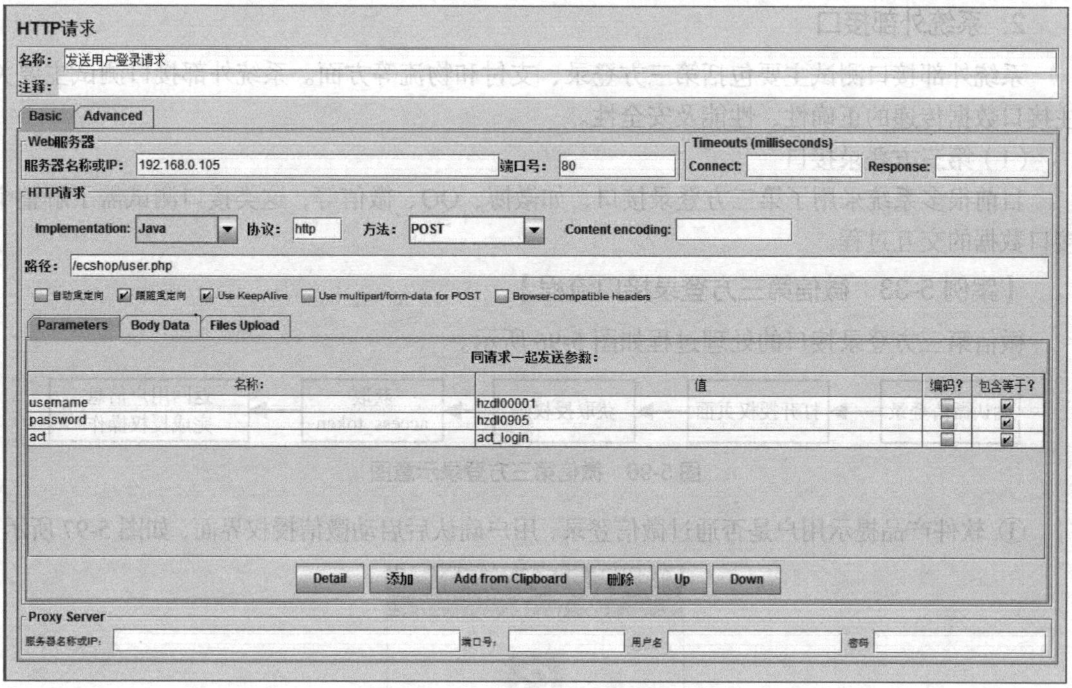

图 5-94 用户登录请求设置界面

（3）设置完成后，添加“察看结果树”运行调试，如果结果显示登录成功，说明请求发送正确且服务器正确处理，可开展用例设计及执行操作。调试结果如图 5-95 所示。

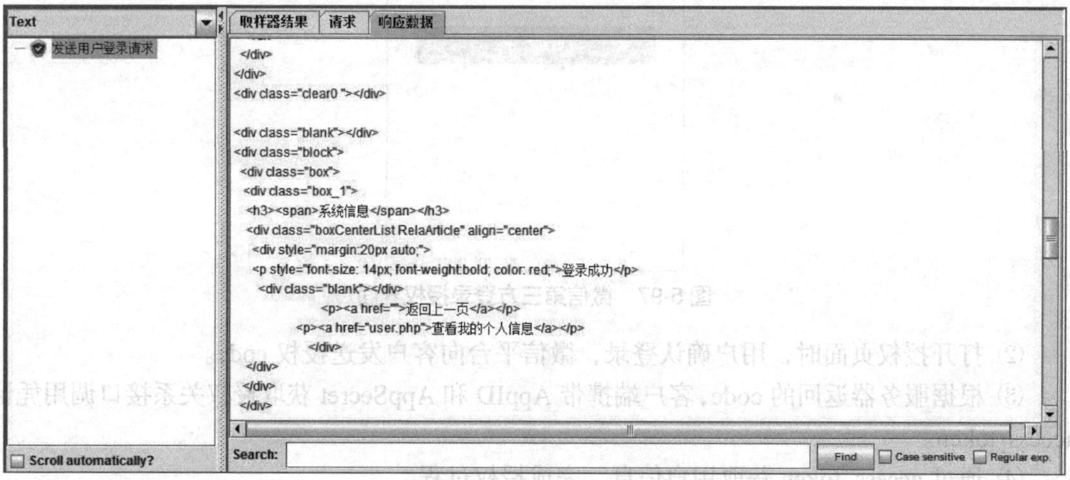

图 5-95 用户登录成功信息

至此，利用 Jmeter 设计用户注册及登录接口测试脚本工作完成，测试工程师在进行回归测试时，可直接执行该脚本，实施测试活动。

很多公司在使用敏捷开发模型时，要求测试工程师掌握接口测试技术，因此建议读者加强这方面的学习。

说明：本书对测试工具 BadBoy、Jmeter 不做太多细节上的介绍。

微课 5.5.6-1 接口测试-系统内部接口

2．系统外部接口

系统外部接口测试主要包括第三方登录、支付和物流等方面。系统外部接口测试主要关注接口数据传递的正确性、性能及安全性。

（1）第三方登录接口

目前很多系统采用了第三方登录接口，如微博、QQ、微信等，这类接口测试需了解整个接口数据的交互过程。

【案例 5-33　微信第三方登录接口流程】

微信第三方登录接口的处理过程如图 5-96 所示。

图 5-96　微信第三方登录示意图

① 软件产品提示用户是否通过微信登录，用户确认后启动微信授权界面，如图 5-97 所示。

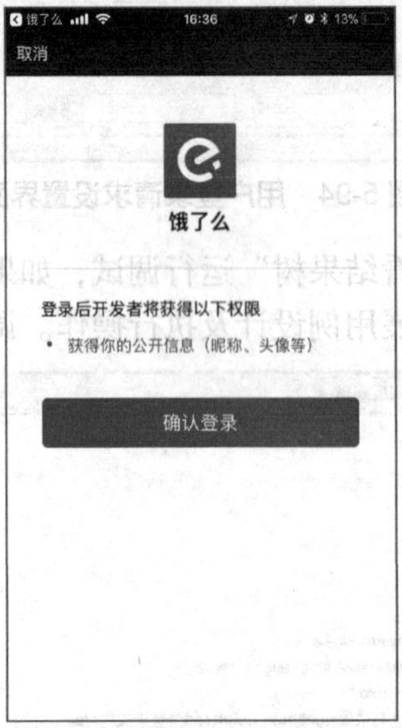

图 5-97　微信第三方登录授权界面

② 打开授权页面时，用户确认登录，微信平台向客户发送授权 code。

③ 根据服务器返回的 code，客户端携带 AppID 和 AppSecret 获取授权关系接口调用凭证 access_token。

④ 通过 access_token 获取用户信息，完成授权过程。

通过上述过程不难看出，测试工程师在进行此类接口测试时，需明确知道被测对象与微信接口间参数传递的规格，并且被测对象必须遵守微信开放平台规定接口调用规则。

很多第三方登录应用均提供了自定义的接口测试工具，因此测试工程师可直接使用它们进行测试。

本书中的 ECShop 开源版没有提供第三方登录。

（2）支付接口

电子商务系统中应用最广泛的一定是支付接口，支付接口测试与其他第三方接口测试不同，更关注安全性，同时由于其具有同步和异步两种处理方式，因此在测试过程中更应加强测试。

【案例 5-34 微信支付接口流程】

微信支付接口的处理流程如图 5-98 所示。

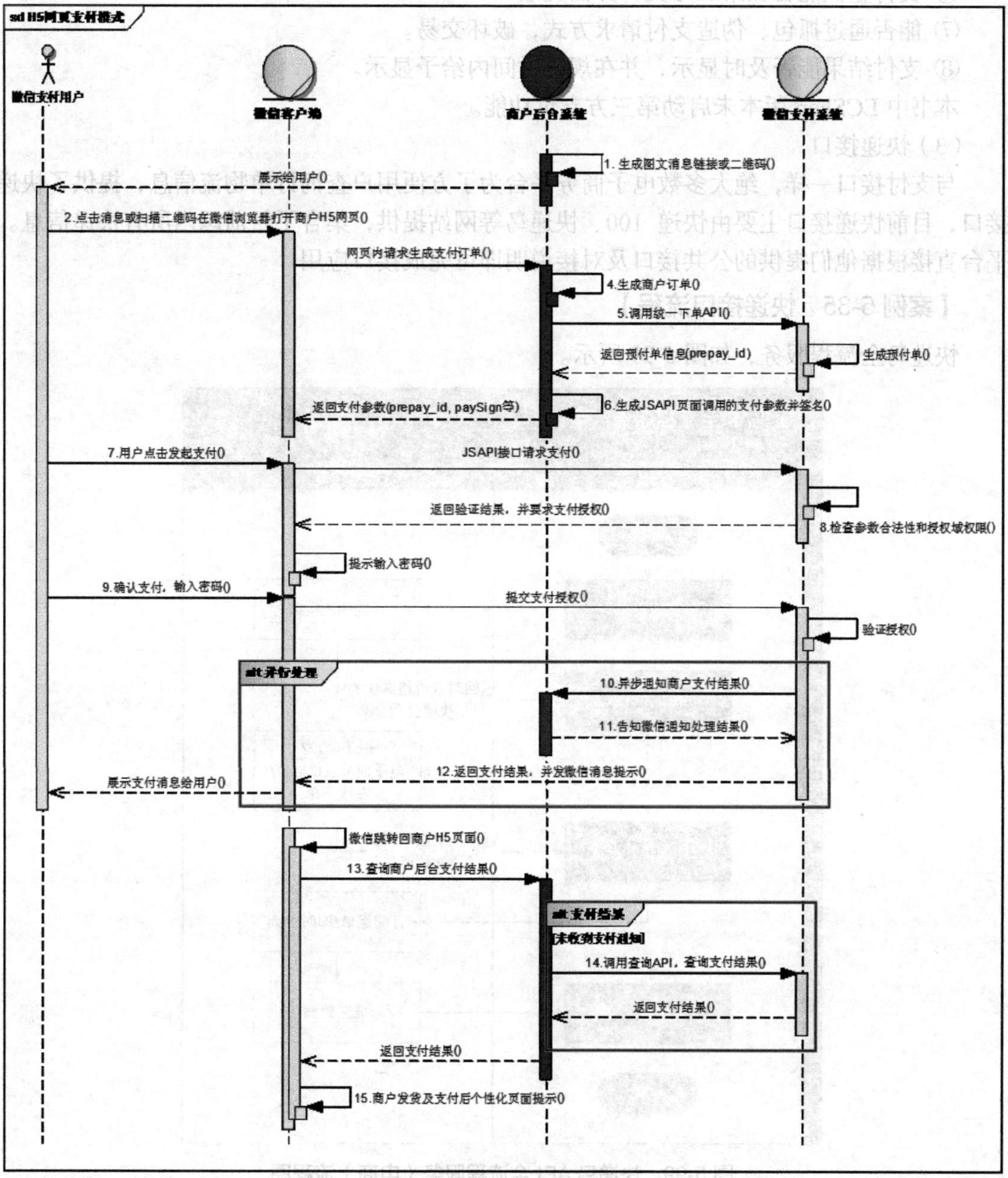

图 5-98 微信支付处理流程

图 5-98 所示是微信开放平台公布的微信支付流程，读者可自行查阅相关信息，从接口测试角度出发，测试工程师对于支付类的接口应当关注以下几个方面。

① 订单信息是否一致。

② 支付金额与账户余额的边界问题。

③ 用户支付结果返回信息是否正确。

④ 平台支付结果返回信息是否正确。

⑤ 支付流程中断，支付状态变化。

⑥ 支付金额能否在第三方支付界面更改。

⑦ 能否通过抓包、伪造支付请求方式，破坏交易。

⑧ 支付结果能否及时显示，并在规定时间内给予显示。

本书中 ECShop 版本未启动第三方支付功能。

（3）快递接口

与支付接口一样，绝大多数电子商务平台为了方便用户查询订单物流信息，提供了快递接口，目前快递接口主要由快递 100、快递鸟等网站提供，集合了目前国内所有快递信息。平台直接根据他们提供的公共接口及对接说明即可完成接口应用。

【案例 5-35　快递接口流程】

快递鸟全流程服务，如图 5-99 所示。

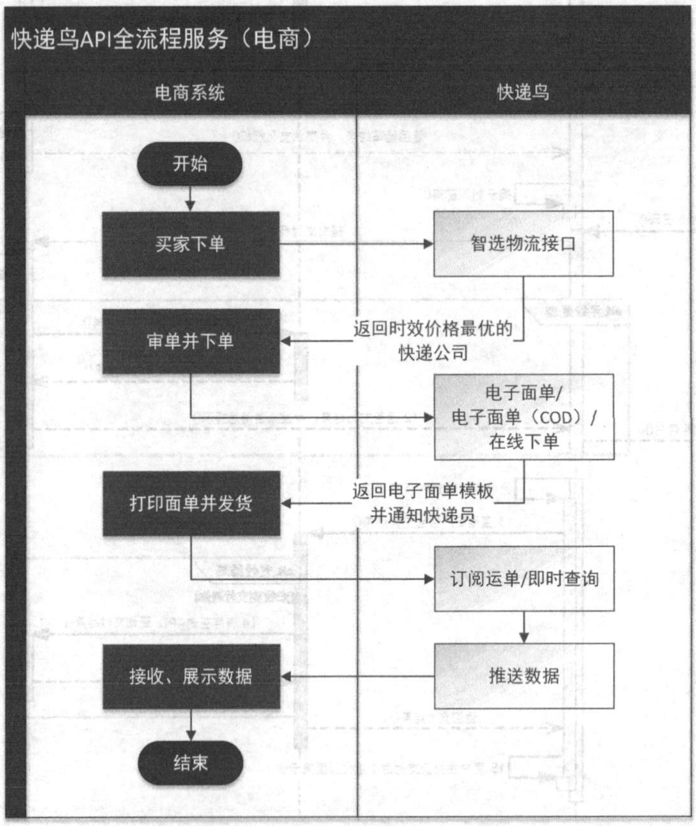

图 5-99　快递鸟 API 全流程服务（电商）流程图

微课 5.5.6-2　接口测试-系统外部接口

测试快递接口时，与其他接口测试方法类似，同样需明确接口文档的规则，了解相关参数，引用时必须遵守接口规范。相比于支付接口测试，快递接口安全性、性能等方面的需求并没有那么高，一般只要对比请求报文与返回报文是否正确即可。

与第三方登录、支付接口一样，本书 ECShop 未涉及物流接口。

5.6 测试执行规范

设计用例、执行用例、跟踪处理缺陷，是测试工作的三大核心内容。测试用例执行在测试工作中占据很大比重，有效、规范的测试执行是成功实施测试活动的重要保障，因此，测试工程师应当根据团队、项目情况制定测试用例执行规范，有助于更充分地发挥测试用例作用，更有效地实施测试活动。通常而言，测试执行可遵循以下规范。

① 测试执行前测试工程师预估时间，确保有充足的用例执行时间，如有风险，及时上报项目经理或者产品经理。

② 测试用例应当根据优先级执行，先冒烟，再深度，从高到低，先流程后校验。

③ 未执行用例、标志为删除或者无效的用例，需注明原因。

④ 执行过程中有疑问的测试用例（场景、操作步骤、检查点等）需及时核查、澄清。

⑤ 测试执行需对用例描述的检查点逐一检查，避免遗漏。

⑥ 发现用例存在错误，及时记录，并在每天总结会议中报告该错误。

⑦ 每轮用例执行完成后，测试工程师交换用例再次执行。

微课 5.6 测试执行规范

5.7 缺陷跟踪处理

测试执行过程中发现的缺陷，需根据敏捷开发团队定义的缺陷管理流程进行跟踪处理。每个企业采用的流程基本相同，通常会根据团队使用的测试管理工具进行定制。本书以禅道 Bug 管理模式介绍缺陷管理流程，读者可直接将其应用于自己的项目团队。

任何团队的缺陷管理流程对于缺陷报告定义都会涉及以下几个关键字段。

1. 严重程度

严重程度表明当前缺陷引发后果的严重程度，如导致程序崩溃、闪退、内存读写错误、无法保存数据等。一般分为严重、中等、一般、建议等，禅道中以数字 1、2、3、4 表示，严重度依次降低。

2. 状态

表述当前缺陷处于缺陷管理流程中的某个节点，通常以新建、打开、修复、关闭、拒绝、重新打开标识，禅道以激活、已解决、已关闭三种状态标识。

3. 缺陷类型

很多缺陷管理工具没有设计该字段，而实际工作中，该字段相当有用，在结果分析阶段，通过该字段能够掌握被测对象缺陷产生的原因，便于有针对性、有重点地投入测试资源及开发资源。

4. 所属模块

与缺陷类型一样，很多工具默认不提供，需用户自定义该字段表述缺陷属于哪个功能模块，便于统计分析缺陷分布。

【案例 5-36 禅道缺陷管理流程】

禅道缺陷管理流程如图 5-100 所示。

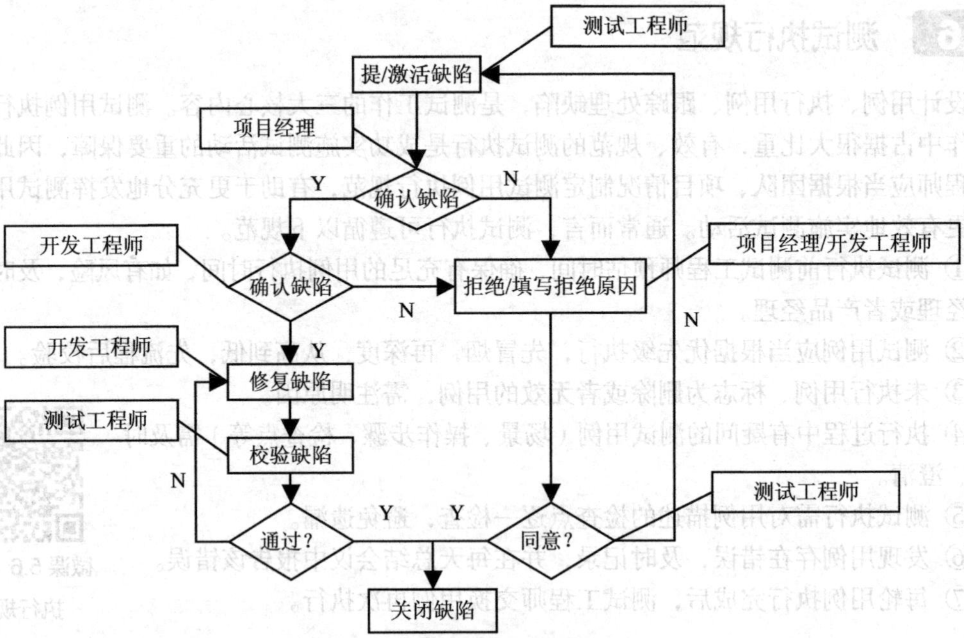

图 5-100　禅道缺陷管理流程图

（1）测试工程师提缺陷，指派给项目经理。

（2）项目经理确认是否是缺陷，如果是，则指派给开发工程师，由开发工程师进行处理；如不认为是缺陷，则需填写除“已修复”之外的解决方案，并指派给测试工程师。

（3）开发工程师处理指派给自己的缺陷，如果确认是缺陷，则修复，否则填写原因，指派给测试工程师。

（4）测试工程师在回归版本中已修复的缺陷，如果验证通过，则关闭缺陷，否则重新激活该缺陷。

（5）如果项目经理或开发工程师不认为是缺陷，则需测试工程师确认，如果确认不是缺陷，则关闭缺陷，如果不同意，则重新激活，走流程。

微课 5.7　缺陷跟踪处理

测试工程师执行 ECShop 测试时，按照上述流程，利用禅道实施缺陷跟踪管理，本次测试执行发现的 ECShop 列表如图 5-101 所示。

ID	级别	P	Bug标题	状态	截止日期	创建	创建日期	指派	解决	方案	解决日期	操作
010	❷	①	[已确认] 后台退出功能设计布局不合理	已关闭		林某	11-27 13:53	Closed	李某某	已解决	11-27 15:24	
009	❷	⑦	[已确认] 后台管理员日志功能设计不合理	已关闭		林某	11-27 13:47	Closed	李某某	设计如此	11-27 15:24	
008	❹	③	[已确认] 购物车跳转用户注册界面时，注册字段要求与直接用户	激活		林某	11-27 13:45	李某某			00-00 00:00	
007	❹	②	[已确认] 搜索结果显示中的排序方式描述不清晰	已关闭		林某	11-27 13:42	Closed	李某某	已解决	11-27 15:27	
006	❸	②	[已确认] 用户登陆保存登陆信息功能未能实现	激活		林某	11-27 13:40	王某某			00-00 00:00	
005	❸	②	[已确认] 商城首页菜单导航显示错误	已关闭		林某	11-27 13:39	Closed	王某某	已解决	11-27 15:29	
004	❶	①	[已确认] 用户权限设计错误	已关闭		林某	11-27 13:37	Closed	王某某	设计如此	11-27 15:29	
003	❷	④	[已确认] 购物车商品数量输入超过65535时，系统提示后直接改	已关闭		林某	11-27 13:36	Closed	李某某	已解决	11-27 15:27	
002	❸	③	[已确认] Chrome浏览器下用户注册界面中的“用户名”显示换行	已解决		林某	11-27 13:33	林某	李某某	延期处理	11-27 15:28	
001	❸	①	[已确认] 通过直接发送请求方式注册用户账户时，系统不校验确	激活		林某	11-27 13:32	李某某			00-00 00:00	

选择　编辑　共 10 条记录，每页 20 条 1/1

图 5-101　ECShop 缺陷列表

5.8 确认回归测试

开发工程师修复缺陷后，应将对应的测试用例再次执行，以确认缺陷是否真正成功修复，这个确认过程，称为确认测试。

回归测试是对已被测过的程序在修复缺陷后再次进行用例执行，以确认缺陷修复活动没有引发新的缺陷或导致缺陷被屏蔽。这些缺陷可能存在于被测试的软件中，也可能在与之相关或不相关的其他软件组件中。当软件发生变更或者应用软件的环境发生变化时，需要进行回归测试。实际测试实施过程中，确认测试和回归测试可以并行实施。

回归测试可以在所有的测试级别上进行，同时适用于功能测试、非功能测试和结构测试。如果回归测试套件需执行多次，并且变更较少时，测试工程师可考虑将回归测试实现自动化，以提高效率。

当第一轮测试完成后，开发工程师对测试工程师所提出的缺陷进行处理，无论修复或拒绝的缺陷，测试工程师都需要进行确认与回归测试。

回归测试通常有完全回归和选择性回归测试两种策略。

对于任何一个项目前三轮测试版本迭代过程中，都建议使用完全回归测试策略。将所有测试用例全部回归。当被测对象是升级或者维护性的版本时，可采用选择性回归策略实施。

无论是完全回归还是选择性回归测试。通常流程如下。

1. 确认缺陷是否修复

测试工程师提交的缺陷，经过开发工程师处理，如果确实是缺陷，并且已经修复，则测试工程师需在下一个版本上确认缺陷是否已经修复完成，这个过程一般称为缺陷校验。

对于状态是“拒绝”的缺陷，测试工程师应当确认开发工程师拒绝的理由是否成立，如果不成立，则需重新激活缺陷，如果拒绝理由成立，则关闭缺陷。

2. 执行用例回归测试

校验缺陷活动完成后，测试工程师根据测试任务分配执行用例活动，重新开展测试活动。

微课 5.8 确认回归测试

5.9 测试报告输出

每一个 Sprint 测试工作完成后，根据产品工作要求，测试工程师可能需输出当前测试对象的测试报告，对被测对象的缺陷进行分析，反映被测软件的质量，以便于产品团队决定产品是否上线或者发布。所以，如何分析缺陷在软件测试活动中显得尤为重要。禅道中，利用报表图形分析功能进行缺陷状态的总结分析，最终输出测试报告。一般情况下，可统计版本 Bug 数量、模块 Bug 数量、Bug 严重度、Bug 类型、Bug 状态等信息。

5.9.1 缺陷信息分析

1. 版本 Bug 数量

每一个版本存在多少缺陷，是衡量产品开发质量的重要衡量指标，通过对版本缺陷数量的分析，产品团队可清晰知道当前版本的开发质量，开发团队期望的目标是每个版本的缺陷趋势为下降，向趋于零的目标努力。

每天开发团队进行会议总结时，可直接打开禅道中的 Bug 报表输出功能，了解版本 Bug 情况。每个 Sprint 结束时，测试工程师需统计版本缺陷数量，列在测试报告中，如图 5-102 所示。

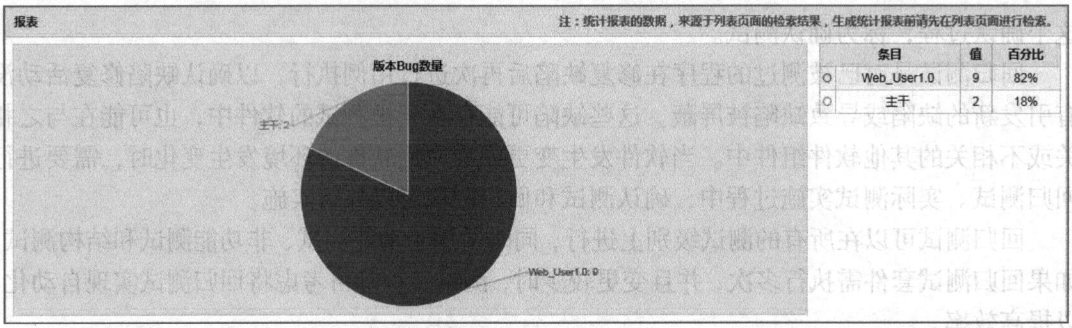

图 5-102　版本 Bug 数量

2. 模块 Bug 数量

该指标便于开发团队了解当前版本各个模块的缺陷分布，从而确定开发及测试资源分配方式。

缺陷有明显的群集现象，模块缺陷越多，说明该模块复杂度、出错率都可能比较高，因此项目经理可适当增加这些模块的开发与测试投入，如图 5-103 所示。

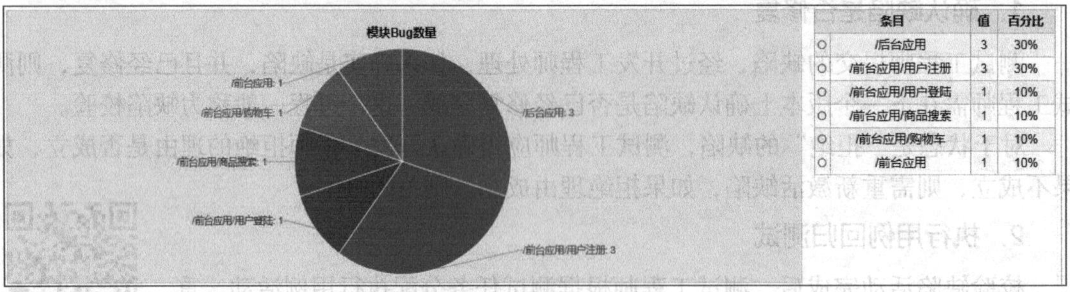

图 5-103　模块 Bug 数量

3. Bug 严重度

通过 Bug 严重度了解当前版本的质量情况，便于及时发现问题并解决问题，严重度越高的缺陷，应当越快修复，如图 5-104 所示。

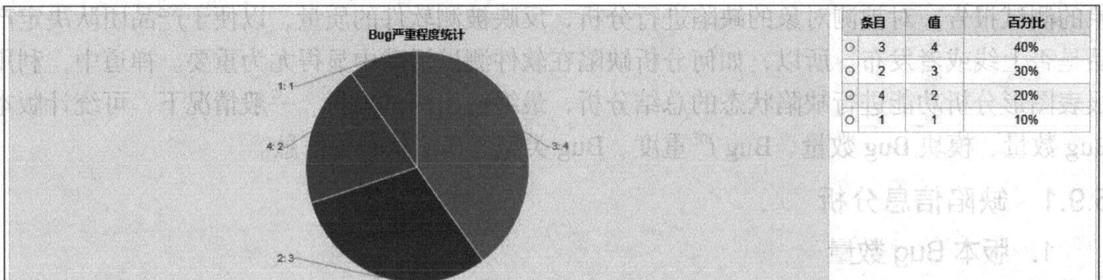

图 5-104　Bug 严重度统计

4. Bug 类型

分析 Bug 类型可了解目前缺陷引发的原因有哪些，可从源头控制，从而降低缺陷产生的可能性，尽早预防缺陷的产生，如图 5-105 所示。

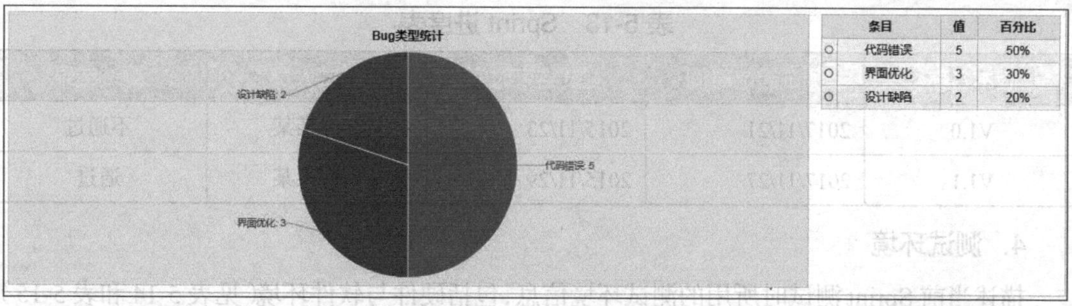

图 5-105 Bug 类型统计

5. Bug 状态

通过状态分析当前版本缺陷的处理情况，是否达到停测标准，或者还需要多少开发、测试投入才能完成当前版本开发，如图 5-106 所示。

微课 5.9.1 缺陷信息分析

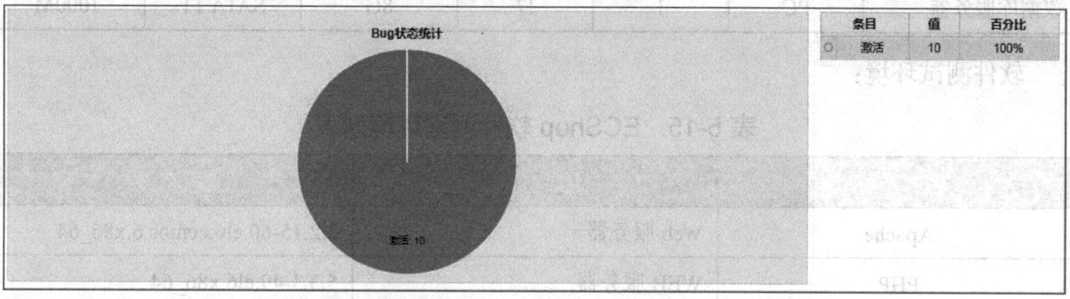

图 5-106 Bug 状态统计

5.9.2 测试报告内容

敏捷测试报告与传统的功能测试报告略有不同，一般不需要特别正式的报告形式，敏捷测试报告更关注报告本身的内容，如用例执行情况、缺陷分布、遗留缺陷情况、版本质量评价等。

1. 版本概述

描述当前测试版本的基本信息，如包括的需求、涉及的模块等。

2. 团队成员

描述当前 Sprint 开发团队成员信息（见表 5-12）。

表 5-12 敏捷开发团队成员信息列表

序　号	名　称	角　色
1	刘某某	产品经理
2	张某某	项目经理
3	林某	测试工程师

3. 进度回顾

描述当前 Sprint 测试进度情况，从第一个版本开始到最后一个版本（见表 5-13）。

表 5-13 Sprint 进度表

版本名称	测试起始时间	测试结束时间	测试人员	测试结果
V1.0	2017/11/21	2015/11/23	林某、许某某	不通过
V1.1	2017/11/27	2015/11/29	林某、许某某	通过

4. 测试环境

描述当前 Sprint 测试时所用的测试环境信息，包括硬件与软件环境（见表 5-14 和表 5-15）。

硬件测试环境：

表 5-14 ECShop 硬件测试环境列表

主机用途	机型	台数	CPU/台	内存容量/台	硬盘	网卡
WEB 应用服务器	PC	1	I7	8G	SATA 1T	1000M
数据库服务器	PC	1	I7	8G	SATA 1T	1000M

软件测试环境：

表 5-15 ECShop 软件测试环境列表

名　称	用　途	版本号
Apache	Web 服务器	2.2.15-60.el6.centos.6.x86_64
PHP	WEB 服务器	5.3.3-49.el6.x86_64
MySQL	数据库	5.1.71-1.el6.x86_64
CentOS	系统平台	6.5 x64

5. 测试过程

对测试工程师在敏捷开发团队中的工作流程、内容进行概要描述及总结，可结合测试任务分配进行阐述。

6. 用例执行

描述当前 Sprint 共有多少用例，每个版本执行用例数量及执行结果情况。

7. 缺陷分析

描述最后一轮版本测试缺陷数据信息，如版本 Bug 数量、模块 Bug 数量、Bug 严重度、Bug 类型、Bug 状态等，可利用禅道直接生成相关图表。

8. 遗留问题

列出当前 Sprint 测试遗留问题，便于敏捷开发团队做质量评估。

9. 测试结论

给出明确测试结论，便于产品团队及其利益相关者决定后续工作计划及下一个 Sprint 是否可以开展。测试结论一般有通过、不通过两种结果。

（1）通过

测试达到测试目的，测试通过，进入下一个阶段的工作。

（2）不通过

测试没有达到测试目标，敏捷开发团队需重新制定测试任务，重新开展测试活动。

微课 5.9.2　测试报告内容

ECShop 平台的功能测试报告见附录 6 ECSHOP 平台功能测试报告。

实训课题

1. 阐述敏捷手工测试流程。
2. 练习利用 AppScan 扫描 ECShop 网站，并分析测试报告。

第 6 章 Selenium 自动化测试

本章重点

敏捷测试活动中，很多团队都尽可能将测试过程自动化，测试工程师应当了解自动化测试的意义及实施自动化测试的前提条件、具体操作方法。本章通过 ECShop 实际案例，介绍如何利用开源自动化测试工具 Selenium 结合 Python 实施 Web 项目自动化测试。

本章提供了一个完整、可实施的自动化测试框架，读者可通过该框架的学习，掌握具体的 Selenium 自动化测试技能，并应用于实际的项目中。

学习目标

1. 了解自动化测试意义及实施前提。
2. 了解 Selenium 发展历史及特点。
3. 掌握 Selenium 基本元素识别方法。
4. 掌握自动化测试框架设计思路。
5. 熟练运用本章提供的自动化测试框架实施项目测试。

6.1 自动化测试简介

自动化测试，顾名思义，利用一些工具或编程语言，通过录制或编程的方法，设定特定的测试场景，模拟用户业务使用流程，自动寻找缺陷。目前业内较为流行的商用自动化测试工具代表有 HP 公司的 UFT（Unified Function Testing）与 IBM 公司的 RFT（Rational Function Tester），开源自动化测试工具则以 Selenium、Jmeter、Appium 为代表。

UFT 是 HP 公司研发的自动化测试工具。提供符合所有主要应用软件环境的功能测试和回归测试的自动化。它采用关键字驱动的理念简化测试用例的创建和维护。用户可直接录制屏幕上的操作流程，自动生成功能测试或者回归测试用例。专业的测试者也可以通过提供的内置 VBScript 脚本和调试环境来自定义脚本执行过程。

RFT 是一款先进的、自动化的功能和回归测试工具，适用于测试工程师和 GUI 开发工程师。测试新手可以简化复杂的测试任务，很快上手；测试专家能够通过选择工业标准化的脚本语言，实现各种高级定制功能。

Selenium，业内流行的开源 Web 自动化测试工具，直接运行在浏览器中，就像真正的用户在操作一样。支持的浏览器包括 IE、Firefox、Chrome 等。

自动化测试优点是能够快速回归、脚本重用，从而替代人的重复活动。回归测试阶段，可利用自动化测试工具进行，无须大量测试工程师手动重复执行测试用例，极大地提高了工作效率。

当然，自动化测试的缺点也很明显，它们只能检查一些比较主要的问题，如崩溃、死机，无法发现新的错误。另外，编写自动化测试脚本的工作量也很大，有时候该工作量甚至超过了手动测试的时间。

自动化测试不仅仅运用在系统测试层面，在单元测试、集成测试阶段同样可以使用自动化测试方法进行测试。本章节所述自动化主要是指系统测试层面的自动化测试。

自动化测试在企业中基本是由专业的团队来实施的，自动化测试团队成员的技能要求要比普通手工测试工程师的要求要高，主要技能如下。

（1）基本软件测试基本理论、设计方法、测试方法，熟悉软件测试流程。

（2）熟悉相关编程语言。具体语言与工具有关，如 UFT 需要掌握 VBScript，Selenium 需要掌握 Java 或 Python 语言。

（3）掌握一个比较流行的自动化测试工具。虽然掌握一个自动化工具不是必需的，但是建议初学者还是从一个工具开始入手。

（4）熟悉被测对象的架构模型，了解数据库、接口、网络协议等方面的知识。

（5）熟悉一些常见的自动化测试框架，比如数据驱动、关键字驱动。

敏捷开发团队中要求测试工程师必须具备上述技术技能要求。

微课 6.1 自动化测试简介

6.2 Selenium 简介

Selenium 是由思沃克（ThoughtWorks）公司研发，提供了丰富的测试函数，用于实施 Web 自动化的一款非常流行的测试工具。Selenium 直接运行于浏览器中，更真实地模拟了用户的业务行为，验证被测对象的功能表现及在不同浏览器中的兼容性特性。与传统的自动化测试工具不同，Selenium 没有独立的操作 UI 界面，支持更多的编程语言，如 Java、Python 等，更为简洁与快捷，易于测试工程师掌握应用。

Selenium 实际上不是一个测试工具，而是一个工具集，其主要由三个核心组件构成：Selenium IDE、Selenium RC（Remote Control）及 Selenium Grid。

Selenium IDE：Selenium 开发测试脚本的集成开发环境，像 Firefox 的一个插件，可以录制/回放用户的基本操作，生成测试用例，运行单个测试用例或测试用例集。

Selenium Remote Control (RC)：支持多种平台（Windows、Linux）和多种浏览器（IE、Firefox、Opera、Safari），可以用多种语言（Java，Ruby，Python，Perl，PHP，C#）编写测试脚本。Selenium 为这些语言提供了不同的 API 及开发库，便于自动编译环境集成，从而构建高效的自动化测试框架。

Selenium Grid：允许 Selenium-RC 针对规模庞大的测试案例集或者需要在不同环境中运行的测试案例集进行扩展。这样，许多的测试集可以并行运行，从而提高测试效率。

Selenium 自 2004 年诞生以来，经历了三个大版本变化：Selenium 1、Selenium 2 及 Selenium 3。Selenium 2 又称为 WebDriver，WebDriver 对浏览器的支持需要对应框架开发工程师做对应的开发，Selenium 必须操作真实浏览器，但是 WebDriver 可以用 HTML Unit Driver 来模拟浏览器，在内存中执行用例更加轻便。Selenium 1 中测试工程师使用 Selenium IDE 录制开发对应的测试脚本，但在 WebDriver 中，仅需引入对应的 API，即可利用 Java 或 Python 等语言开发工具进行测试脚本开发，Selenium IDE 渐渐被放弃。

利用 Selenium 进行 Web 自动化测试时，可采用 Python 语言，Python 常用的开发平台为 PyCharm。PyCharm 是由 JetBrains 打造的一款 Python IDE，功能齐全，编译方便，目前软件测试行业应用其做 Python 脚本开发较多。

微课 6.2 Selenium 简介

本书利用 PyCharm+Python+Selenium 开发 ECShop 巡检测试脚本，开发环境配置方法读者可参考附录 5 Selenium 开发环境配置手册。

6.3 Selenium 基础

6.3.1 浏览器操作

目前市面上主流的浏览器有 Firefox、IE 及 Chrome 等，Selenium 起源于 Firefox，因此默认支持的是 Firefox，而 IE 及 Chrome 则需要一些简单的设置。

在学习如何使用 Selenium 开展 Web 自动化测试前，先熟悉一下 Selenium 应用的基础知识。

微课 6.3.1-1 浏览器操作-打开网页

1. 打开网页

```
#coding : utf-8
from selenium import webdriver
driver = webdriver. Firefox()
driver.get('http://192.168.0.105/ecshop/')
driver.quit()
```

2. 等待时间

如需在操作之间设置停留等待时间，则可使用 time.sleep(n)方法。Time 方法不能直接使用，需先导入 time 包，n 为秒数。

微课 6.3.1-2 浏览器操作-Wait Time

```
#coding : utf-8
from selenium import webdriver
import time
driver = webdriver. Firefox()
driver.get('http://192.168.0.105/ecshop/')
#页面加载后停留 3 秒
time.sleep(3)
```

3. 页面刷新

当执行某些操作，如数据添加后，页面未能及时刷新，可利用 driver.refresh()方法进行页面刷新，一般与 time.sleep()方法组合使用。

```
#coding : utf-8
from selenium import webdriver
Import time
driver = webdriver.Firefox()
driver.get(' http://192.168.0.105/ecshop/')
#页面加载后停留 3 秒
time.sleep(3)
driver.refresh()
```

4. 设置大小

如果打开的窗口不是全屏，或者需要设为特定的大小，则可以使用 maximize_window()和 set_window_size()进行调整。

```
driver.maximize_window()//设置全屏
driver.set_window_size(800,600) //设置为固定分辨率大小
```

5. 页面截屏

测试执行过程中发现缺陷，需要截屏时，可利用 get_screenshot_as_file()方法进行截屏，如：

```
driver.get_screenshot_as_file("d:\\test.jpg")
```

需要注意的是，此方法截屏是整个对象界面，而不是单独某个区域。

微课 6.3.1-3 浏览器操作-页面刷新、设置大小及截屏

6. 关闭窗口

关闭窗口有两种方法：close、quit，当对象操作完成需关闭窗口时，可使用 close 和 quit。二者的区别如下。

close：关闭当前窗口，可用于某个具体窗口的关闭。

```
driver.close()
```

quit：关闭所有与当前操作有关联的窗口，并退出驱动。需释放资源时可使用此方法。

```
driver.quit()
```

微课 6.3.1-4 浏览器操作-关闭窗口

6.3.2 Web 元素定位

UI 层面的自动化测试中，测试工具需根据对象识别方法识别待测对象，然后驱动其完成模拟操作，Selenium 亦不例外，模拟用户手工操作的前提是识别待驱动的对象，因此如何识别测试对象，是能否实现自动化测试的关键。Selenium 提供了非常多的对象元素识别方法，本书仅介绍常用的几种方式。

1. 元素查看工具

Selenium 基于 Firefox 应用诞生，因此在 Firefox 中提供了一个非常好的元素基本信息查看工具：FireBug 及 FirePath。FireBug、FirePath 在 Firefox 的附加组件中搜索安装即可，如图 6-1 所示。

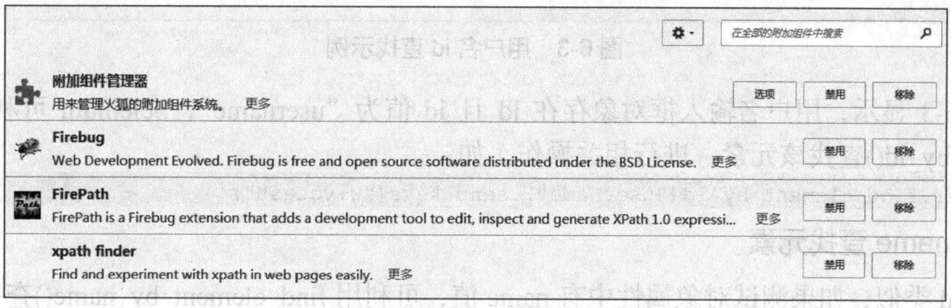

图 6-1 FireBug 及 FirePath 插件

安装了 FireBug 及 FirePath 后，利用 Firefox 打开被测 Web 系统的页面时，可查看某个具体元素的详细属性信息，如图 6-2 所示。

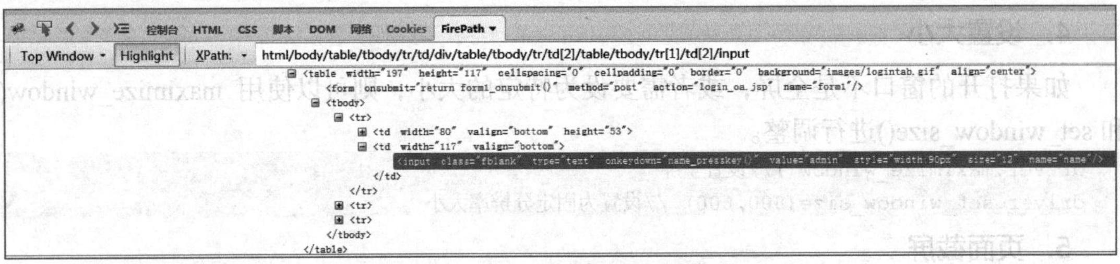

图 6-2　用户名输入框详细属性信息

图 6-2 所示展示了利用 FireBug 及 FirePath 查看“用户名”输入框的详细属性信息，通过分析得到如下的元素信息。

```
<input type="text" onkeydown="name_presskey()" value="admin" style="width:90px" size="12" class="fblank" name="name">
```

这样，Selenium 可利用丰富的元素查找方法在被测页面中查找到该元素。

注：FireBug 及 FirePath 在高版本的 Firefox 中可能存在问题，建议 Firefox 采用 48 以下的版本。查找元素，IE 的 F12 功能同样可以查看详细信息。

2．id 查找元素

如果元素在 HTML 页面中设置了 id 属性值，Selenium 可通过该 id 找到该元素，以 ECShop 前端用户注册界面为例，利用 IE 的开发者工具查看用户名属性，如图 6-3 所示。

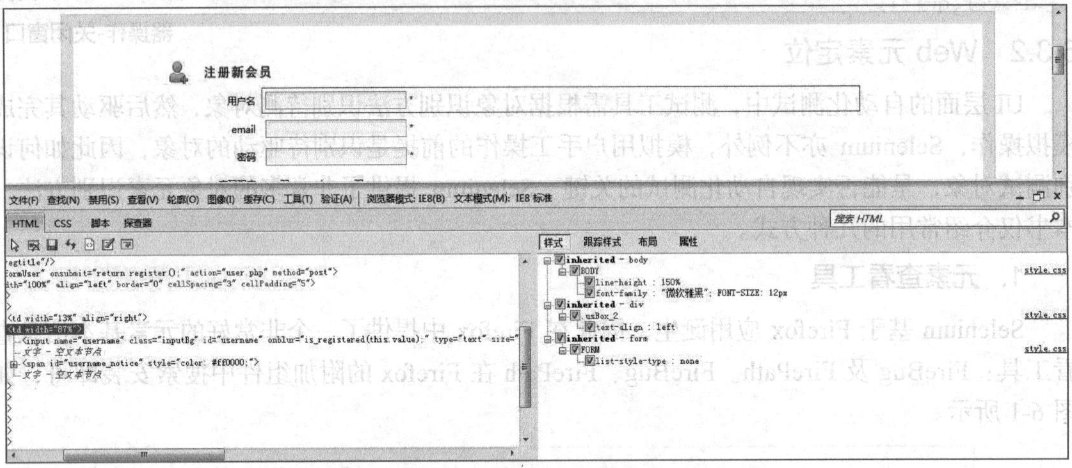

图 6-3　用户名 id 查找示例

图 6-3 显示，用户名输入框对象存在 id 且 id 值为“username”，Selenium 可利用 find_element_by_id()查找该元素，进行相关操作，如：

```
driver.find_element_by_id("username").send_keys("wlyctest")
```

3．name 查找元素

与 id 类似，如果测试对象属性中有 name 值，可利用 find_element_by_name()查找并进行相关操作，如：

```
driver.find_element_by_name("username").send_keys("wlyctest")
```

4．class name 查找元素

如果元素存在 class name，可利用 find_element_by_class_name()查找并进行相关操作，如

图 6-3 中，除了 id 及 name 值外，还有“inputBg”，则可进行如下操作识别。

```
driver.find_element_by_class_name("inputBg").send_keys("wlyctest ")
```

5. link text 查找元素

通过某个超链接的文本字符进行查询，也是个不错的选择，如图 6-4 所示。

图 6-4 通过 link text 查找元素

利用 find_element_by_link_text()查找 “免费注册” 元素并进行单击操作，从而进入用户注册页面。

```
driver.find_element_by_link_text("免费注册").click()
```

6. partial link 查找元素

当某个元素的超链接内容较长时，可利用模糊匹配的方法进行识别，如：

```
driver.find_element_by_ partial _link_text("免费").click()
```

微课 6.3.2 Web 元素定位

6.3.3 Xpath 定位

上述几种定位查找元素方法是较为常用的，但有些时候无法查到测试对象较为完善的属性及属性值，Selenium 提供了一个更为全面的方法，通过元素在被测页面中的位置属性进行查找。

Xpath 是某个元素在 XML 文件中所处的位置，通过 Xpath 定位元素，精准度较高，但由于 Xpath 需遍历页面，因此查找性能较弱。

1. 绝对路径

绝对路径是 Xpath 识别对象最为简单的一种方法，即设置测试对象在页面中的完整路径地址，然后通过该地址进行元素查找，如图 6-5 所示。

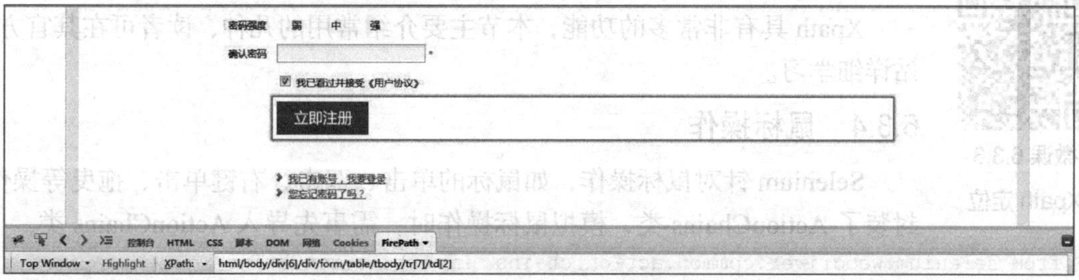

图 6-5 注册按钮 Xpath 路径

从图 6-5 可以看到，Firefox 通过 FirePath 查找到用户注册界面中【立即注册】按钮的绝对 Xpath 显示为：

```
html/body/div[6]/div/form/table/tbody/tr[7]/td[2]
```

利用 Xpath 绝对路径查找元素方法如下。

```
driver.find_element_by_xpath("html/body/div[6]/div/form/table/tbody/tr[7]/td[2]
").click()
```

绝对路径的好处是容易理解，根据测试对象在页面中的位置一层层解析下来；缺点是一旦页面发生变化，则路径可能无法再次使用。

2. 相对路径

与绝对路径不同的是，相对路径仅标识了测试对象的相对位置，只要测试对象本身不发生位置变化，则依然能够查找到对象。图 6-5 所示测试对象的相对路径是：

```
.//*form/table/tbody/tr[7]/td[2]
```

故采用相对路径查找的方法如下。

```
driver.find_element_by_xpath(".//*form/table/tbody/tr[7]/td[2]").click()
```

3. 索引

如果待查找的元素较多，且同属于某个类别，则可以使用索引进行查找，如图 6-6 所示。

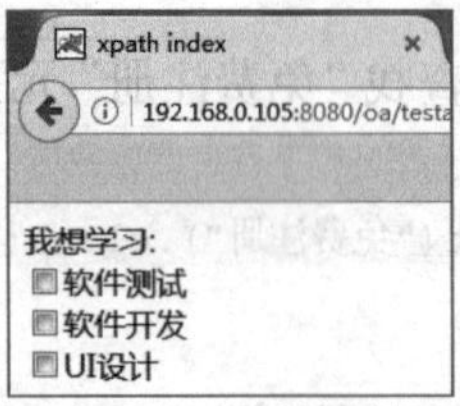

图 6-6 Xpath 索引查找元素

图 6-6 中的三个复选框属于同一个类型，可利用索引方式完成三个复选框的选择。如：

```
#coding : utf-8
from selenium import webdriver
import time
driver = webdriver.Ie()
driver.get('http://192.168.0.105/ecshop/testa.html')
cnumber=driver.find_elements_by_xpath("//input")
print('复选框总个数为:%d' % (len(cnumber)))
for cn in cnumber:
    cn.click()
time.sleep(5)
driver.quit()
```

首先识别复选框，获取其个数，然后通过列表循环方式逐个单击。

Xpath 具有非常多的功能，本节主要介绍常用的几种，读者可在其官方网站详细学习。

微课 6.3.3
Xpath 定位

6.3.4 鼠标操作

Selenium 针对鼠标操作，如鼠标的单击、双击、右键单击、拖曳等操作，封装了 ActionChains 类，模拟鼠标操作时，需事先导入 ActionChains 类。

```
from selenium.webdriver.common.action_chains  import ActionChains
```

1. 鼠标单击

单击是正常单击的一个行为，如定位某个按钮后单击。

```
driver.find_element_by_name("loginsubmit").click()
```

2. 鼠标双击

双击操作时需先定位到某个具体的元素，然后使用 double_click()方法实现双击。

```
da=Driver.find_element_by_name("xxx")
ActionChains(driver).double_click(da).perform()
```

Perform()函数表示执行 ActionChains 中所定义的动作。

3. 鼠标右键单击

需对某个元素进行右键单击操作时，可使用 context_click()方法实现，如：

```
ActionChains(driver).context_click(driver.find_element_by_name("name")).perform()
```

4. 鼠标拖曳

如需对某个元素实现拖曳效果，则可使用 drag_and_drop()方法实现，如：

```
aa=driver.find_element_by_name("name")
bb=driver.find_element_by_name("pwd")
ActionChains(driver).double_click(aa).perform()
ActionChains(driver).drag_and_drop(aa,bb).perform()
```

微课 6.3.4 鼠标操作

6.3.5 键盘操作

Selenium 针对键盘操作，如键盘输入、回车、回退、空格、Ctrl 等操作，封装了 Keys 类，模拟键盘操作时，需事先导入 Keys 类。

```
from selenium.webdriver.common.keys import Keys
```

1. 键盘输入

```
#用户名处输入 admin，密码处输入 111111
driver.find_element_by_name("name").send_keys("admin")
driver.find_element_by_name("pwd").send_keys("111111")
```

2. 键盘回车

模拟键盘的回车操作，可利用 Keys.ENTER 方法实现，如：

```
driver.find_element_by_id("su").send_keys(Keys.ENTER)
```

3. 键盘删除

模拟键盘的回退操作，可利用 Keys.BACKSPACE 方法实现，如：

```
kw=driver.find_element_by_name("name")
kw.send_keys("admin")
kw.send_keys(Keys.CONTROL,'a')
kw.send_keys(Keys.BACKSPACE)
```

上述代码模拟了在用户名输入框中输入 “admin”，然后按下 Ctrl+a 键全选所输入的内容进行删除。

除了上述几个键盘操作外，Selenium 提供了很多的键盘操作方式，在实际测试时可根据具体需求灵活运用。

微课 6.3.5 键盘操作

6.3.6 frame 框架定位

frame 是 HTML 框架结构常用的一种布局格式，共有三种形式：frameset、

frame 及 iframe。

（1）frameset：将 HTML 页面分割，可以嵌入多个 HTML 源码文件，实现单个页面显示不同 HTML 页面的效果，不能嵌入在 BODY 标签中。

（2）frame：在 frameset 下面设置 frame，实现某个框架页面，必须嵌套在 frameset 中，无法单独存在。

（3）iframe：在某个页面嵌入一个 HTML 窗口信息，可脱离 frameset 应用，框架属性由用户自己定义。

frameset 在分割页面后，可以由 frame 和 iframe 嵌入页面信息，frame 仅能在 frameset 中应用，iframe 则无此限制。

frameset 与 HTML 其他标签相同，不影响正常的元素定位，但 frame 及 iframe 则不同，在定位元素过程中，需先定位 frame 及 iframe。

1. 单层 frame

单层 frame 在定位时，需先切换到对应的 frame 中，利用 switch_to.frame(reference)语法进行切换。Reference 为需切换的 frame 的 id、name 或 index 等。

如以下 frame 框架代码：

```
<html>
<head>
    <title>Selenium Test</title>
</head>
<body>
<iframe src="left.html" id="frame1" name="leftframe"></iframe>
<iframe src="right.html" id="frame2" name="rightframe"></iframe>
</body>
</html>
```

则切换 frame 代码如下：

```
from selenium import webdriver
driver = webdriver.Ie()
#通过 id 定位
driver.switch_to.frame("frame1")
#通过 name 定位
driver.switch_to.frame("leftframe")
#通过索引定位
driver.switch_to.frame(0)
```

如果 frame 没有 id 或 name，则可以用索引值，也可以利用先查找 Web Element 对象再切换 frame 的方法进行，查找 Web Element 可利用 find Element 方式。

2. 嵌套 frame

当某个 frame 中嵌套了其他的 frame 时，切换 frame 则需以嵌套结构逐层切换，例如：

```
<html>
<head>
  <title>嵌套 frame 切换</title>
</head>
<body>
   <iframe id="frame1">
      <iframe id="frame2" / >
</iframe>
```

```
</body>
</html>
```

上述的 HTML 中 frame1 中嵌套了 frame2，如果需要定位 frame2 中的元素，则切换 frame 应当逐层切换，如：

```
from selenium import webdriver
driver = webdriver.Ie()
#先通过 id 切换到 frame1
driver.switch_to.frame("frame1")
#再通过 id 切换到 frame2
driver.switch_to.frame("frame2")
```

当切换到 frame2 进行操作后，如果需返回到 frame1，则可利用以下方法：

```
driver.switch_to.parent_frame()
```

返回上一层 frame 中，类似于回退效果，当上一层是主文档时，该方法无效。

3. 回退主 frame

切到某个具体的 frame 中之后，Selenium 不能定位主文档中的元素，如果想定位主文档的元素，则需切回主文档。可利用以下方法。

```
driver.switch_to.default_content()
```

微课 6.3.6 Frame 框架定位

6.3.7 UnitTest 应用

UnitTest 是 Python 中的一个单元测试框架，类似于 Java 语言中的 junit。在 Selenium 自动化测试过程中，可以利用 UnitTest 进行测试管理。

UnitTest 包含三个部分：setUp、tearDown 及测试主体部分，通常结构如下。

```
#coding : utf-8
import unittest
class Test(unittest.TestCase):
    def setUp(self):
        pass
    def testCase(self):
        #测试主体部分
    def tearDown(self):
        pass
```

使用 UnitTest 框架时，需先导入 UnitTest 模块，然后创建一个 Test 实例，并继承 unittest.testcase 类。

- setUp()：每个测试过程的初始化阶段，如测试环境初始化、测试数据初始化等操作均可设置在 setUp 部分。
- tearDown()：测试结束后需进行测试数据的还原或者资源释放，
- testCase()：测试所需执行的用例部分放在此处。

微课 6.3.7 UnitTest 应用

6.3.8 HTMLTestRunner

通过 UnitTest 执行测试后，如果需输出测试报告，可以调用 HTMLTestRunner 文件生成一个 HTML 格式的测试报告。HTMLTestRunner 是一个第三方功能模块，因此在应用时需导入。

下载完 HTMLTestRunner.py 文件后，直接复制到 Python 安装目录下的 lib 中或者引用在测试工程的某个目录下，在 Selenium 脚本中导入使用。以

微课 6.3.8 HTMLTestRunner 应用

ECShop 测试为例，代码如下。

```
    if __name__ == '__main__':
        test=unittest.TestSuite()
        test.addTest(ECShop('test_UserReg'))
        test.addTest(ECShop('test_UserLogin'))
        rq = time.strftime('%Y%m%d%H%M', time.localtime(time.time()))
        file_path=os.path.abspath('.') + '\\report\\'+rq+'-result.html'
        file_result=open(file_path,'wb')      runner=common.HTMLTestRunner.HTMLTestRunner
(stream=file_result,title=u'ECShop 测试报告',description=u'用例执行情况')
        runner.run(test)
        file_result.close()
```

6.4 Selenium 实施

本书以 ECShop 用户注册、登录、退出三个业务的巡检脚本开发、执行为例，介绍如何利用 Selenium+Python 开展自动化测试。

巡检脚本，可用于冒烟测试，每轮测试开展时，测试工程师可执行巡检脚本，验证被测对象常用功能是否正确，如果常用功能存在问题，则无须开展深度测试。

本书针对用户注册、登录、退出三个业务实现 Selenium 脚本开发及执行。

6.4.1 自动化框架设计

如果仅针对单个功能进行自动化测试脚本开发及执行，则无须设计自动化框架。单次执行，然后查看对应的结果再进行缺陷确认，但如果有多个脚本，则可能存在大量的重复代码，维护成本非常高，因此一个自动化过程的实施，应当根据产品特性设计合理的自动化测试框架，便于扩展与维护。

敏捷测试更注重测试的自动化，因此敏捷开发团队需尽早确定自动化测试策略，测试工程师进行自动化测试框架、脚本的开发。

以 ECShop 自动化测试为例，使用 Selenium 的 Page Object 模型，设计自动化测试框架架构如图 6-7 所示。

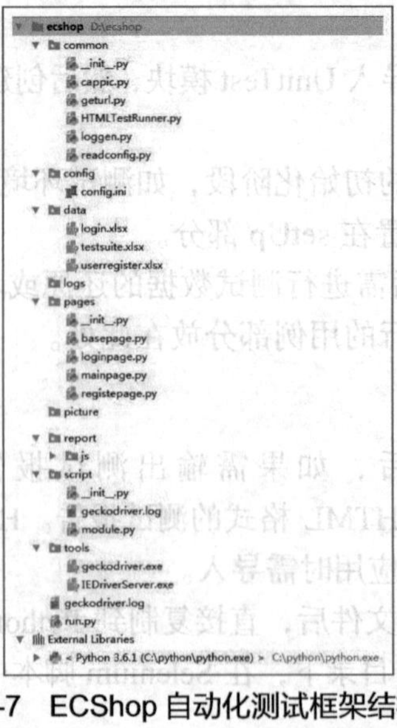

图 6-7 ECShop 自动化测试框架结构图

从图 6-7 所示可得如下的文档结构，利用 PyCharm 工具直接创建工程，然后构造相关目录结构。

```
Ecshop
 ├─common
 ├─config
 ├─data
 ├─logs
 ├─pages
 ├─picture
 ├─report
 ├─script
 ├─tools
 ├─run.py
```

详细介绍每个组件设计含义，读者可利用 PyCharm 自行实现。

（1）common

Python Package 格式。存放通用功能函数，如浏览器启动函数、截图函数、日志生成函数、获取 URL 函数、HTML 报告输出函数、配置文档读取函数等。

（2）config

Directory 格式。存放测试执行过程中所需的配置文件，可扩展。

（3）data

Directory 格式。测试执行时所需的测试文件，如测试用例、测试集等。

（4）logs

Directory 格式。存放测试执行时生成的日志文件，便于测试过程追溯。

（5）pages

Python Package 格式。存放页面操作类函数，如 ECShop 前端主页、注册页面、登录页面等。

（6）picture

Directory 格式。测试发现缺陷或需定位问题时，可调用 common 中的截图函数，将截图文件保存在此处。

（7）report

Directory 格式。框架中已经有详细的日志设计，但如果需要输出 HTML 报告，则可调用 common 中的 HTML 报告输出函数，输出测试报告到此处。

（8）script

Python Package 格式。业务逻辑类的实现脚本，放在此处，调用 pages 中的基础类操作方法。

（9）tools

Directory 格式。Selenium 针对不同浏览器的操作调用方法不同，需加载对应的驱动文件，因此 tools 中可存放 Firefox、IE、Chrome 的 Selenium 驱动文件。

微课 6.4.1 自动化框架设计

（10）run.py

run.py 在测试自动化脚本的工程文件夹的根目录下，里面只有核心脚本是用__main__作为主函数入口，执行用例管理函数，如有需要，可利用 UnitTest

及 HTML 报告输出方法，设计执行脚本。

当框架没有设计多场景多用例调用函数时，可利用 UnitTest 进行测试用例管理。

6.4.2 巡检脚本开发

自动化测试框架设计完成后，测试工程师实现该框架，本书使用 Python 语句为例，介绍上述框架的实现过程与结果。

1. ECShop 框架工程

启动 PyCharm，单击“File”→“New Project”，进入创建工程界面，如图 6-8 所示。

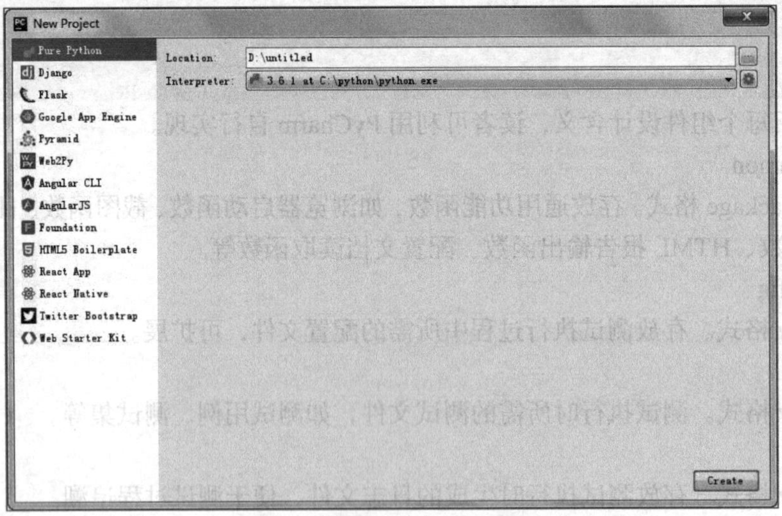

图 6-8 创建 ECShop 工程包

在 Location 文本框中输入工程名称即可。

2. common

将测试框架过程中可能需要用到的功能单独设计为公共函数，存放在 common 目录中，避免代码设计冗余。common 目录创建时使用“Python Package”，不使用“Directory”。

- Python Package：存放脚本类资源文件，便于其他脚本调用其中的函数功能。创建该类型目录时，会自动生成空文件__init__.py。
- Directory：存放资源类文件，一般不涉及脚本文件。

（1）选中“ecshop”工程名称，单击鼠标右键，依次单击“New”→“Python Package”，出现图 6-9 所示界面。

图 6-9 创建 Python Package

（2）输入 Package 名称，如“common”，单击【OK】按钮完成创建。

common 目录中根据敏捷开发团队的自动化测试框架设置，主要包含配置文档读取函数、浏览器启动函数、截图函数、日志生成函数、获取 URL 函数、HTML 报告输出函数等。

① 配置文档读取函数

函数文件名：readconfig.py。将测试过程中需要的基本信息，利用 ini 格式的文件保存，根据框架需要加载对应数据，该函数可扩展，本次项目并未涉及，读者可自行调整。示例代码如下。

```
import os
import configparser
def ReadConfig(name):
    cf = configparser.ConfigParser()
    # file_path = os.path.dirname(os.getcwd()) + '/config/config.ini'
    parpath=os.path.abspath('.')
     parpath=os.path.dirname(parpath)
    configPath = parpath + '\\config\\config.ini'
    cf.read(configPath)
    #获取配置文件中 BrowserName 对应的值
    browserconfig = cf.get('browser',name)
    return browserconfig
```

微课 6.4.2-1 巡检脚本开发-common-配置文档读取函数

② 截图函数

函数文件名：cappic.py。如有需要，可将测试过程中需截图的地方截图，便于后期的缺陷、问题定位。代码如下。

```
import logging
import os.path
import time
 def Cappic(driver):
    rq = time.strftime('%Y%m%d%H%M', time.localtime(time.time()))
    pic_path = os.path.abspath('.') + '\\picture\\'
    pic_name = pic_path + rq + '.png'
    driver.get_screenshot_as_file(pic_name)
    return pic_name
```

微课 6.4.2-2 巡检脚本开发-common-截图函数

③ 日志生成函数

函数文件名：loggen.py。将执行过程中需监控的步骤通过日志输出的方法，保存在工程目录下的 logs 中。代码如下。

```
# _*_ coding: utf-8 _*_
import logging
import os.path
import time

class Logger(object):
    def __init__(self, logger):
        '''
            指定保存日志的文件路径、日志级别，以及调用文件
            将日志存入到指定的文件中
        '''

        # 创建一个 logger
        self.logger = logging.getLogger(logger)
        self.logger.setLevel(logging.DEBUG)
```

```
        # 创建一个 handler，用于写入日志文件
        rq = time.strftime('%Y%m%d%H%M', time.localtime(time.time()))
        log_path =os.path.abspath('.')+ '\\logs\\'
        #print(log_path)

        log_name = log_path + rq + '.log'
        fh = logging.FileHandler(log_name)
        fh.setLevel(logging.INFO)

        # 再创建一个 handler，用于输出到控制台
        ch = logging.StreamHandler()
        ch.setLevel(logging.INFO)

        # 定义 handler 的输出格式
        formatter = logging.Formatter('%(asctime)s - %(name)s - %(levelname)s - %(message)s')
        fh.setFormatter(formatter)
        ch.setFormatter(formatter)

        # 给 logger 添加 handler
        self.logger.addHandler(fh)
        self.logger.addHandler(ch)

    def getlog(self):
        return self.logger
```

微课 6.4.2-3 巡检脚本开发-common-获取 URL 函数

④ 获取 URL 函数

函数文件名：geturl.py。因 ECShop 登录、注册功能页面不在主页面，需调整到特定页面，因此需将 URL 提取出再根据需要组合。提取 URL 前缀代码如下。

```
def geturl(url):
    urls=url.split('/')
    url=urls[0]+'//'+urls[2]+'/'+urls[3]+'/'
    return url
```

⑤ HTML 报告输出函数

函数文件名：HTMLTestRunner.py。如有需要，可集成 HTML 报告输出函数，将测试结果以 HTML 格式输出，读者可自行下载 HTML 报告处理函数 HTMLTestRunner.py，添加在 common 目录下。

微课 6.4.2-4 巡检脚本开发-config

3．config

config 目录创建时选择“Directory”格式，该目录存放配置文件，配置文件名称与 readconfig 函数中读取的文件名称一致，如 config.ini，文件内容如下。

```
[browser]
browserName=IE
url=http://192.168.0.105/ecshop
```

4．data

data 目录创建时选择“Directory”格式，测试执行时所需的文件存放在此处，本次测试

主要包括用户注册、用户登录及测试集设计文件，均以 Excel 格式保存。

用户注册测试场景文件，名称 userregister.xlsx，其内容如表 6-1 所示。

表 6-1 用户注册用例文件

page	step	data
浏览器	Firefox	http://192.168.0.105/ecshop/user.php?act=register
注册	用户名	liuerbao0011
注册	email	liuerbao001@qq.com
注册	密码	hzdl0905
注册	确认密码	hzdl0905
注册	注册	
主页	退出	

用户注册测试场景文件是由多个测试用例组成的，测试用例则由多个测试动作组成，测试用例表格由 3 列构成。

（1）page：表示当前测试步骤操作是在哪个页面执行，比如登录是在 loginpage 中执行，对应的是 Webdriver 脚本中实现的 Page Oject。

（2）step：对应到代码中是对象。

（3）data：代表将要用在测试对象上的测试数据。

用户登录测试场景文件，名称 login.xlsx，其内容如表 6-2 所示。

表 6-2 用户登录测试用例文件

page	step	data
浏览器	Firefox	http://192.168.0.105/ecshop/user.php
登录	用户名	hzdl00001
登录	密码	hzdl0905
登录	登录	
主页	退出	

所有测试业务是否执行测试，框架设计了一个集中处理的 Excel 配置文件 testsuite.xlsx，如表 6-3 所示。

表 6-3 测试集配置文件

序　号	执　行	测试场景
1	do	login
2	do	userregister

微课 6.4.2-5 巡检脚本开发-data

testsuite.xlsx 保存在框架文件 data 文件夹下，表格由三列组成。第一列表示序号，无意义；第二列是脚本执行参数，控制是否执行对应的测试场景文件，“do”执行，“not”则不执行；测试场景文件 login 和 userregister 保存在框架文件夹的 data 目录下。

5. logs

logs 目录创建时选择“Directory”格式，保存测试执行时所记录的日志文件。

6. pages

封装测试过程针对页面的操作方法，主要包括 BasePage、MainPage、LoginPage、RegistePage 等函数。pages 目录创建时选择“Python Package”格式。

（1）BasePage

BasePage 是自定义页面基类，封装了基本的页面操作的方法，有 find_element、send_keys 两个公共方法，具体的方法可根据测试需要进行扩展。

find_element：定位元素，识别测试页面中需驱动的元素。

send_keys：发送键值，模拟键盘输入测试数据。

Logger = Logger(logger="BasePage").getlog()产生一个共有日志类，在当前页面基类中调用。

from common.logger import Logger 中表示导入框架中 common 文件夹下的 logger 模块。

提示：本节代码中对多数代码加了注释，便于读者阅读学习。

具体代码如下。

```
from selenium import  webdriver
#加载元素显示超时设置函数
from selenium.webdriver.support.wait import WebDriverWait
#导入截图函数
from common.cappic import Cappic
#加载预期处理函数
from selenium.webdriver.support import expected_conditions as EC
import time
import os.path
#导入日志处理函数
from common.loggen import Logger
logger = Logger(logger="BasePage").getlog()
#定义基础页面类文件，该类仅包含查找元素及输入数据两个子函数
class BasePage(object):
    def __init__(self, driver, url):
        self.driver = driver
        self.base_url = url
    #定义查找元素超时设置，当页面中某个元素在 10 秒内没有显示时，则抛出异常，并在日志中记录
    def find_element(self, *loc):
        try:
            # loc 表示属性元组本身，*loc 表示属性元组的值，EC.visibility_of_element_located 需要
            # 传入两个参数，但*loc 是三个参数，因此，此处只能 loc
            WebDriverWait(self.driver, 10).until(EC.visibility_of_element_located(loc))
            # 此处返回元素的属性及属性值，故使用*loc
            return self.driver.find_element(*loc)
        except:
            #当元素找不到的时候调用截图函数
            Cappic(self.driver)
```

```
            #元素找不到时在日志中记录信息
            logger.info(u"%s 页面中未能找到 %s 元素" % (self, loc))

    def send_keys(self, loc, vaule,):
        try:
            #获取元素的属性值，以便于识别元素
            loc = getattr(self, "_%s" % loc)
            #查找元素并输入相关数据
            self.find_element(*loc).send_keys(vaule)
        except AttributeError:
            #当元素找不到的时候调用截图函数
            Cappic(self.driver)
            #元素找不到时在日志中记录信息
            logger.info(u"%s 页面中未能找到 %s 元素" % (self, loc))
```

（2）LoginPage

LoginPage 类是封装用户登录业务所需的对象驱动方法，继承自 BasePage 类，有 input_username 输入用户名，input_password 输入密码，click_submit 单击登录按钮。LoginPage 继承 BasePage 基类方法，故需加载 BasePage，执行代码 from .basepage import BasePage。

利用 Firefox 中 FireBug 对登录页面中的用户名、密码及登录按钮三个对象的属性进行分析，LoginPage 中的对象识别使用 By.NAME 方法。

具体代码如下。

```
from selenium import webdriver
from pages.basepage import BasePage
from selenium.webdriver.common.by import By
from common.loggen import Logger
from common.geturl import geturl
logger = Logger(logger="LoginPage").getlog()
#创建登录操作类，页面中的元素通过 name 方式识别
class LoginPage(BasePage):
    #设置登录操作中所用到的三个元素属性，并以元组形式保存
    username = (By.NAME, 'username')
    password = (By.NAME, 'password')
    submit = (By.NAME, 'submit')
    #定义用户名元素识别及输入函数，并将此操作写入日志
    def input_username(self, username):
        self.find_element(*self.username).send_keys(username)
        logger.info("输入用户名:%s." % username)
    #定义密码元素识别及输入函数，并将此操作写入日志
    def input_password(self, password):
        self.find_element(*self.password).send_keys(password)
        logger.info("输入密码:%s." % password)
    #定义提交按钮元素识别及输入函数，并将此操作写入日志
    def click_submit(self):
        self.find_element(*self.submit).click()
        logger.info("单击登录按钮")
```

微课 6.4.2-6 巡检脚本开发-pages-loginpage

（3）MainPage

MainPage 继承自 BasePage 基类，封装了首页的 open 打开主页方法，show_userid 获取用户登录 id 及 exit_sys 退出系统方法。

可通过 show_userid 获取用户登录后的 id 信息，便于判断登录是否成功，本次测试并未增加该项判断，读者可自行研究如何判断登录是否成功。

利用 Firefox 中 FireBug 对主页中的 userid 及退出元素的属性进行分析，MainPage 中的对象识别使用 xpath 方法。

```
import os.path
from .basepage import BasePage
from selenium.webdriver.common.by import By
from common.loggen import Logger
from selenium import  webdriver
logger = Logger(logger="MainPage").getlog()
#定义主页面中所涉及的元素，userid 及退出按钮，通过 xpath 方式识别
class MainPage(BasePage):
    userid_loc = (By.XPATH, './/*[@id=\'ECS_MEMBERZONE\']/font/font')
    exit_btn_loc=(By.XPATH, './/*[@id=\'ECS_MEMBERZONE\']/font/a[2]')
    # 定义打开超链接方法，并将此操作写入日志
    def open(self,base_url):
        self._open(self.base_url, self.pagetitle)
        logger.info("打开链接: %s." % base_url)
    #定义显示 userid 信息，并将此操作写入日志
    def show_userid(self):
            userid = self.find_element(*self.userid_loc).text
            logger.info("当前用户 id 是:%s." % userid)
            return userid
    #定义退出操作，单击退出按钮，并写入日志
    def exit_sys(self):
            self.find_element(*self.exit_btn_loc).click()
            logger.info("退出测试系统")
```

微课 6.4.2-7　巡检脚本开发-pages-mainpage

（4）RegistePage

与用户登录类似，RegistePage 继承自 BasePage 基类，用户注册操作涉及用户名、email、密码、确认密码、登录操作。

利用 Firefox 中 FireBug 对注册页面中的相关元素的属性进行分析，RegistePage 中的对象识别使用 By.ID 和 xpath 方法。

```
from selenium import webdriver
from .basepage import BasePage
from selenium.webdriver.common.by import By
from common.loggen import Logger
from common.geturl import geturl
logger = Logger(logger="UserRegiste").getlog()
#定义注册页面中元素的识别及操作方式，通过 id 及 xpath 识别元素
class RegistePage(BasePage):
    username = (By.ID, 'username')
    email = (By.ID, 'email')
    password=(By.ID,'password1')
    confirmpw=(By.ID,'conform_password')
    submit = (By.XPATH, 'html/body/div[6]/div/form/table/tbody/tr[7]/td[2]/input[3]')
    #定义用户名输入操作函数，并写入日志
    def input_username(self, username):
        self.find_element(*self.username).send_keys(username)
        logger.info("输入用户名:%s." % username)
```

```
    #定义 email 输入操作函数，并写入日志
    def input_email(self,email):
        self.find_element(*self.email).send_keys(email)
        logger.info("输入 email:%s." % email)
    #定义密码输入操作函数，并写入日志
    def input_password(self, password):
        self.find_element(*self.password).send_keys(password)
        logger.info("输入密码:%s." % password)
    #定义确认密码输入操作函数，并写入日志
    def input_comfirpwd(self, comfirpwd):
        self.find_element(*self.confirmpw).send_keys
(comfirpwd)
        logger.info("输入确认密码:%s." % comfirpwd)
    #定义提交操作函数，并写入日志
    def click_submit(self):
        self.find_element(*self.submit).click()
        logger.info("单击注册按钮")
```

微课 6.4.2-8 巡检脚本开发-pages-registerpage

7. picture

picture 目录创建时选择“Directory”格式，存放 cappic 截图函数获得的图片。

8. report

report 目录创建时选择“Directory”格式。调用 HTMLTestRunner.py 函数时，如需要图形分析，可将 JS 文件放在 report 目录的“js”目录中。

本案例中日志记录功能已经很完整，故 HTML 报告输出功能非必选，读者可根据需要自行决定是否采用。

9. script

script 目录创建时选择“Python Package”格式。测试引擎脚本存放路径，如测试执行时驱动所有测试业务、测试用例的脚本文件 module.py。

module.py 包含测试集读取函数 read_testsuite、获取驱动函数 get_driver、测试用例读取函数 read_testcase、测试执行函数 exec_script。

（1）read_testsuite

read_testsuite 函数负责解析测试场景文件。os.path.abspath 方法获取当前脚本的执行路径，以便于 data 目录中的 testsuite.xlsx 测试场景文件。通过引用 os.path 方式，增强了脚本的可移植性。

测试脚本代码用 for irow in range(2, ws.max_row + 1)循环迭代读取测试场景文件 testsuite.xlsx 中的每一行记录，通过传入的测试场景名称，先判断是否存在需测试的场景名称，如果有则再用 if testoperation=='do'判断是否要获取第三项中保存的场景文件名。这里关键字 do 代表的是执行，第二列的关键字可以根据将来的需要进一步拓展，设计更多的关键字。

read_testsuite 代码如下。

```
#创建读取测试集函数
def read_testsuite(tsname):
    #设置测试用例读取执行状态标志位
    flag = True
    #设置读取测试集函数执行状态标志位
    read_testsuite = True
```

```
#判断测试集文件是否存在
if os.path.exists(tsname):
    #如果存在则写入日志
    logger.info('已找到 TestSuite 文件，开始分析测试集...')
    #创建 excel 操作对象
    wbexcel = load_workbook(tsname)
    sheetnames = wbexcel.get_sheet_names()
    ws = wbexcel.get_sheet_by_name(sheetnames[0])
    #分析测试集文件中的执行信息：执行标志位及测试脚本名称，从第二行开始
    for irow in range(2,ws.max_row+1):
        #获取测试集文件中的执行标志位值，位于第二行，第二列
        testoperation = ws.cell(row=irow, column=2).value
        #获取测试集文件中的测试用例名称，位于第二行，第三列
        testcasefile = ws.cell(row=irow, column=3).value
        #判断执行标志位是否需要执行，如果是 do，则调用测试用例执行函数，如果是 not，则不执行，如
        #果是其他值，则写入日志，报告执行参数错误，并指出是哪个用例执行参数错误
        if testoperation == 'do':
            logger.info('*******************************')
            logger.info('执行 %s 测试场景' %testcasefile )
            #加载测试用例读取函数，并返回其返回值，以判断用例读取情况
            flag=read_testcase(testcasefile)
            #如果用例读取函数返回为 False，则说明用例读取错误
            if flag==False:
                logger.info('测试用例执行失败')
        #如果执行状态为 not，说明当前用例无须执行
        elif testoperation == 'not':
            logger.info('%s 场景无须测试' % testcasefile)
        #如果既不是 do，又不是 not，则报告错误
        else:
            logger.info('执行参数错误，请检查%s' %testcasefile)
        #如果执行状态错误，则跳出循环，停止测试
            break
#如果测试集文件错误，则写入日志，并提示错误原因
else:
    logger.info('未发现：%s，请检查文件是否正确' % tsname)
    #返回测试集执行函数状态，便于 run.py 中的 unittest 中记录该状态
    read_testsuite = False
#返回测试集执行函数执行状态
return read_testsuite
```

微课 6.4.2-9 巡检脚本开发-script-read_testsuite

（2）get_driver

根据测试场景文件确定调用何种浏览器，并启动浏览器。

```
#定义浏览器启动函数，本次并没有使用 common 中定义的 browserlauncher 函数，读者可自行扩展改写
def get_driver(testpage,teststep,testdata):
    #设置浏览器启动函数执行状态，便于后续运行控制
    get_driver = True
    #判断测试用例中是否需要启动浏览器，如果需要，则判断启动哪种浏览器
    if testpage == '浏览器':
        #考虑测试用例中的 step 大小写问题，读者自行研究解决
        if teststep == 'Firefox':
            driver = webdriver.Firefox()
```

```
        elif teststep == 'ie':
            driver = webdriver.Ie()
        elif teststep == 'chrome':
            driver = webdriver.Chrome()
        #如果浏览器类型设置错误，写入日志并给予提示
        else:
            logger.info('未知浏览器类型，请检查测试用例')
        #启动没有问题后加载测试路径并返回 driver 对象
        driver.get(testdata)
        get_driver = driver
    else:
        #如果测试用例中的启动参数错误，则写入日志并给予提示
        logger.info('浏览器数据错误，请检查测试用例配置')
        get_driver = False
    return get_driver
```

微课 6.4.2-10 巡检脚本开发-script-get_driver

（3）exec_script

exec_script(testpage,teststep,testaction,testdata)功能是接受 testpage、teststep、testdata 三个参数，分别代表主页类（对象）、页面元素、页面数据。代码首先判断主页类（testpage）属于哪个类，这些类是已经实现的 page object 类。testpage 类中有一个是浏览器类，是 Webdriver 实现的。脚本分别实现了三个类的 testpage 判断，分别是浏览器、登录页面类、主页页面类三个类。

① 浏览器

按照 teststep 判断浏览器类型，根据参数设置，生成 Firefox、IE 及 Chrome 的对象实例，最后请求 testdata 变量保存的网页链接。

② 登录页面类

执行 teststep 用户名或密码等动作，来执行页面对象的操作，操作数据用传入的 testdata。

③ 主页页面类

执行退出 ECShop 动作、查找页面元素等涉及主页面中相关元素的操作。

exec_script 代码如下。

```
#定义测试用例执行函数，共有四个参数
def exec_script(driver,testpage, teststep, testdata):
    #定义测试用例执行函数状态标志位
    exec_script = True
    try:
        #登录功能测试
        if testpage == '登录':
            url = driver.current_url
            url = geturl(url) + 'user.php'
            if driver.current_url != url:
                driver.get(url)
            login = LoginPage(driver, testdata)
            if teststep == '用户名':
                login.input_username(testdata)

            if teststep == '密码':
                login.input_password(testdata)
```

```
            if teststep == '登录':
                login.click_submit()
                time.sleep(5)

        #注册功能测试
        if testpage == '注册':
            url = driver.current_url
            url = geturl(url) + 'user.php?act=register'
            if driver.current_url != url:
                driver.get(url)
            userreg = RegistePage(driver, testdata)
            if teststep == '用户名':
                userreg.input_username(testdata)

            if teststep == 'email':
                userreg.input_email(testdata)

            if teststep == '密码':
                userreg.input_password(testdata)

            if teststep == '确认密码':
                userreg.input_comfirpwd(testdata)

                time.sleep(8)
            if teststep == '注册':
                userreg.click_submit()
                time.sleep(5)

        if testpage == '主页':
            time.sleep(3)
            url = driver.current_url
            mainpage = MainPage(driver, url)
            if teststep == '退出':
                mainpage.exit_sys()
                time.sleep(3)
        if testpage == '其他主页':
            pass
    except:
        exec_script = False
        url = geturl(driver.current_url)
        driver.get(url)
    return exec_script
```

微课 6.4.2-11 巡检脚本开发-script-exec_script

（4）read_testcase

read_testcase(testcasefile)是解析 testcase 文件，如 login.xlsx、userregister.xlsx 等，参数是测试用例文件路径。for irow in range(2, ws.max_row + 1)是从第二行开始遍历，ws.max 是获得测试用例文件有测试脚本指令的行数，参数从 2 开始，是因为第一行是标题，第二行开始才是正式脚本。Testpage、teststep、testdata 分别保存了测试用例文件（userregister.xlsx，login.xlsx）中的 page、step、data 数据，它们代表了页面类、元素对象、元素数据，然后作为参数传给 exec_script 函数。

read_testcase 代码如下。

```
#定义测试用例读取函数
def read_testcase(testcasefile):
    #设置测试用例读取函数状态标志位
    read_testcase = True
    #根据 read_testsuite 函数中给出的 testcasefile 测试用例名，拼接测试用例路径信息
    testcasefile=os.path.abspath('.')+'\\data\\'+testcasefile+'.xlsx'
    #判断需读取执行的测试用例文件是否存在
    if os.path.exists(testcasefile):
        #如果存在，则写日志，并读取该用例的 excel 文件
        logger.info('已找到 %s 测试用例，现在开始读取该用例' %testcasefile)
        wbexcel = load_workbook(testcasefile)
        sheetnames = wbexcel.get_sheet_names()
        ws = wbexcel.get_sheet_by_name(sheetnames[0])
        #读取测试用例中每个列的值，以便调用浏览器启动函数或执行测试用例函数
        for irow in range(2, ws.max_row + 1):
            testpage = ws.cell(row=irow, column=1).value
            teststep = ws.cell(row=irow, column=2).value
            testdata = ws.cell(row=irow, column=3.value
            #如果是浏览器，说明需启动浏览器，调用浏览器启动函数
            if testpage=='浏览器':
                logger.info('正在启动浏览器')
                testdriver=get_driver(testpage, teststep, testdata)
            else:
            #如果不是浏览器，则说明需执行测试用例，调用测试用例执行函数
                flag=exec_script(testdriver,testpage, teststep, testdata)
        #执行完成后退出浏览器
        testdriver.quit()
    else:
        #如果测试用例文件不存在，则写入日志，并提示检查文件是否存在
        logger.info('未发现 %s 测试用例，请确认该用例是否存在'
%testcasefile)
        #测试用例读取失败，状态标志位设置为 False
        read_testcase = False
    #返回测试用例读取函数的状态，便于 read_testsuite 函数调用判断
    return read_testcase
```

微课 6.4.2-12 巡检脚本开发-script-read_testcase

上述代码并未包括模块引入部分的代码，完整 module.py 代码请见“附录 6 Selenium 自动化测试——module.py 完整脚本代码”。

10．tools

tools 目录创建时选择“Directory”格式。存放浏览器驱动文件，一般可将 Firefox、IE 及 Chrome 的驱动文件放在此处，路径与 common 目录的浏览器启动函数 browserlauncher 所定义的路径相同。

通过绝对路径调用驱动文件的代码如下。

```
#coding : utf-8
from selenium import webdriver
import time
import os
iepath = 'D:\IEDriverServer.exe'
```

```
    os.environ['webdriver.ie.driver'] = iepath
    driver = webdriver.Ie(iepath)
    url='http://192.168.17.139/ecshop'
    driver.get(url)
    time.sleep(3)
    driver.quit()
```

微课 6.4.2-13 巡检脚本开发-tools

对于 Firefox 及 Chrome 浏览器可采用类似的方式处理，但是直接引用绝对路径的方法不稳定，建议最好的方法是将所需的浏览器驱动文件放在 Python 的根目录下，即根据“附录 5 Selenium 开发环境配置手册”的方法操作。

11. run.py

继承 Python 语言 UnitTest 方法，从而便于测试场景的管理，run.py 是 ECShop 工程脚本执行的入口。此处将用户注册、用户登录测试场景统一设置在 test_Ecshop 函数中并调用执行，根据函数的返回值，判断测试场景执行的成功与否，然后通过 HTMLTestRunner 方法，将测试结果以 HTML 格式输出。

```
from script.module import *
import time
import os.path
import unittest
import common.HTMLTestRunner
class ECShop(unittest.TestCase):
    def setUp(self):
        print("start ecshop测试执行 ")

    def test_ECshop(self):
        tspath=os.path.abspath('.')
        tsname=tspath+'\\data\\testsuite.xlsx'
        self.assertTrue(read_testsuite(tsname))

    def tearDown(self):
        print("end ecshop测试执行")


if __name__ == '__main__':
    test=unittest.TestSuite()
    test.addTest(ECShop('test_ECshop'))
    rq = time.strftime('%Y%m%d%H%M', time.localtime(time.time()))
    file_path=os.path.abspath('.') + '\\report\\'+rq+'-result.html'
    file_result=open(file_path,'wb')
#此处日志设置有缺陷，读者自行研究修复，建议从日志文件内容分析
    logger.info('测试完成，正在生成测试报告')
    runner=common.HTMLTestRunner.HTMLTestRunner(stream=file_result,title=u'ECShop 测试报告',description=u'用例执行情况')
    runner.run(test)
    file_result.close()
```

通过上述步骤，ECShop 自动化测试框架设计并开发完成。

6.4.3 巡检脚本执行

Selenium 自动化测试框架设计并开发完成后，测试工程师可进行执行操作，通过自动化测试过程，验证被测对象是否满足预期定义、实现产品定义的功能。

根据测试需要，设置测试集 TestSuite 中测试场景的执行参数，脚本将会根据此处设置执行相应的测试场景及用例，并输出对应的结果。执行过程如图 6-10 所示。

微课 6.4.3 巡检脚本执行

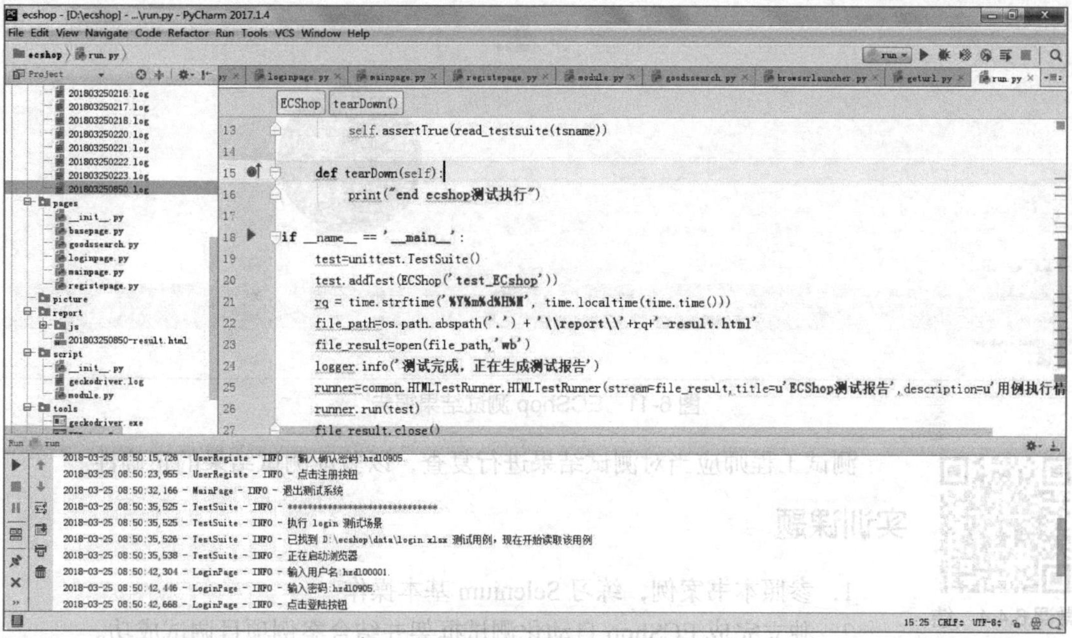

图 6-10　ECShop 自动化测试执行

6.4.4　结果报告输出

执行完成后的日志内容如下。

```
2018-03-25 08:50:08,273 - TestSuite - INFO - 测试完成，正在生成测试报告
2018-03-25 08:50:08,275 - TestSuite - INFO - 已找到 TestSuite 文件，开始分析测试集...
2018-03-25 08:50:08,289 - TestSuite - INFO - ********************************
2018-03-25 08:50:08,289 - TestSuite - INFO - 执行 userregister 测试场景
2018-03-25 08:50:08,289 - TestSuite - INFO - 已找到 D:\ecshop\data\userregister.xlsx 测试用例，现在开始读取该用例
2018-03-25 08:50:08,300 - TestSuite - INFO - 正在启动浏览器
2018-03-25 08:50:15,294 - UserRegiste - INFO - 输入用户名:liuerbao1234.
2018-03-25 08:50:15,400 - UserRegiste - INFO - 输入 email:liuerbao1234@qq.com.
2018-03-25 08:50:15,541 - UserRegiste - INFO - 输入密码:hzd10905.
2018-03-25 08:50:15,726 - UserRegiste - INFO - 输入确认密码:hzd10905.
2018-03-25 08:50:23,955 - UserRegiste - INFO - 单击注册按钮
2018-03-25 08:50:32,166 - MainPage - INFO - 退出测试系统
2018-03-25 08:50:35,525 - TestSuite - INFO - ********************************
2018-03-25 08:50:35,525 - TestSuite - INFO - 执行 login 测试场景
2018-03-25 08:50:35,526 - TestSuite - INFO - 已找到 D:\ecshop\data\login.xlsx 测试用例，现在开始读取该用例
2018-03-25 08:50:35,538 - TestSuite - INFO - 正在启动浏览器
2018-03-25 08:50:42,304 - LoginPage - INFO - 输入用户名:hzd100001.
2018-03-25 08:50:42,446 - LoginPage - INFO - 输入密码:hzd10905.
```

```
2018-03-25 08:50:42,668 - LoginPage - INFO - 单击登录按钮
2018-03-25 08:50:50,900 - MainPage - INFO - 退出测试系统
```

结果报告如图 6-11 所示。

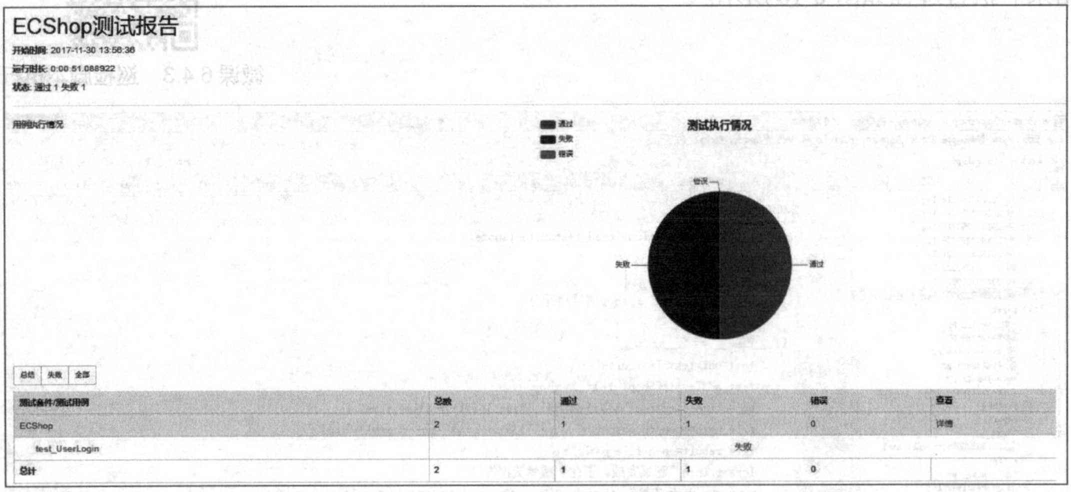

图 6-11　ECShop 测试结果报告

测试工程师应当对测试结果进行复查，以验证测试结果的正确性。

微课 6.4.4　结果报告输出

实训课题

1. 参照本书案例，练习 Selenium 基本操作。
2. 独立完成 ECShop 自动化测试框架并结合案例项目调试成功。
3. 设计 ECShop 前端用户商品搜索、购物功能测试用例。

第7章 Jmeter 性能测试

本章重点

本章以 Jmeter 开源性能测试工具针对 ECShop 用户登录、随机购买商品两种业务模型实施性能测试活动。通过性能测试需求分析、测试模型建立、场景设计等常规性能测试设计过程着手，结合 BadBoy 开发测试脚本，运用 Jmeter 进行性能测试场景设计与执行，并利用 Jmeter 结果分析功能进行测试结果分析，使读者通过本章的学习，能够掌握 Jmeter 进行 Web 系统性能测试的流程与方法，并熟悉测试结果分析过程，具备独立开展性能测试工作的能力。

学习目标

1. 掌握性能测试基本原理。
2. 掌握性能测试需求分析常用方法。
3. 掌握性能测试脚本用例与场景用例设计。
4. 掌握 BadBoy 测试脚本开发及录制方法。
5. 掌握 Jmeter 性能测试工具场景设计、结果分析应用技能。

7.1 性能测试需求分析

性能测试需求分析与传统的功能测试需求有所不同，功能测试需求分析重点在于从用户层面分析被测对象的功能性、易用性等质量特性，性能测试则需要从终端用户应用、系统架构设计、硬件配置等多个纬度分析系统可能存在性能瓶颈的业务。

7.1.1 性能测试必要性评估

任何项目在开展性能测试活动前都需要进行必要性评估。通过必要性评估活动，确认被测对象是否有必要实施性能测试活动。

通常情况下，必要性评估可以通过设定不同条件、不同权重进行分析，将评估项分为关键评估项和一般评估项两种。关键评估项，只要有一项符合，则必须开展性能测试，而一般评估项，可通过加权计算，超过 60 分，则需开展性能测试。

软件测试活动中，根据测试要求可分为功能测试与非功能测试。非功能测试，通常指的即是性能测试。当然，具体情况具体分析。

1. 关键评估项

常见性能测试关键评估项如下。

（1）被测对象需经过主管部门或监管单位审查、认可，需提供性能测试报告。目前，很多企业的软件产品在正式上市对外销售、应用时，政府机关、主管部门或监管单位，可能需要其出具功能测试报告、性能测试报告，甚至是第三方测试报告，这种情况下，必须进行性能测试。

（2）涉及财产生命安全的系统。通常情况下，电商系统、金融业务系统、医疗健康评估，涉及用户或行方资金交易、生命安全类的，需要进行性能测试。

（3）首次投产的大型系统，具有大量用户使用的核心业务。

（4）系统核心数据库、业务逻辑、软硬件升级。与历史系统对比，系统核心数据库、业务逻辑调整、软件硬件设备升级，同样需要实施性能测试。

（5）历史版本存在重大非功能缺陷或风险较大的未评估项。

（6）业务量、用户量、节点增长 30%以上。系统升级后，业务量、用户量、应用节点，增长量在 30%以上的，具体数值可根据实际情况调整。应用节点增长一般指甲方因业务需求，增加应用节点，如银行拓展分行、分中心、分公司、营业网点等。

（7）系统架构发生重大变化。不同的系统架构可能存在较大的性能差异，因此在系统架构发生变化后，必须实施性能测试，并且在此过程中，无法通过类推的思路推断架构变化后的系统性能。

（8）生产环境非功能严重缺陷修复后。生产环境在使用过程中产生重大非功能性缺陷成功修复后，需重新开展性能测试活动，以验证修复活动是否对生产环境造成不良影响。

以上仅仅列出日常性能测试活动参考的关键评估项，对于不同行业，不同测试对象可能存在的不同的关键评估项，读者可自行增减。

2. 一般评估项

常见的性能测试一般评估项，主要从单次版本考虑，如果是平台性的，则为关键评估项，如果是单次版本，单个组件或业务，则从以下几个一般评估项评估权重。

（1）是否在平台中处于核心位置（15 分）。

（2）是否有升级，且升级内容中包含了外部系统对接接口、支付接口、Web Service 调用接口等与其他系统关联接口（20 分）。

（3）是否存在部署方式调整或优化（15 分）。

（4）是否增加了性能风险较高的调整（20 分）。

（5）是否存在客户要求必须测试的组件或业务流程（20 分）。

（6）是否涉及多个功能缺陷的修复，且流程发生较大变化（10 分）。

如果上述一般评估项，总计分值超过 60 分，则需进行性能测试。

微课 7.1.1 性能测试必要性评估

【案例 7-1 ECShop 性能测试必要性评估】

针对上述关键评估项及一般评估项的评估，ECShop 性能测试必要性评估条件中，满足关键评估项中的第三条：首次投产的大型系统，具有大量用户使用的核心业务”，因此本 ECShop 平台的性能测试活动必须开展。

7.1.2 性能测试工具选型

通过测试必要性评估，确定了需要对被测对象实施性能测试后，则需要考虑采用哪种性能测试方式。根据被测对象的业务特性和架构设计，可以采用以下两种方式开展有效的性能测试活动。

如果被测对象为批处理方式实现，并且在数据库中设立起始与终止标识字段，则可以利用存储过程或发起批处理的方式进行，资源监控可以利用监控脚本如 Python 脚本、shell 脚本或其他监控工具，最终统计时间，以结束时间减去开始时间，则可获得交易时间，并可根据每笔交易获得平均交易时间，相对来说较为方便。

如果被测对象不是批处理模式，且可能存在大量数据交互，则可能需要采用专业的性能测试工具来实现。一般而言，业内常用的性能测试工具主要有开源的 Jmeter 和商用的 HP 公司的 LoadRunner。

Jmeter 是个开源的性能测试工具，目前在市场中的热度很高，不依赖于界面，功能测试的脚本同样可以作为性能测试脚本运行，对测试工程师技术技能要求不高，而且提供了参数化、函数、关联等功能便于脚本的优化与扩展。

LoadRunner 在商用领域一枝独秀，很多年保持排前的市场占有率，与 Jmeter 相比，LoadRunner 具有强大的脚本开发功能、完善的函数库及结果分析功能。对测试工程师技术要求相对较高，但因其在业内流行很多年，LoadRunner 应用的资料相对于 Jmeter 较多，便于学习与应用。

企业在选择性能测试工具时，如有条件可以自己根据实际测试需求自定义开发测试工具，也可以选择市场上常用的测试工具，通常选择时需考虑以下几个问题。

（1）能否自定义开发，更符合实际测试需求。

（2）商用的测试工具所需的成本，企业能否承受。

（3）采购的测试工具是否提供了完善的服务、细致的培训。

（4）团队人员能否掌握测试活动所需的工具技能。

微课 7.1.2 性能测试工具选型

开源是行业趋势，本书案例项目用开源性能工具 Jmeter 实施性能测试。

7.1.3 性能测试需求分析

与功能测试需求分析一样，性能测试同样需要针对被测对象进行需求分析。一般而言，用户或产品团队设定性能测试需求时，仅会表述字面意义上的需求，如“系统 TPS 需达到 300 以上，单笔交易时间不超过 3 秒”等。需要性能测试工程师结合用户需求及性能测试活动本身需求进行显性与隐性性能测试需求的分解与提取。

随着互联网技术的飞速发展，互联网应用架构越来越复杂，运营系统涉及的利益相关方越来越多，因此，在性能测试工作实施过程中，需从不同的用户层面分析待测需求。

确定性能测试的必要性后，性能测试工程师主要从以下两个用户方确定性能测试需求。

1. 业务用户

（1）用户频繁使用，且存在大量用户使用的业务流程。

（2）交易占比较高，日常占比在 80%以上甚至更高的业务流程。

（3）特殊交易日或峰值交易占比 80%以上甚至更高的业务流程。

（4）性能较差且有过调整的业务流程。

（5）特殊业务场景。

（6）核心业务发生重大流程调整的业务流程。

以上从业务用户层面，考虑的是可能需要进行性能测试的点。实际实施过程中，如果可能，可向终端用户调研。

2. 项目团队

（1）经过性能测试后，重新调整了架构设计的业务。

（2）逻辑复杂，关键的业务。

（3）可能消耗大量资源的业务。

（4）与外部系统存在接口调用，且有大量数据交互的业务。

（5）调用第三方业务组件，逻辑复杂的业务。

以上从项目开发角度考虑可能需要进行性能测试业务流程，性能测试工程师需对被测对象深入了解，并且需要研发团队配合。

除上述两种用户，还可能包括运营团队，调研未来业务发展规划，系统需满足未来业务需求的可能性。

如果是已经上线的系统，性能测试团队还可以发放表 7-1 所示的问卷调查表，考察被测对象可能存在的问题。

表 7-1 性能问卷调查表

公司项目名称	简称		
	全称		
部门			
联系人		联系方式	
测试环境信息			
业务系统相关信息			
系统出现过什么问题	□频繁宕机频繁重启 □客户反映系统访问慢 □找不到慢的根本原因 □JVM 堆栈占用高 □CPU 非常繁忙 □Others		
系统架构	□J2EE □LAMP □.NET □Others	□B/S □C/S	
J2EE 类型	□WebLogic □Tomcat □JBoss □WebSphere □Borland AppServer □Oracle iAS □SAP NetWeaver □Others	具体版本	
JDK 信息	□SUN □IBM □HP □BEA JRockit □Others		
JDK 版本	□1.3 □1.4 □1.5 □1.6 □Others		
OS 信息	□Solaris □AIX □HP-UX □Windows □Linux □Others		
数据库信息	□Oracle □MySQL □SQL Server □Sybase □DB2 □Informix □Others		
产品性能需求信息			
目前使用何种性能测试工具	□HP LECShopdRunner □Grinder □PUnit □JMeter □IBM Rational Robot □IBM performance tester		
熟练使用何种开发语言	□C/C++ □C# □VB □Java		

续表

是否用过 J2EE 性能监控和管理工具	□CA Wily IntroScope　□Quest PerformaSure □BMC Appsight　□I3 Precise □Compuware Vantage for J2EE　□HP/Mercury Diagnostics □Application Manage　□Others		
是否在演示环境和线上系统进行部署	□是 □否，仅仅在测试系统上	效　果 如何	
项目是否有性能需求规格说明书或在软件需求规格说明书中 Highlight 性能需求			
如果已经开展性能测试，遇到的主要问题有哪些			
描述产品架构、网络协议、操作系统、Web 服务器、数据库、开发语言等			
系统业务流程图			
系统组网图			
网络拓扑图			

微课 7.1.3　性能测试需求分析

7.1.4　性能测试需求评审

确定性能测试需求后，如有必要，需进行某种程度的测试需求评审活动。性能测试需求评审与功能测试需求评审类似，都需关注需求本身的可测性、一致性及正确性。

1. 可测性

软件可测性，通常理解为软件本身是否具备实施测试的条件，是否便于发现缺陷及定位缺陷。

在一定的时间及成本范围内，构建测试环境，设计及执行测试用例，测试工程师能够相对便捷地发现、定位缺陷，从而协助研发人员解决对应的缺陷，无论是功能测试，还是性能测试，都需要被测对象具备上述的可测试特性。

性能测试活动与功能测试活动有个显著的特点是被测对象运行环境要求不同。实施功能测试时，只要被测对象能够在合理的运行环境中正常运行即可，即使测试环境与生产环境可能存在较大的差异，性能测试则不同，一定需模拟尽可能真实的运行环境。当测试环境与实际生产环境差异较大时，性能测试结果往往不被接受，如果在性能测试实施过程中，无法搭建相对真实的测试环境，即可认为被测对象不具备性能的可测性。

2. 一致性

性能测试需求一致性，主要关注用户需求、生产需求、运营需求几个方面。通过对性能测试需求的分析，判断本次测试需求是否满足用户需求规格说明书中明确列出的性能需求项。生产需求，则是关注被测对象运行的真实性，从而在测试结束后能够提供相对准确的数据依据。

运营需求，需以历史数据或者现今运营数据为基础，规划未来业务发展的可能性，从而使得被测对象性能指标具有一定的冗余度。

通过性能测试需求评审活动，确定本次性能需求与上述的关注点一致。

微课 7.1.4 性能测试需求评审

3. 正确性

在可测性与一致性得到保证的基础上，需针对性能测试指标进行验证，从而保证后续实施活动中所关注的各个项目需求、场景及指标的正确性，从而尽量减少返工、重新设计的风险。

通过可测性、一致性及正确性的评估，最终确定本轮性能测试需求，并以此作为后续测试实施活动的输入。

7.2 性能测试工作实施

7.2.1 需求分析与定义

针对本次项目性能测试的必要性评估，敏捷开发团队确定实施该次性能测试活动，并利用开源性能测试工具 Jmeter 开展，根据被测对象的应用特性，获取具体的性能测试需求。

一般而言，被测对象的性能需求，会在用户需求规格说明书中给出，如单位时间内的访问量需达到多少、业务响应时间不超过多少、业务成功率不低于多少、硬件资源耗用要在一个合理的范围中，性能指标以量化形式给出。

对于相对规范的产品，产品团队一般会给出如表 7-2 所示的性能测试要求。

表 7-2 性能测试要求

测试项	响应时间	业务成功率	并发数	CPU 使用率	内存使用率
随机购买商品	≤5 秒	100%	100	≤80%	≤80%

表 7-2 给出的性能指标非常明确。性能测试活动实施过程中，测试工程师只需收集商品购买业务的响应时间、访问成功率、并发数、CPU 使用率、内存使用率等相关指标的监测数据，与表 7-2 的量化指标比对即可。满足相关指标，则测试通过，若未满足，则需要进行问题分析定位，最终进行调优与回归，直至达到性能测试需求。

有明确性能需求时，测试活动相对来说较为容易开展，但实际工作中，经常会碰到没有明确性能需求的测试要求。因此，测试工程师须具备根据不同输入分析，获取性能需求的能力。以本次项目为例，产品团队并未指明性能测试需求，那么测试工程师如何分析提取量化的性能指标呢？

从用户应用角度考虑，被测对象常用业务性能存在瓶颈的话，很容易引起客户的反感。以登录功能为例，输入用户名与密码，单击登录按钮到显示成功登录信息，如果耗时 1 分钟，这样的速度用户绝对无法忍受。用户不常用的功能，比如年度报表汇总功能，三个季度甚至是一年才使用，等 10 分钟或者更长时间也是正常的。不同的应用频率，决定了用户的使用感受，也决定了测试的需求。针对本次 ECShop 电商系统而言，商城用户经常使用的功能，且存在大量用户使用的业务为用户注册、登录、随机浏览商品及购买业务等，而其他功能则相对用户较少，具体的数据如果系统已经运营，则可从系统运营日志分析。如果尚未上线运营，则需要调研用户或根据自身经验进行分析获取。

根据“7.1.3 性能测试需求分析”中的表述，分析哪些是用户常用或交易占比超过 80%的业务、从运营及项目组角度分析，哪些业务相对重要，然后确定这些业务为测试点。

综合分析，本书以用户登录、随机浏览并购买商品为测试点。确定业务测试点后，即可进行详细的业务需求分析，从而明确性能测试指标。

微课 7.2.1 需求分析与定义

7.2.2 指标分析与定义

通常情况下，性能测试关注被测对象的时间与资源利用特性及稳定性。时间特性，即被测对象实现业务交易过程中所需的处理时间，从用户角度来说，越短越好。资源利用特性，即被测对象的系统资源占用情况，一般 Web 系统不关注客户端的资源占用情况，仅关注服务器端，通常为服务器端的 CPU、内存、网络带宽、磁盘等（根据被测对象架构设计，还可分为 Web 服务器、中间件、数据库、负载均衡等）。稳定性，即关注被测对象在一定负载情况下，持续稳定提供服务的能力。

不同的被测对象，不同的业务需求，可能有不同的指标需求，但大多数测试需求中都包含以下几个性能指标。

1. 并发数

并发，即为同时出发，从应用系统架构层面来看，并发意为单位时间内服务器接受到的请求数。客户端的某个具体业务行为包括了若干个请求，因此，并发数被抽象理解为客户端单位时间内发送给服务器端的请求，而客户端的业务请求一般为用户操作行为，因此，并发数，也可理解为并发用户数，而这些用户是虚拟的，又可称为虚拟用户。

并发数，广义来讲，是单位时间内同时发送给服务器的业务请求，不限定具体业务类型，狭义来看，是单位时间内同时发送给服务器的相同的业务请求，需限定具体业务类型。在性能测试实施过程中需注意二者的区别。

2. 响应时间

目前大多数的软件系统客户端与服务器交互过程如图 7-1 所示，用户通过客户端（如浏览器）发出业务请求（网络传输时间 T1），服务器接收并处理该请求（服务器处理时间 T2），然后根据实际的处理模型返回结果（网络返回数据时间 T3），客户端接收请求结果（客户端处理展示时间 T4）。在这个处理流程中，涉及的各个业务节点的处理时间总和 T1+T2+T3 即为系统响应时间。这个时间的计算忽略了用户端数据呈现的时间 T4。从用户角度来讲，用户应用客户端发出业务请求，到客户端（通常为浏览器）展现相应的请求结果，这个时间越短越好，即用户视角的响应时间为 T1+T2+T3+T4。从服务器角度来讲，服务器接收到客户端发来的请求，并给出结果的响应，这个过程所消耗的时间，记录为响应时间，即服务器仅关注 T2 的处理时间。因此，不同的视角，衡量的响应时间指标也不同。

通过上述两个不同视角的描述不难发现，用户与服务器所理解的响应时间存在明显的差异。用户关注的是发出请求至看到响应结果的时间，而服务器关注的是接受请求到返回结果的时间，对于用户而言，忽略了浏览器展示的时间，对于服务器而言，则忽略了浏览器展示、网络传输等时间。因此，在实际测试过程中，需明确以什么视角验证被测对象的性能。

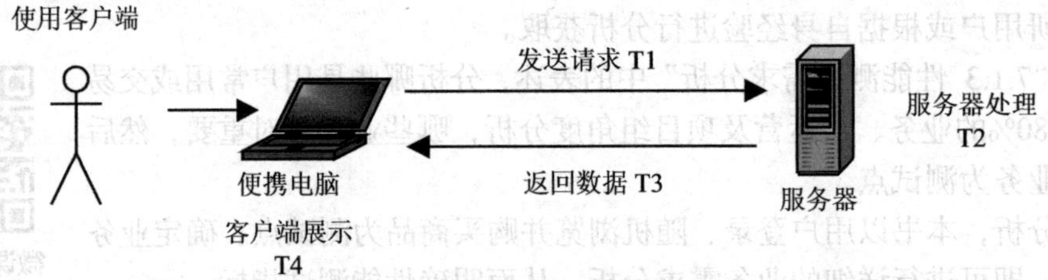

图 7-1 响应时间组成示意图

大多数情况下，性能测试主要是以用户视角进行，因此在实际测试过程中，通常关注用户行为，所以，响应时间一般指客户端发出请求到接收到服务器端的响应数据所消耗的时间。

需注意的是，性能测试工作中，客户有时可能需要测试公网的系统来验证性能指标，从测试经验来看，最好不要尝试在公网进行性能测试，原因有以下两点。

（1）可能影响现网用户。实施性能测试过程中，可能产生大量的压力与垃圾数据，从而破坏生产环境，导致缺陷的产生，影响实际的业务。

（2）压力模拟可能无法真实体现。性能测试工程师实施性能测试时，利用测试工具，模拟了大量的并发数，产生了大量的业务数据，但因负载生成器所在的网络与服务器所在网络不同，或者服务器的网络安全设置，导致压力数据无法达到被测服务器，整个网络环境不可控，从而导致测试失败。

有一种情况除外，模拟固定带宽网络访问的场景，可在局域网中使用限制带宽的手段进行测试。遵循一个原则，测试过程中，任何资源都必须可控。

3. 吞吐量

单位时间内系统处理用户请求的数量，可以用请求数/单位时间或者单击数/单位时间，或者字节数/单位时间等方式来衡量，其中通过字节数/单位时间的计算方式，与当前的网络带宽比较，可以找出网络方面的问题。例如，1 分钟内系统可以处理 1000 次转账交易，则吞吐量为 1000/60=16.7。吞吐量指标直接体现了软件系统的业务处理能力，尤其适用于系统架构选型，做对比测试。

4. 系统资源耗用

系统资源耗用，客户端与服务器系统各项硬件资源的耗用情况，如 CPU 使用率、内存使用率、网络带宽占用率、磁盘 I/O 输入输出量等。一个系统的高效运行，除了软件资源外，硬件资源也是不可缺少的部分，因此在性能测试过程中，需关注系统资源的耗用。

5. 业务成功率

业务成功率意为用户发起了多笔业务请求，成功的比率有多少。例如，测试银行营业系统的并发处理性能，全北京 100 个网点，中午 12:30 到 13:30 一个小时的高峰期里，要求能支持 50000 笔开户业务，其中成功率不少于 98%，也就是需要成功开户 49000 笔，其他的 1000 笔可能是超时，或者其他错误导致未能开户成功。业务成功率展示了在特定压力或负载情况下，服务器正确稳定处理业务请求的能力。

6. 每秒处理的消息数（Transaction Per Second，TPS）

单位时间内服务器处理的事务数，该指标值越大越好。一般情况下，用户业务操作过程可能细分为若干个事务，单位时间处理的事务数越多，说明服务器的处理能力越强。

根据上述各个指标的概念，结合被测对象本身的业务情况，做出如下测试需求及指标分析。

ECShop 是一个面向广大网络用户的电子商务系统。大部分用户会在某个时间段访问该电商平台，进行网络购物，但如何确定用户访问的时间段呢？

新系统没有上线时，没有历史数据可以依据，这种情况下，测试工程师可以通过竞品分析，获取友商系统的运营数据作为参考。以淘宝运营数据为例，通过运营团队统计，大部分消费者集中在图 7-2 所示的时间段访问电商平台。

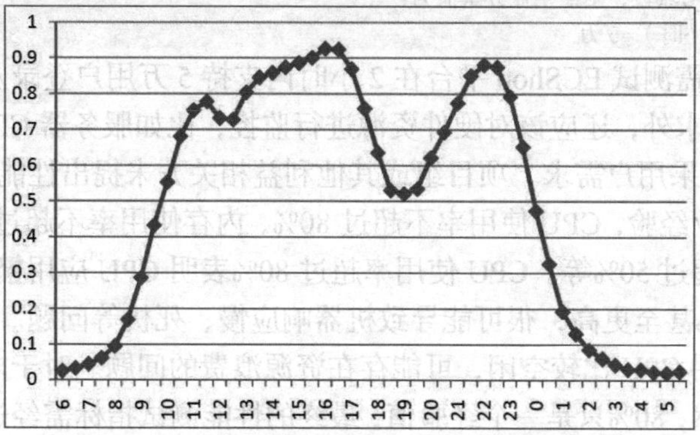

图 7-2 消费者访问电商平台时间段分布

通过图 7-2 分析，业务峰值几乎在 15 点 ~ 17 点及 21 点 ~ 23 点，业务峰值期持续 2 个小时左右，若要测试稳定性，则需根据实际业务情况模拟用户应用场景。

确定性能测试评估的时间段后，需确定在该时间段内需完成的业务量，这就需要统计有多少人在这个时间段使用 ECShop 电商系统。统计这个数据比较难，因为各个公司运营规模不一样。这种情况下，测试工程师需根据产品团队的业务规划、产品设计给出一个参考值，比如系统初期设计规模在单天 15 万业务量，峰值交易 5000 笔、最高并发 100 用户（如秒杀业务）等。通过对预设业务目标的分析，可得出以下几个数据。

（1）峰值时间段 2 个小时。

（2）单天 15 万业务量访问。

（3）峰值交易 5000 笔。

（4）最高并发 100 个用户。

接着分析，满足上述需求的同时，还需要考虑业务的响应时间。被测对象的响应时间，作为一个很直观的用户体验数据，可很好地衡量被测对象是否让用户感受好，但感受好并没有一个量化的指标，只是个相对的概念。响应时间在业内一个经验值，采用 Apdex 联盟的建议值：3 秒、3 秒 ~ 12 秒，12 秒以上。0 ~ 3 秒的业务处理响应时间是非常理想的，而 3 秒 ~ 12 秒则是普遍可容忍的时间，但超过 12 秒的响应时间，用户一般不会接受，可能选择刷新，甚至放弃操作。这样的经验值在实际测试中对确定响应时间有很高的参考价值，当然响应时间还应该根据业务类型确定，而不能仅从用户的感官考虑。本次项目测试采用常规的 5 秒为目标，也就是说 ECShop 平台处理登录、商品随机浏览购买等业务的服务器响应时间均不超过 5 秒。

单天 15 万业务量，表明在一天时间内总的业务量为 15 万，但未明确是哪些业务的数据量叠加，还是每项业务都是此要求。此处假定单项业务每天有 15 万的数据量。

从图 7-2 得知，用户访问并非是均分在 24 小时内，因此，在没有历史数据可依据的情况下，利用经济学中的“二八原则”进行分析，80%的业务量集中在 20%的时间段内。单天峰值时间段共有 2 个：15 点～17 点，21 点～23 点，可得如下业务量分解数据。

```
15 万*80%=12 万
24 个小时*20%=4.8 小时
4 小时/4.8 小时=83%
以 15 点-17 点，21 点-23 点为总考察时间段，则期望业务量值为：
12 万*83%=9.96 万
以 15 点-17 点为测试考察段，则期望业务量值为：
12 万*（2 小时/4.8 小时）=5 万
```

通过上述分析，需测试 ECShop 平台在 2 小时内支持 5 万用户登录及商品随机浏览购买。

除了软件性能要求外，还应该对硬件资源进行监控，比如服务器 CPU 使用率、内存使用率、网络带宽等。如果用户需求、项目组或其他利益相关方未提出性能指标要求，则可按照行业经验，CPU 使用率不超过 80%、内存使用率不超过 80%、网络带宽占用不超过 50%等。CPU 使用率超过 80%表明 CPU 应用繁忙，如果持续维持在 90%甚至更高，很可能导致机器响应慢、死机等问题。当然，过低也不好，说明 CPU 比较空闲，可能存在资源浪费的问题。对于内存存在同样的问题。当然，80%只是一个经验值，最终的性能测试指标需经过评审才能最终确定。

微课 7.2.2 指标分析与定义

通过上述业务数据分析，最终得到本次测试的性能需求指标如表 7-3 所示。

表 7-3 ECShop 平台性能需求指标

测试项	响应时间	业务成功率	业务量	并发测试	CPU 使用率	内存使用率
登录	≤5 秒	100%	2 小时 5 万次	100	≤80%	≤80%
随机购买商品	≤5 秒	100%	2 小时 5 万次	100	≤80%	≤80%

得出本次测试的性能参考指标后，测试工程师即可进行性能测试模型的建立。

7.2.3 测试模型构建

确定测试需求及对应指标后，测试工程师可针对被测业务分析其业务模型，便于测试场景及脚本的设计。

1. 登录业务操作模型

（1）打开首页。
（2）输入用户名及密码，登录。
（3）退出系统。

2. 商品浏览购买操作模型

（1）打开首页。
（2）输入用户名及密码，登录。
（3）随机选择商品购买。
（4）设置收货地址。
（5）设置物流方式及付款方式，提交订单。
（6）退出系统。

微课 7.2.3 测试模型构建

7.2.4 场景用例设计

性能测试过程中，首先应该设计测试场景，模拟真实业务发生的情境，然后是针对场景设计脚本。

为了真实地反映被测对象可能存在的性能问题，需要尽可能模拟被测对象可能发生瓶颈的业务场景。测试需求分析过程中已经确定了需要测试的业务类型，在此，则需要设计针对每种或综合业务的测试场景。

性能测试场景通常包括单业务基准测试、单业务压力测试、单业务负载测试、综合业务基准测试、综合业务压力测试、综合业务负载测试和综合业务稳定性测试 7 种常用测试场景。

1. 单业务基准测试

测试某个具体业务是否满足系统设计或用户期望的性能指标，如用户期望系统支付接口支持 50 个用户并发支付，如果满足了，则认为基准测试完成，否则失败。基准测试过程中，性能指标的任何一项均需成功，才认为基准测试完成。基准测试可分为并发基准及业务量基准两种，其目的都在于验证是否满足预期目标设定。

2. 单业务压力测试

测试某个具体业务在最大负载下，持续服务的时长，以此验证被测业务的稳定性。压力测试过程中所设计的负载，是以系统基准负载为标准，如系统基准负载为 50 个并发用户，则压力测试的负载设为 50 个，通过运行时长的变化，验证服务器在系统预设负载下持续服务的能力。具体的时长从需求分析、运行日志、系统设计规划等来源获取。

3. 单业务负载测试

测试某个具体业务能够承受的最大负载，验证被测业务能够承受的最大负载数，如系统基准负载为 50 个，则通过多次测试，逐步加大负载，最终获得被测业务的最佳负载。在最佳负载下，系统仍需满足各项性能指标。

4. 综合业务基准测试

与单业务基准测试类似，但综合业务需考虑业务与业务间的联系，如果相互之间存在资源争用，则需单独组合测试。假设系统需测试的业务有三个：A、B、C，综合业务基准测试是将 ABC 一起运行，那么加上 A、B、C 三个基准测试，共计 4 个基准测试场景，分别是 ABC、A、B、C，但 A 与 C 存在资源争用，则需单独将 A 与 C 组合，构成一个单独的测试场景，则一共为 ABC、A、B、C、AC 5 个基准测试场景。

综合业务测试中的数据分配，根据实际业务、用户需求、运行日志、运营规划等分析确定。

【案例 7-2　银行柜员交易系统负载比例设计】

某银行柜员交易系统，1 个小时内有 4 个柜员进行存款操作，6 个柜员进行开户操作，10 个柜员进行查询操作，则综合业务的负载比例设置为：

```
存款业务占比：4/(4+6+10)=20%
开户业务占比：6/(4+6+10)=30%
查询业务占比：10/(4+6+10)=50%
```

5. 综合业务压力测试

与单业务压力测试类似。

6. 综合业务负载测试

与单业务负载测试类似。

7. 综合业务稳定性测试

综合业务稳定性测试通常为核心业务在基准负载的基础上运行相对长的时间，验证服务器持续提供稳定服务的能力。稳定性场景测试的时间由需求方设定，一般为 7×24 小时不间断执行。

通过上述分析，根据 ECShop 平台业务模型确定本次性能测试的场景主要为登录并发基准测试、登录业务量基准测试、商品随机浏览购买并发基准测试、商品随机浏览购买业务量基准测试四个场景。

场景设计中需设置线程数，当需求未明确指出时该如何确定呢？

以本次测试为例，要求在 2 小时内支持 5 万次用户登录，可通过如下计算方法获取线程数。

```
Total_Thread=BC/(T*60*60/t)
```

- T：考察时间段，如此处的 2 小时。
- t：单用户单次业务消耗时间，即单个用户完成一次业务过程所消耗的时间，尽可能模拟用户的真实行为。
- BC：业务量，如此处的 5 万。

利用 Jmeter 测试单次业务消耗时间，代入公式即可获得执行 2 小时 5 万用户登录所需的线程数，如图 7-3 所示。

Label	# Samples	Average	Median	90% Line	95% Line	99% Line	Min	Max	Error %	Throug...	Received KB/...	Sent KB/sec
http://192.168....	3	74	71	88	88	88	63	88	0.00%	11.5/min	4.67	0.00
http://192.168....	3	124	131	135	135	135	106	135	0.00%	19.1/min	2.57	0.00
总体	6	99	88	131	135	135	63	135	0.00%	23.1/min	6.22	0.00

图 7-3 用户登录单次响应时间

如图 7-3 所示，ECShop 用户登录系统单次消耗时间采用 90%抽样为：88+135=223 毫秒，如果加上模拟用户输入用户名及密码、登录成功后等待返回主页、退出后等待返回主页等操作的思考时间，以 5 秒、3 秒、3 秒计算，则单用户访问 ECShop 登录所消耗时间为：0.223 秒+5 秒+3 秒+3 秒=11.223 秒。

则代入上述公式，获得模拟 2 小时 5 万用户登录所需的线程数为：

```
Total_Thread=50000/(2*60*60/11.223)=77.88
```

因线程个数无法为小数，故取整为 78 个线程数。

同样方法，计算用户登录后随机选择商品浏览的消耗时间，然后计算出线程数，具体数据如图 7-4 所示。

Label	# Samples	Average	Median	90% Line	95% Line	99% Line	Min	Max	Error %	Throughput	Received ...	Sent KB/sec
http://192....	1	40	40	40	40	40	40	40	0.00%	25.0/sec	607.50	0.00
http://192....	3	42	37	56	56	56	33	56	0.00%	20.6/min	2.77	0.00
http://192....	1	50	50	50	50	50	50	50	0.00%	20.0/sec	483.93	0.00
http://192....	1	100	100	100	100	100	100	100	0.00%	10.0/sec	223.56	0.00
http://192....	1	43	43	43	43	43	43	43	0.00%	23.3/sec	9.18	0.00
http://192....	2	45	44	47	47	47	44	47	0.00%	22.1/min	3.86	0.00
设置快递...	1	106	106	106	106	106	106	106	0.00%	9.4/sec	93.53	0.00
http://192....	1	71	71	71	71	71	71	71	0.00%	14.1/sec	98.29	0.00
http://192....	1	84	84	84	84	84	84	84	0.00%	11.9/sec	84.55	0.00
http://192....	2	57	40	75	75	75	40	75	0.00%	10.0/sec	242.28	0.00
总体	14	59	47	100	100	106	33	106	0.00%	1.0/sec	13.66	0.00

图 7-4 随机购买商品单次交易时间

如图 7-4 所示，ECShop 用户登录后随机购买商品单次消耗时间采用 90%抽样为：

40+56+50+100+43+47+106+71+84+75=672 毫秒，如果加上模拟用户输入用户名及密码 5 秒、成功登录等待返回主页 3 秒、加入购物车 5 秒、编写收货信息 5 秒、编写快递及付款方式 5 秒、退出等待返回主页 3 秒等操作的思考时间，共计 26 秒计算，则单用户访问 ECShop 登录后随机购买商品的时间为：0.672 秒+5 秒+3 秒+5 秒+5 秒+5 秒+3 秒=26.672 秒。

则代入上述公式，获得模拟 2 小时 5 万用户登录所需的线程数为：

```
Total_Thread=50000/(2*60*60/26.672)=185.18
```

因线程个数无法为小数，故取整为 186 个线程数，但该数据已经超过该业务要求 100 线程并发的基准，故以 100 个线程为基准，执行业务量测试。

根据上述分析数据，设计本次测试的四个场景：登录模块并发测试场景、登录模块业务量测试场景、随机购买并发测试场景、随机购买业务量测试场景，如表 7-4 ~ 表 7-7 所示。

表 7-4　登录业务并发基准测试场景用例

用例编号		SignOn-SCENARIOCASE-001			
关联脚本用例编号		SignOn-SCRIPTCASE-001			
场景类型	单脚本基准测试	场景计划类型	场景		
场景运行步骤	线程数	100			
	开始线程	立刻开始所有线程			
	持续运行	每个线程迭代 1 次			
	停止线程	运行时间结束则停止			
集合点	不设计	线程代理	不使用	数据监控	Jmeter 自带
预期指标值：					
测试项	响应时间	业务成功率	并发测试	CPU 使用率	内存使用率
登录操作	≤5 秒	=100%	100	≤80%	≤80%
实际指标值：					
测试项	响应时间	业务成功率	业务总数	CPU 使用率	内存使用率
登录操作					
测试执行人			测试日期		

表 7-5　登录业务量基准测试场景用例

用例编号		SignOn-SCENARIOCASE-002	
关联脚本用例编号		SignOn-SCRIPTCASE-001	
场景类型	单脚本基准测试	场景计划类型	场景
场景运行步骤	线程数	78	
	开始线程	立刻开始所有线程	
	持续运行	持续运行 2 小时	
	停止线程	运行时间结束则停止	

续表

集合点	不设计	线程代理	不使用	数据监控	Jmeter 自带
预期指标值：					
测试项	响应时间	业务成功率	业务量测试	CPU 使用率	内存使用率
登录操作	≤5 秒	=100%	2 小时 5 万	≤80%	≤80%
实际指标值：					
测试项	响应时间	业务成功率	业务总数	CPU 使用率	内存使用率
登录操作					
测试执行人			测试日期		

表 7-6　随机购买并发量基准测试场景用例

用例编号		BuyProd-SCENARIOCASE-001			
关联脚本用例编号		BuyProd-SCRIPTCASE-001			
场景类型	单脚本基准测试	场景计划类型：	场景		
场景运行步骤	线程数	100			
	开始线程	立刻开始所有线程			
	持续运行	每个线程迭代 1 次			
	停止线程	运行时间结束则停止			
集合点	不设计	线程代理	不使用	数据监控	Jmeter 自带
预期指标值：					
测试项	响应时间	业务成功率	并发测试	CPU 使用率	内存使用率
登录操作	≤5 秒	=100%	100	≤80%	≤80%
实际指标值：					
测试项	响应时间	业务成功率	业务总数	CPU 使用率	内存使用率
登录操作					
测试执行人			测试日期		

表 7-7　随机购买业务量基准测试场景用例

用例编号		BuyProd-SCENARIOCASE-002			
关联脚本用例编号		BuyProd-SCRIPTCASE-001			
场景类型	单脚本基准测试	场景计划类型	场景		
场景运行步骤	线程数	100			
	开始线程	立刻开始所有线程			
	持续运行	持续运行 2 小时			
	停止线程	运行时间结束则停止			

续表

集合点	不设计	线程代理	不使用	数据监控	Jmeter 自带
预期指标值：					
测试项	响应时间	业务成功率	业务量测试	CPU 使用率	内存使用率
登录操作	≤5 秒	=100%	2 小时 5 万	≤80%	≤80%
实际指标值：					
测试项	响应时间	业务成功率	业务总数	CPU 使用率	内存使用率
登录操作					
测试执行人			测试日期		

至此，本次测试所需的场景全部设计完成。接下来，可进行测试脚本的设计。

微课 7.2.4 场景用例设计

7.2.5 脚本用例设计

性能测试过程中，因测试目的不同，可能存在多个不同的场景，但往往只需设计一个脚本。如针对某个业务进行基准测试、压力测试和负载测试，虽然涉及三个场景，但脚本可能只有一个。测试工程师需要根据场景设计，分析所需的测试脚本并开发。

通常情况下，测试工程师可根据被测业务可能存在的约束进行分析，确定脚本优化及增强方案。

【案例 7-3　登录脚本用例】

ECShop 登录脚本用例如表 7-8 所示。

表 7-8　登录脚本用例

用例编号：SignOn-SCRIPTCASE-001		
约束条件：用户名不能重复，需做参数化		
测试数据：60000，规则 t00001 格式		
操作步骤	**请求方式**	**传递内容**
1．打开 http://192.168.0.110/ecshop/	Get	无
2．输入用户名及密码，提交登录信息	Post	Username、E-mail、Password、confirm_password、agreement
3．退出系统	Get	
优化策略		

优化项	**说明**
计时器	输入账号信息 5 秒、登录成功等待返回主页 3 秒、成功退出返回主页 3 秒。
集合点	本次不设置集合点
参数化	登录用户名：username，调用 CSV

续表

关联	不涉及		
断言	设置登录成功断言		
其他	无		
测试执行人		**测试日期**	

【案例 7-4 随机购买商品脚本用例】

随机购买商品业务脚本用例如表 7-9 所示。

表 7-9 随机购买商品脚本用例

用例编号：BuyProd-SCRIPTCASE-001		
约束条件：用户名不能重复，需做参数化，商品随机选择		
测试数据：用户名 60000，规则 t00001 格式、商品 id 关联获得		
操作步骤	**请求方式**	**传递内容**
1．打开 http://192.168.0.110/ecshop/	Get	无
2．输入用户名及密码，提交登录信息	Post	Username、E-mail、Password、confirm_password、agreement
3．随机选择商品	Get	关联商品 id
4．加入购物车	Post	goods={"quick":1,"spec":[],"goods_id":"${prod_id}","number":"1","parent":0}
5．设置付款方式、收货地址等	Post	country、province、city、district、consignee、email、address、zipcode、tel、mobile、Submit、step、act
6．退出系统	Get	
优化策略		

优化项	**说明**
计时器	用户登录设置 5 秒、登录成功等待返回主页 3 秒、添加购物车 5 秒，编写收货方式 5 秒、编写快递及付款方式 5 秒、成功退出返回主页 3 秒
集合点	本次不设置集合点
参数化	登录用户名：username，调用 CSV
关联	不涉及
断言	不设置断言，订单信息直接后台查询其成功率
其他	无

测试执行人		**测试日期**	

微课 7.2.5 脚本用例设计

7.2.6 测试数据构造

测试工程师深入了解被测业务交互过程、确定脚本用例后，可能需根据测试需求构造性能测试过程中所需的测试数据。以登录为例，为了更真实地模拟不同用户登录、随机购买商品等行为，可针对登录用户名、随机购买的商品信息进行参数化设计，保证每次登录或购买的商品信息都不相同，尽可能模拟真实的业务行为。因此，需在测试开始前系统中存在大量需要使用的用户信息及商品信息。

以本次测试为例，2 小时内 5 万个用户登录，则意味着 ECShop 内需存在 5 万以上的可用账号，而系统安装初期并没有提供这么多账号。

测试过程中，测试工程师可利用 Jmeter 构造测试数据，当然，如果能够直接在数据库中利用存储过程生成是最好的办法，因为效率相对较高，但要求对表结构相对熟悉。

本次测试所需的 5 万以上的可用账号，测试工程师利用 Jmeter 模拟真实用户注册行为，设置 30 个线程，每个线程进行 2000 次迭代，即可完成 6 万个注册账号，便于后期测试使用。构造好测试账号后，可将数据库备份，便于回归测试。以下详细介绍本次测试账号构造过程。

1. BadBoy 创建用户注册脚本

本次测试所需的用户注册脚本由 BadBoy 测试工具录制生成。

（1）启动 BadBoy，输入 URL 地址，如 http://192.168.0.110/ecshop/，如图 7-5 所示。

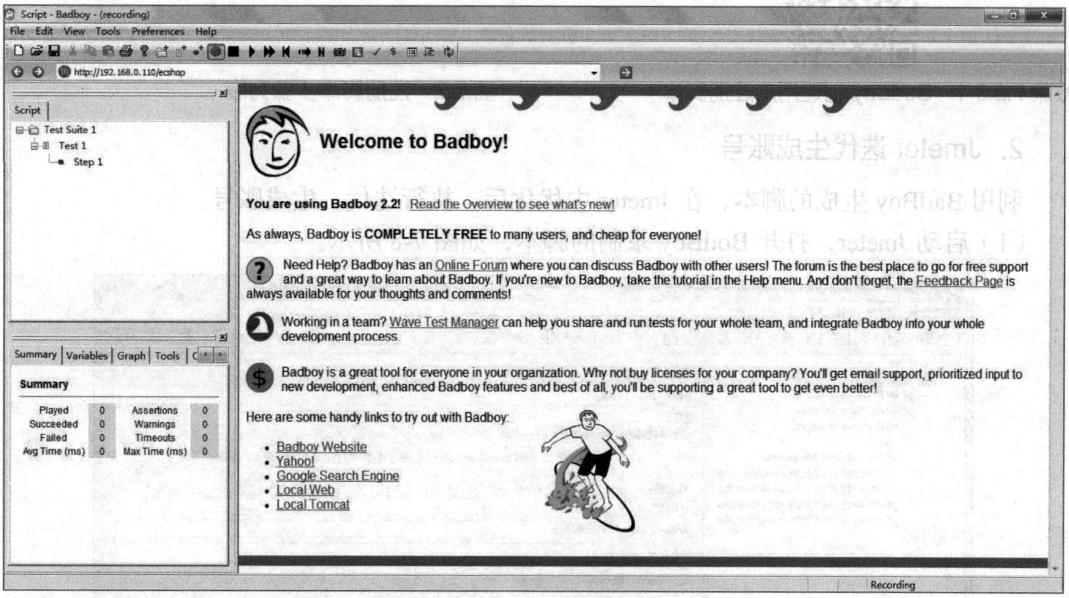

图 7-5 BadBoy 录制界面

（2）单击按钮，录制首页访问，如图 7-6 所示。

（3）根据注册步骤，逐步操作，完成所有操作后，停止录制，如图 7-7 所示。

（4）脚本操作录制完成后，单击“File”→“Export to Jmeter”，导出 Jmeter 脚本。

图 7-6　录制首页信息

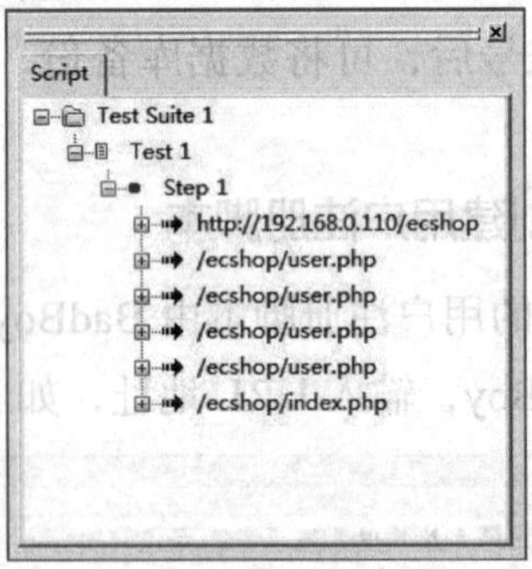

微课 7.2.6-1　BadBoy 创建用户注册脚本

图 7-7　注册脚本步骤列表

2. Jmeter 迭代生成账号

利用 BadBoy 生成的脚本，在 Jmeter 中优化后，执行迭代，生成账号。

（1）启动 Jmeter，打开 BodBoy 录制的脚本，如图 7-8 所示。

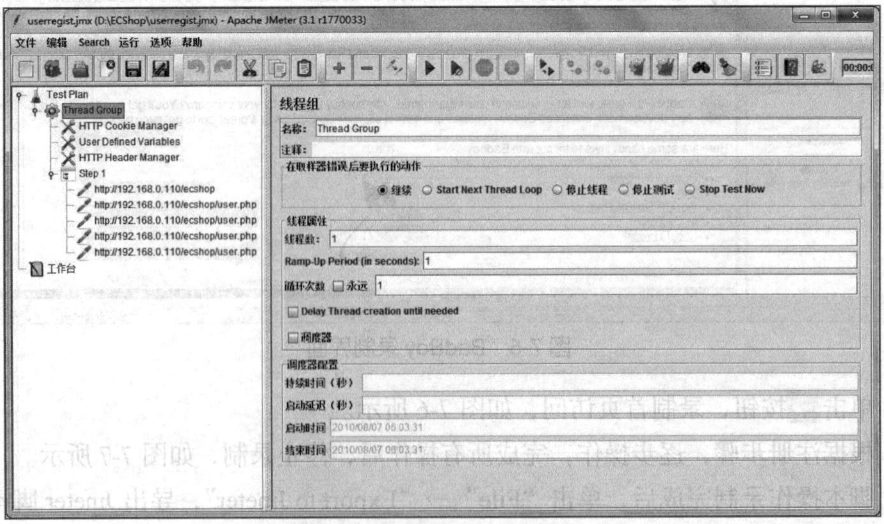

图 7-8　加载用户注册脚本

（2）利用数据生成工具，如 Excel，创建 6 万个用户名，格式为 t00001，保存为 txt 文件。

（3）参数化用户名，密码不需要调整，利用 CSV Data Set Config 创建用户名参数“username”。选择“step1”，单击鼠标右键，单击“添加”→“配置元件”→“CSV Data Set Config”，如图 7-9 所示。

图 7-9　CSV Data Set Config 设置界面

（4）在“Filename”中输入测试数据所在路径，如“C:\userinfo.txt”，“Variable Names”设置供测试脚本调用的变量名，如“username”，其他默认设置即可，如图 7-10 所示。

图 7-10　用户名参数化设置

（5）请求中引用“username”变量，如图 7-11 所示。

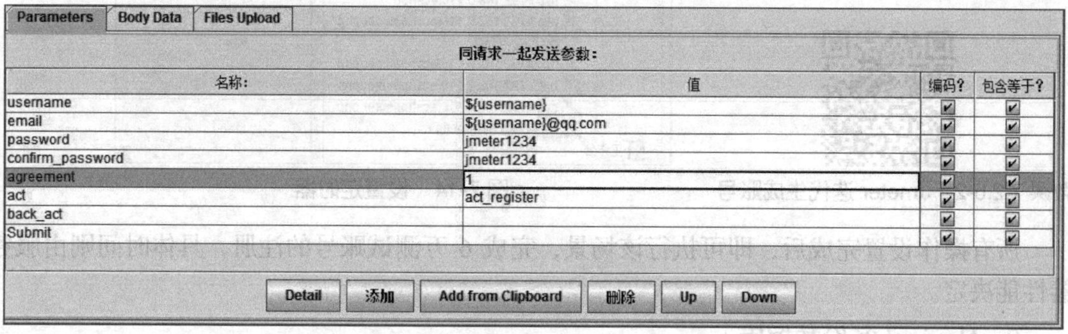

图 7-11　引用“username”参数

（6）单击“Thread Group”，设置启动线程，如“30”。因 BadBoy 录制的 Jmeter 脚本，无法在“Thread Group”中设置循环次数，须在“Step1”中设置，因此此处不设置循环次数，默认为“1”，具体设置如图 7-12 所示。

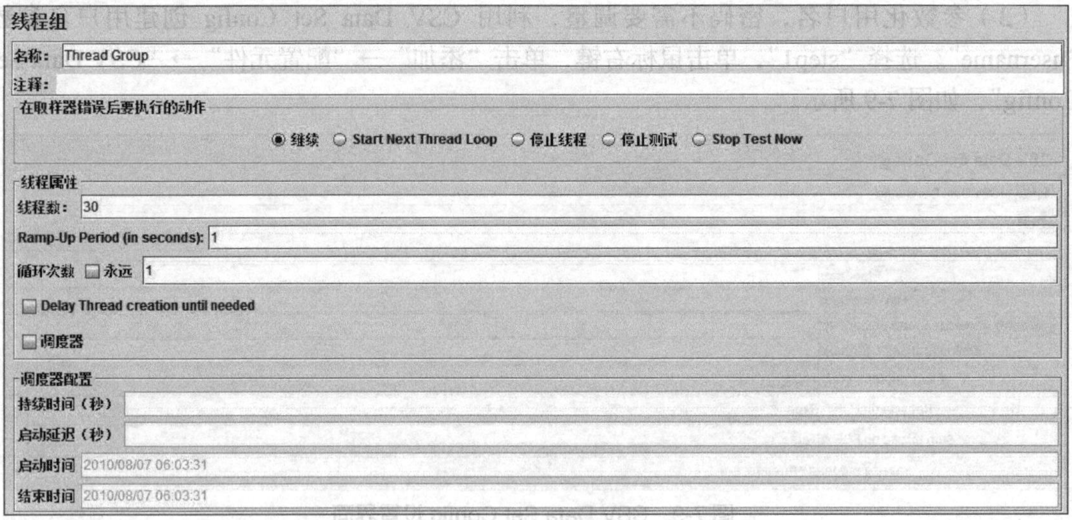

图 7-12 设置线程数

（7）单击“Step1”打开循环控制器设置，设置循环次数，如“2000”，与线程组组合生成 30×2000=6 万个账号，如图 7-13 所示。

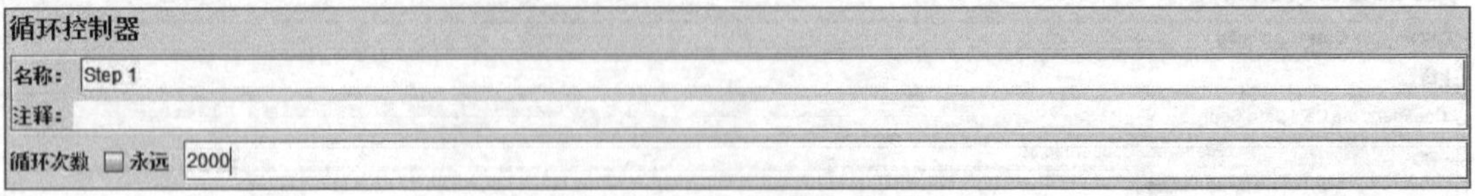

图 7-13 设置循环控制器循环次数

（8）测试过程中可能因为请求发送太快，服务器无法响应，可在请求间加入计时器，延缓请求发送频率，模拟更真实的注册操作，如图 7-14 所示，设置线程延迟时间为 5 秒。

微课 7.2.6-2 Jmeter 迭代生成账号

图 7-14 设置定时器

所有操作设置完成后，即可执行该场景，完成 6 万测试账号的注册，具体时间则由服务器性能决定。

3. Navicat 备份数据库

所有账号注册完成后，可将 ECShop 数据库备份，便于后续的测试使用。因 ECShop 数据库使用的是 MySQL，则可利用 Navicat 进行数据库备份，如图 7-15 所示。

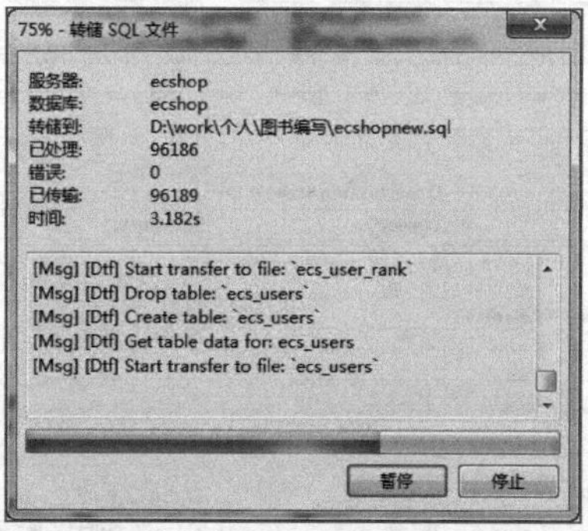

图 7-15 Navicat 备份数据库

微课 7.2.6-3 Navicat 备份数据库

通过上述过程介绍，读者可学习利用 Jmeter 构造 6 万个 ECShop 注册用户，用于开展后续的用户登录及随机购买商品性能测试。

7.2.7 测试脚本开发

根据表 7-8 用户登录脚本、随机购买商品两个脚本用例，进行测试脚本的开发。

1. 用户登录脚本开发

（1）利用 BadBoy 录制用户登录过程，生成 Jmeter 脚本。

（2）登录用户名进行参数化。

为模拟不同用户登录，更符合实际业务情景，需针对用户名进行参数化。选择“step1”，单击鼠标右键，单击“添加”→“配置元件”→“CSV Data Set Config”，设置相关信息，“Sharing mode”需设置为“All threads”，具体设置信息如图 7-16 所示。

图 7-16 登录用户名参数化设置

设置好 CSV 后，在请求中进行替换，替换后如图 7-17 所示。

（3）设置计时器

脚本录制过程中，用户输入账号及密码，大概需 5 秒，其余操作则不考虑等待时间（可根据具体需求确定），需添加 3 个计时器：用户登录信息输入 5 秒计时器、登录成功等待选择 3 秒计时器、用户退出等待选择 3 秒计时器，具体设计如图 7-18 所示。

（4）设置断言

为了判定用户登录是否成功，可设置断言，检验用户登录成功标志位是否出现。经过分析，ECShop 如果用户登录成功，在 UI 界面上将提示“登录成功”信息，测试工程师则可以此为断言信息。单击发送登录信息的请求，单击鼠标右键，单击“添加”→“断言”→“响应断言”，输入“要测试的模式”，即“登录成功”，如图 7-19 所示。

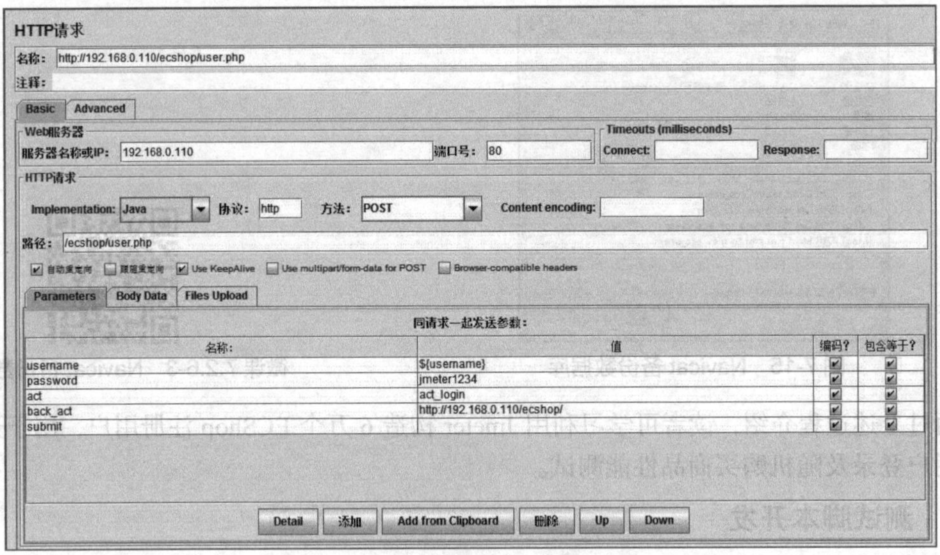

图 7-17 用户登录用户名替换参数

图 7-18 用户登录业务计时器设置

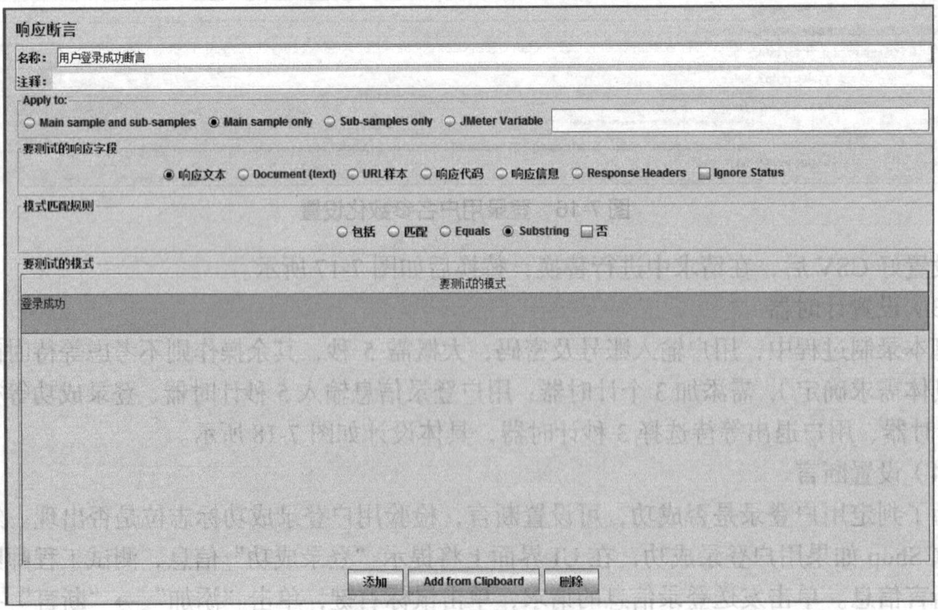

图 7-19 用户登录状态断言

断言设置后，如果失败，则显示如下内容，如果成功，则无结果返回。

```
Assertion error: false
Assertion failure: true
Assertion failure message: Test failed: text expected to contain /登录成功/
```

（5）添加“察看结果树”“聚合报告”，便于统计测试脚本执行过程中的数据表现。

（6）如有需要，可将每个请求名称修改为可识别的信息，因本脚本请求较少，故不做修改。

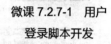

微课 7.2.7-1 用户登录脚本开发

通过上述操作设置，用户登录脚本设计完成。

2. 随机购买商品脚本开发

（1）用 BadBoy 录制用户登录、浏览商品、加入购物车、设置快递方式、付款方式及收货信息提交订单等过程，生成 Jmeter 脚本。

（2）针对用户名进行参数化，方法类似用户登录脚本设置，这里不做赘述。

（3）为了实现随机选择某种商品，然后进行购买行为，需在页面中随机获取该商品的信息，通过对服务器返回结果分析，利用正则表达式提取器实现随机获取商品 id。单击登录成功后返回首页的请求，单击鼠标右键，单击“添加”→“后置处理器”→“正则表达式提取器”，设置相关信息如图 7-20 所示。

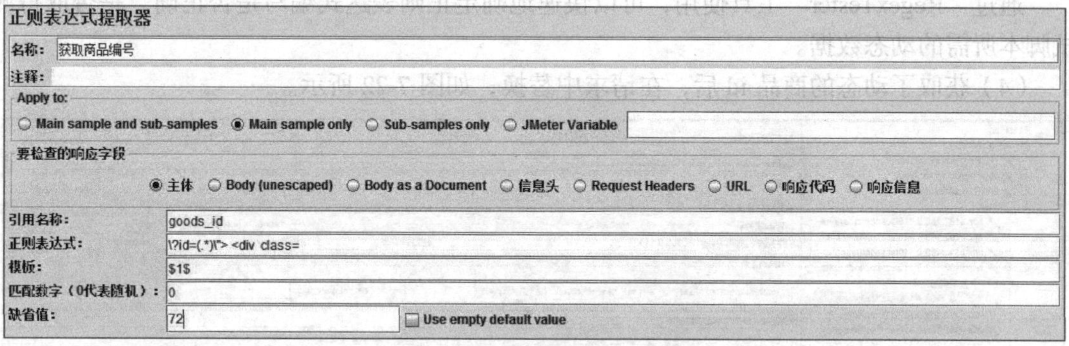

图 7-20 设置正则表达式提取器

本处详细介绍正则表达式提取器用法如下。

- “名称”：为了便于识别组件作用，将“名称”改为“获取商品编号”，测试工程师工作中可根据具体需求确定。
- “引用名称”：表示 Jmeter 其他组件调用该变量时的名称。此处设置为“goods_id”，表示为商品 id。
- “正则表达式”：设为“\?id=(.*)\"> <div class=”，需注意，“？”“"”需进行转义。“(.*)”表示在“id=”及“">”之间去任意长度的字符。
- “模板”：表示取哪个匹配值，本处只有一个，故设置为“1”。
- “匹配数字”：表述获取数据的方式，为了达到随机的效果，这里设置为“0”。
- “缺省值”：当没有获取到匹配的数据时，可取此处的缺省值。

其余选项默认设置即可。

测试工程师在实际测试中，为了更方便地利用正则表达式提取器获取脚本所需的动态数据，可利用“RegexTester”正则表达式提取器工具进行测试，确定数据获取正确后，再配置 Jmeter 中的正则表达式提取器。“RegexTester”使用界面如图 7-21 所示。

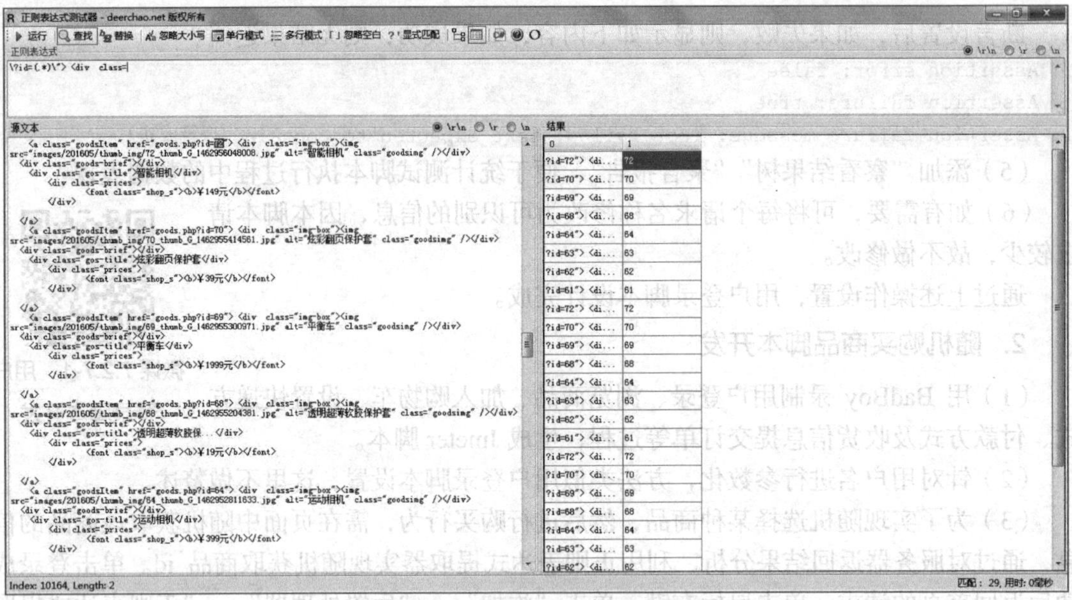

图 7-21　RegexTester 工具使用

通过“RegexTester”工具使用，可以快速地确定正则表达式编写是否正确，是否取得测试脚本所需的动态数据。

（4）获取了动态的商品 id 后，在请求中替换，如图 7-22 所示。

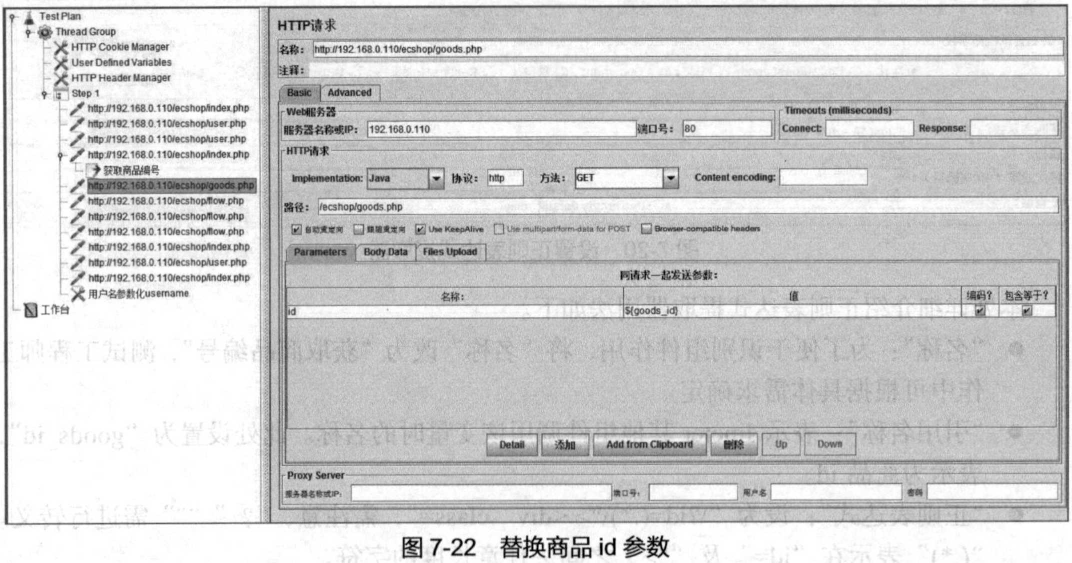

图 7-22　替换商品 id 参数

（5）分析脚本请求，发现 BadBoy 并未录制到将所选商品添加到购物的请求，因此需手动添加该请求。通过利用 Fiddler 工具抓包，分析请求方式，如图 7-23 所示。

通过“Headers”头文件信息，发现“添加购物车”请求方式为“Post”，再分析 Post 传递内容，查看“TextView”内容，如图 7-24 所示。

“TextView”中表明该 Post 请求发送了如下内容。

```
goods={"quick":1,"spec":[],"goods_id":70,"number":"1","parent":0}
```

通过上述分析活动，手动添加 HTTP 请求，模拟添加购物车活动。

选择“Step1”，单击鼠标右键，单击“添加”→“Sampler”→“HTTP 请求”，如图 7-25 所示。

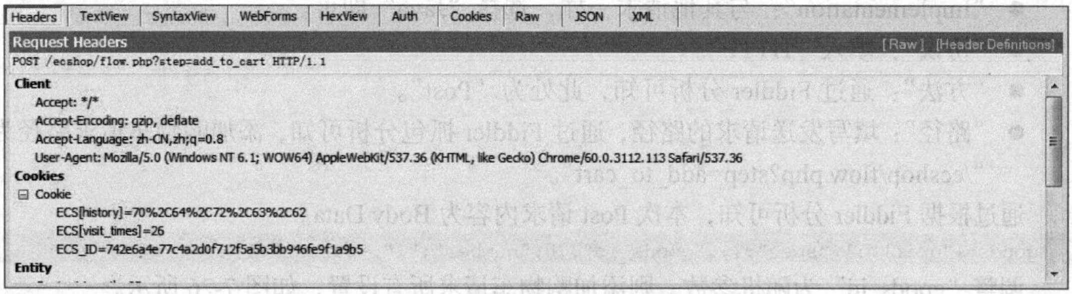

图 7-23 添加购物车请求方式

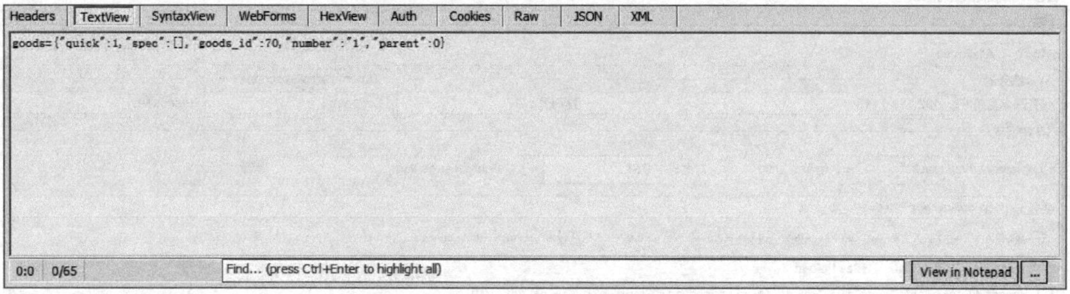

图 7-24 添加购物车传递数据内容

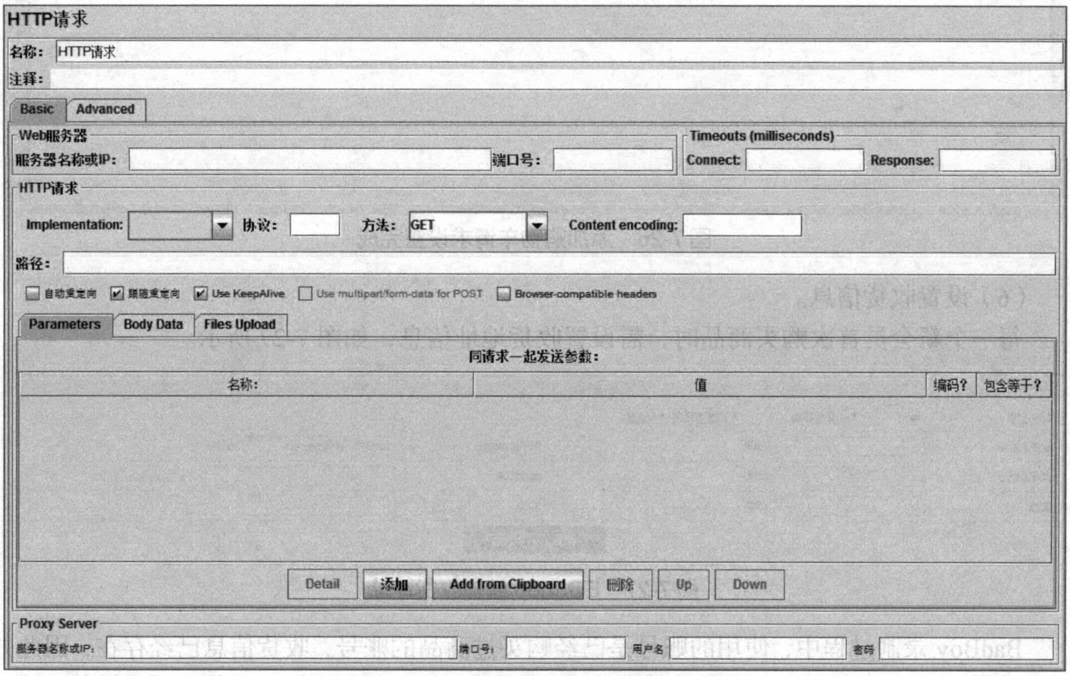

图 7-25 HTTP 请求创建界面

- “名称”：设置易懂的名称即可。这里可以设置为当前请求的作用，如“添加商品到购物车”。

- “服务器名称或 IP”：设置服务器的 IP，如“192.168.0.110”。
- “端口号”：设置服务器提供服务的端口号，ECShop 使用的 Apache+PHP 模式，故端口号为“80”。
- “Implementation”：与其他请求一样，选择“Java”即可。
- “协议”：填入“HTTP”。
- “方法”：通过 Fiddler 分析可知，此处为“Post”。
- “路径”：填写发送请求的路径，通过 Fiddler 抓包分析可知，添加购物车请求路径为“/ecshop/flow.php?step=add_to_cart”。

通过根据 Fiddler 分析可知，本次 Post 请求内容为 Body Data。

```
goods={"quick":1,"spec":[],"goods_id":70,"number":"1","parent":0}
```

调整“goods_id”为随机参数，则添加购物车请求所有设置，如图 7-26 所示。

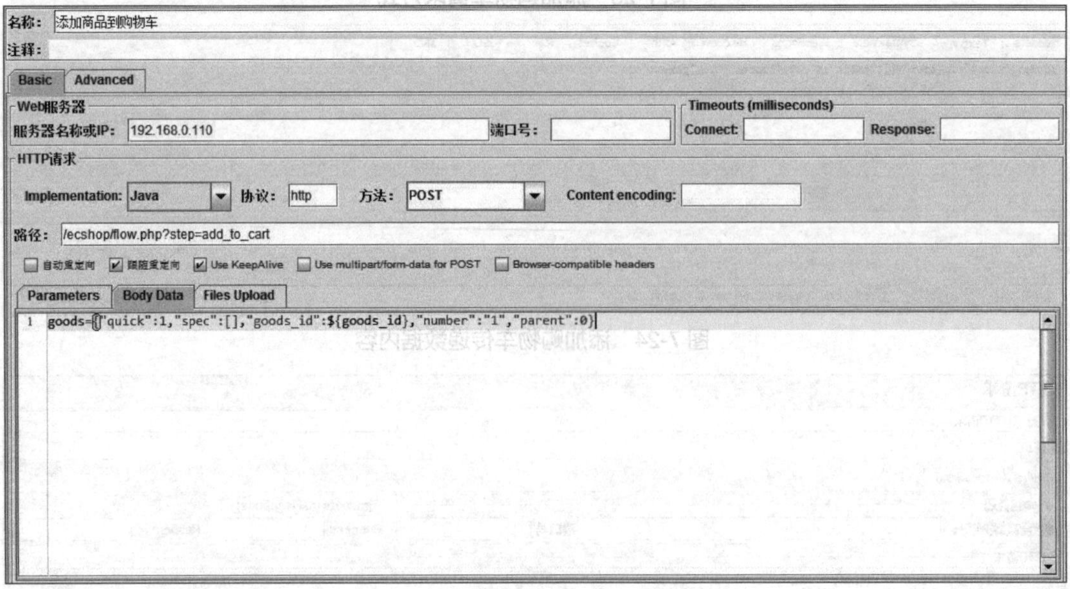

图 7-26 添加购物车请求设置完成

（6）设置收货信息。

每一个新会员首次购买商品时，需设置收货地址信息，如图 7-27 所示。

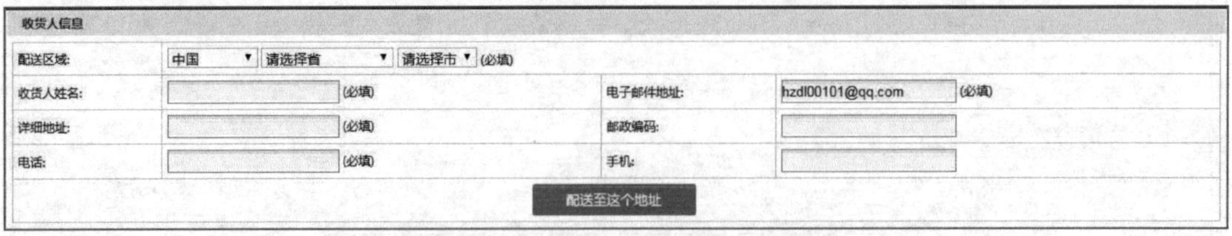

图 7-27 ECShop 编辑收货地址

BadBoy 录制过程中，使用的账号是已经购买过商品的账号，收货信息已经存在，因此并没有录制到添加收货地址的操作，测试工程师同样可通过 Fiddler 抓包分析，手动添加请求。添加 HTTP 请求后如图 7-28 所示。

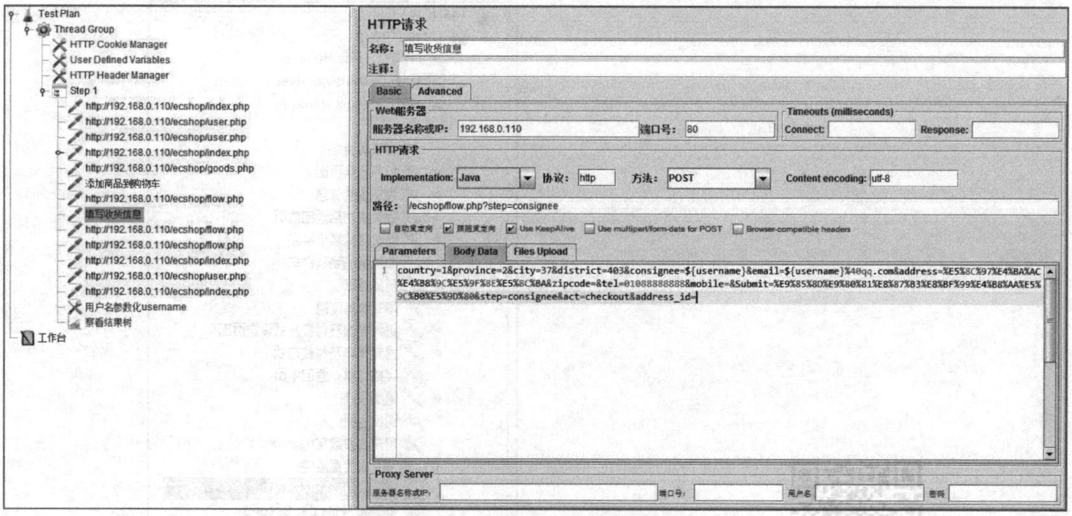

图 7-28 编辑收货地址请求

（7）添加计时器。

脚本录制过程中，用户输入用户名及密码，需 5 秒左右，用户登录成功后，系统默认有 3 秒左右的用户选择操作时间，用户选择某件商品，然后添加到购物车，这个过程可增加计时器 5 秒，编写收货信息 5 秒，填写快递信息及付款方式 5 秒，用户退出系统时，也存在同样的选择时间，大约 3 秒。总体设计如图 7-29 所示。

图 7-29 随机购买商品计时器

订单是否成功，可在 ECShop 后台直接查询，因此，本处不设置。

（8）添加“察看结果树”“聚合报告”，便于统计测试脚本执行过程中的数据表现。

（9）将所有请求名称修改为可识别的信息，便于后续测试过程中定位问题，最终结果如图 7-30 所示。

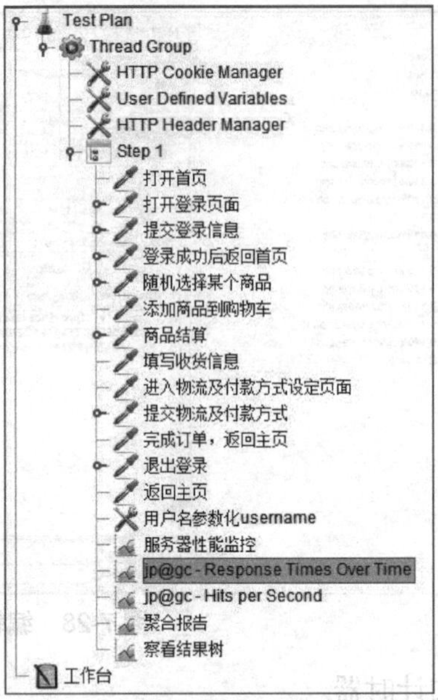

微课 7.2.7-2 随机购买商品脚本开发

图 7-30 随机购物脚本请求列表

7.2.8 场景设计与实现

测试脚本设置完成后，需进行测试场景设置。本次测试分为 2 组 4 个场景。

本次测试过程所有场景的计时器全部启用，模拟用户的真实请求发送请求，测试工程师可在实际测试时测试启用计时器与禁用计时器两种情况。

1. 用户登录并发基准场景设置

本次并发测试目的在于验证 ECShop 平台能否支持 100 个并发同时登录系统，无需考虑持续时间。首先设置场景执行计划。

（1）单击“Thread Group”（此处改名为“用户登录业务”），出现图 7-31 所示的界面。

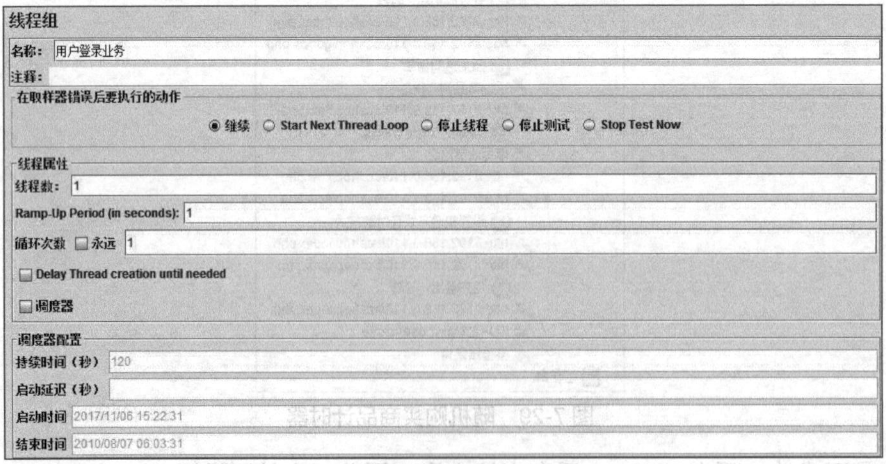

图 7-31 用户登录线程组设置

并发测试，每个线程只需执行一次，因此，图 7-31 所示界面中，仅需将“线程数”设置为 100，其他默认即可。

（2）线程组设置完成后，需设置服务器资源监控信息。

Jmeter 利用 Plugins Manager 管理所有插件，测试工程师可利用该管理器管理测试过程中可能需要的插件，如 TPS 监控、系统资源监控等。

以服务器性能监控为例，Plugins manager 中添加“PerfMon (Servers Performance Monitoring)”，即可在 Jmeter 远程监控服务器系统资源。

（3）下载“ServerAgent”，上传至 Linux 服务器，启动“startAgent.sh”，“ServerAgent”默认开启 4444 代理端口，如图 7-32 所示。

[root@ecshopserver ServerAgent-2.2.1]# ls
CMDRunner.jar lib LICENSE ServerAgent.jar startAgent.bat startAgent.sh
[root@ecshopserver ServerAgent-2.2.1]# ./startAgent.sh
INFO   2017-11-06 15:07:51.395 [kg.apc.p] (): Binding UDP to 4444
INFO   2017-11-06 15:07:52.395 [kg.apc.p] (): Binding TCP to 4444
INFO   2017-11-06 15:07:52.423 [kg.apc.p] (): JP@GC Agent v2.2.0 started

图 7-32　开启 ServerAgent 远程代理

（4）选择“Step1”，单击鼠标右键，单击“添加”→“监听器”→“jp@gc - PerfMon Metrics Collector”，出现图 7-33 所示的界面。

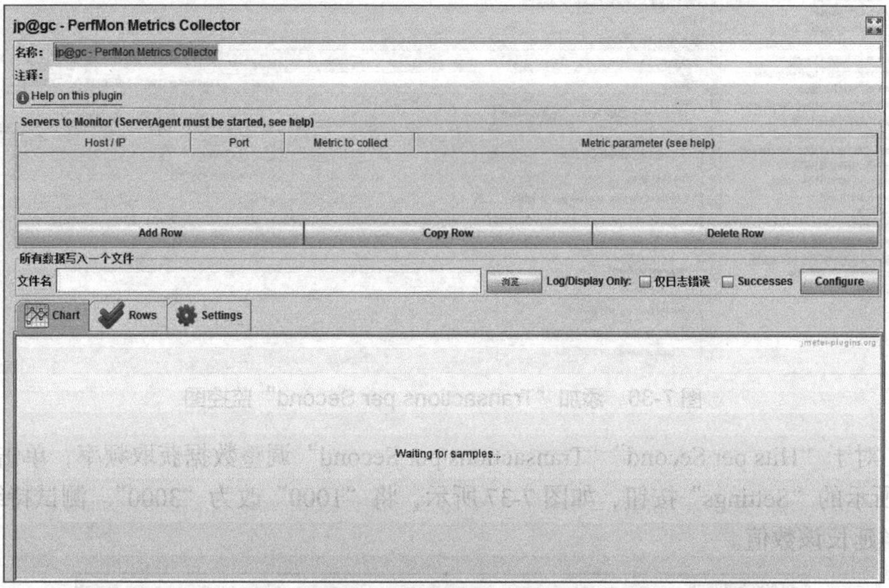

图 7-33　添加服务器监控窗口

（5）单击“Add Row”，添加需监控的对象，如 CPU、内存等，如图 7-34 所示。

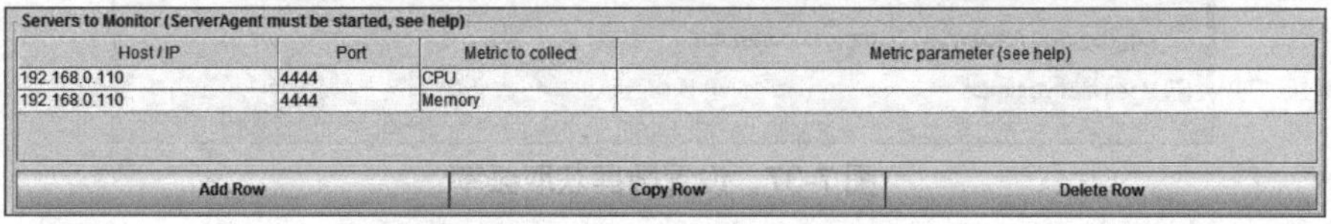

图 7-34　添加服务器监控对象

添加完成后，需执行计划才能获取数据。

（6）类似方法，添加“Hits per Second”“Transactions per Second”等需要监控的服务器响应指标，如图 7-35、图 7-36 所示。

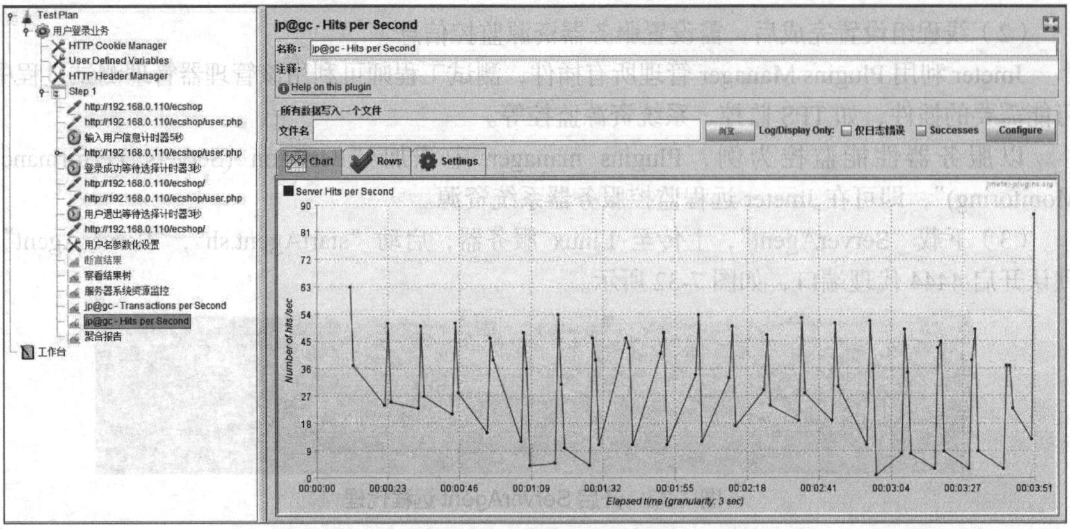

图 7-35　添加“Hits per Second”监控图

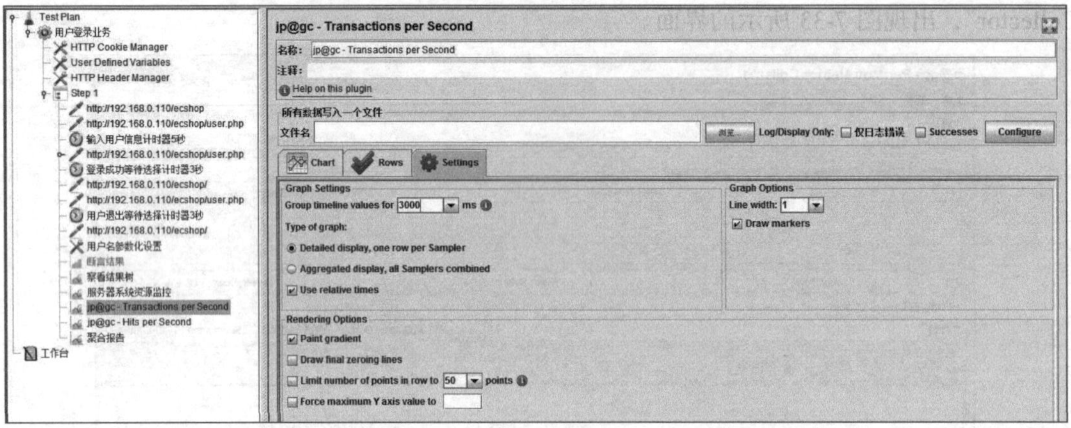

图 7-36　添加“Transactions per Second”监控图

（7）对于“Hits per Second”“Transactions per Second”调整数据获取频率，单击图 7-35、图 7-36 所示的“Settings”按钮，如图 7-37 所示，将“1000”改为“3000”。测试持续时间长则可适当延长该数值。

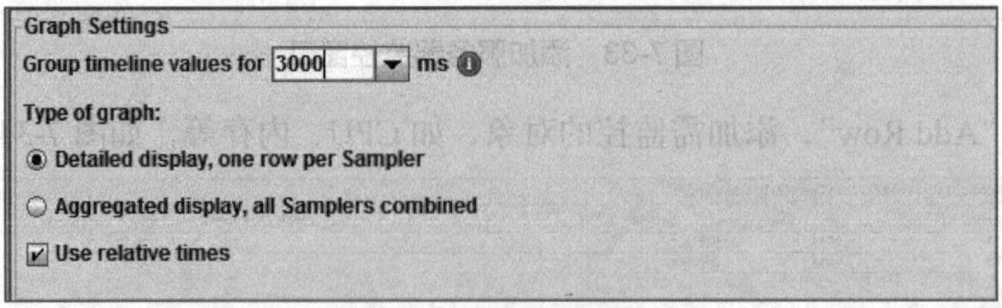

图 7-37　设置数据获取频率

因 Jmeter 默认没有提供 MySQL 数据的监控，因此，本次性能测试需采用其他性能监控工具监控 MySQL 数据，便于获取整个场景执行过程中，服务器 MySQL 的性能表现。

本次测试采用 Spotlight 监控 MySQL 性能表现，安装好 Spotlight 后，添加数据库连接即可。接下来介绍利用 Spotlight 监控 MySQL 数据库的步骤。

（1）启动 Spotlight 后，单击创建【Connect】按钮，如图 7-38 所示。

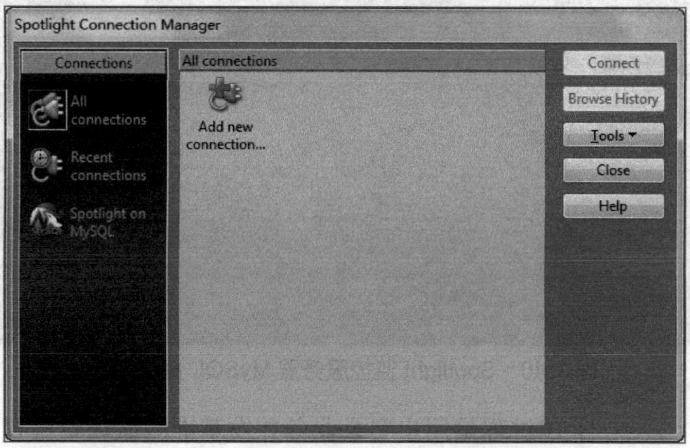

图 7-38　数据库监控连接列表

（2）双击“Add new connection”，出现图 7-39 所示的界面。

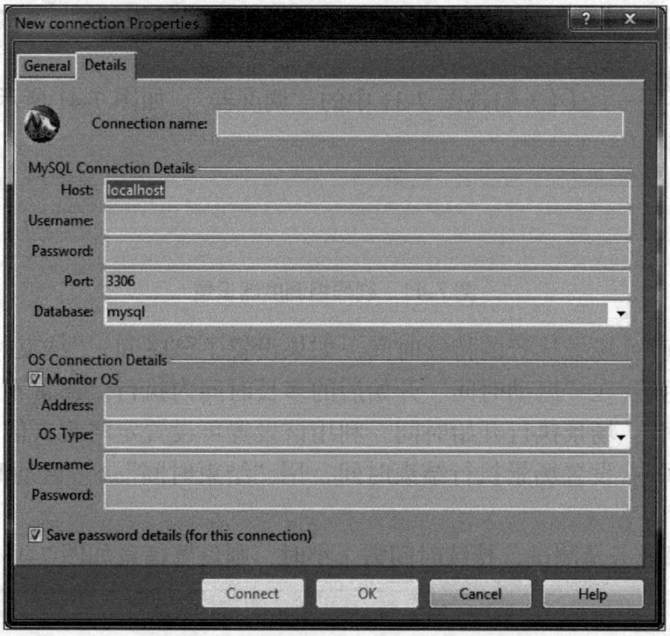

图 7-39　创建服务器 MySQL 监控连接

- “Connection name”：设置连接名称，任意起名，如“ECShopDB”。
- “Host”：设置服务器 ip 地址，如“192.168.0.110”。
- “Username”：MySQL 服务器用户名，如“root”。
- “Password”：MySQL 服务器密码，根据实际密码输入，此处为“123456”。
- “Port”：默认设置即可。
- “Database”：设置为待监控的数据库名称，如“ecshop”。

这里不设置 OS 监控，因为 Jmeter 已经对服务器进行了监控，所有设置完成后，单击“Connect”按钮，即可完成 Spotlight 对服务器 MySQL 的监控设置，设置完成后的监控图如图 7-40 所示。

图 7-40 Spotlight 监控服务器 MySQL 资源使用

上述过程是用户登录业务并发基准测试场景设置过程。

微课 7.2.8-1 用户登录并发基准场景设置

2. 用户登录业务量基准场景设置

根据前面测试场景分析，业务量测试需设置 78 个线程数，同时需设置测试执行的时间段。线程数设置较为简单，持续时间该如何处理呢?

（1）勾选图 7-31 中的“调度器”，如图 7-41 所示。

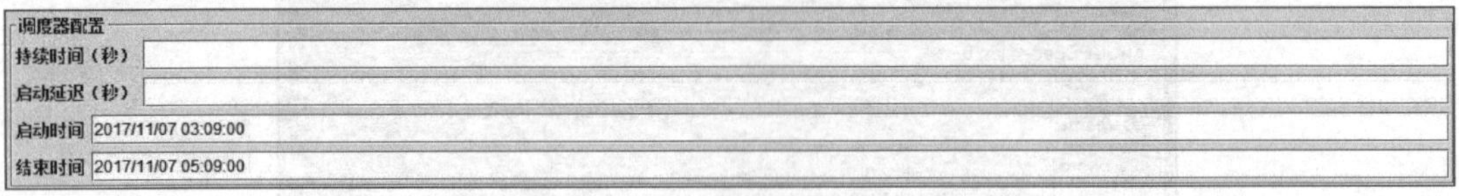

图 7-41 线程组调度器设置

- “持续时间”：场景执行的持续时间，如果设置了该时间，“结束时间”将不生效。
- “启动延迟”：在“启动时间”开始后的多长时间内执行。通常不做设置。
- “启动时间”：场景执行开始时间，利用该设置可设置定时无人值守测试。
- “结束时间”：设置场景执行结束时间，用“结束时间”–“启动时间”即为场景持续时间。

（2）本次登录业务量测试，持续时间需 2 小时，则设置信息如图 7-42 所示。

图 7-42 用户登录 2 小时场调度器设置

（3）以上设置一定要勾选“循环次数”为“永远”，“调度器”才能生效。线程组线程数及调度时间设置完成后的界面如图 7-43 所示。

因本次测试脚本由 BadBoy 录制生成，而 BadBoy 录制的脚本与 Jmeter 录制的脚本在循环设置方面存在差异，因此在完成线程组相关设置后，需对“Step1”进行设置。

（4）“Step1”设置较为简单，与线程组一样，将“循环次数”设为“永远”即可，如图 7-44 所示。

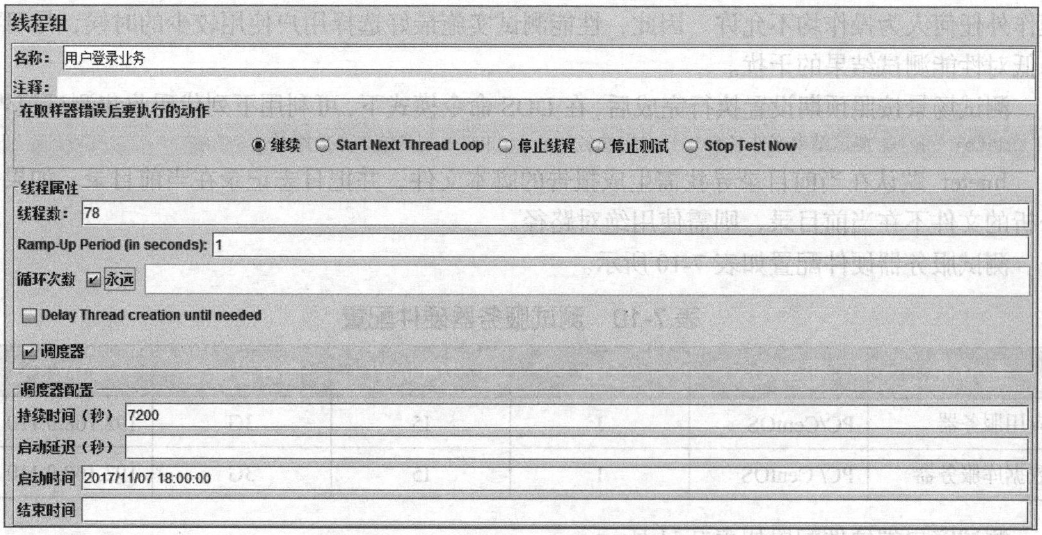

图 7-43　用户登录线程组设置完成界面

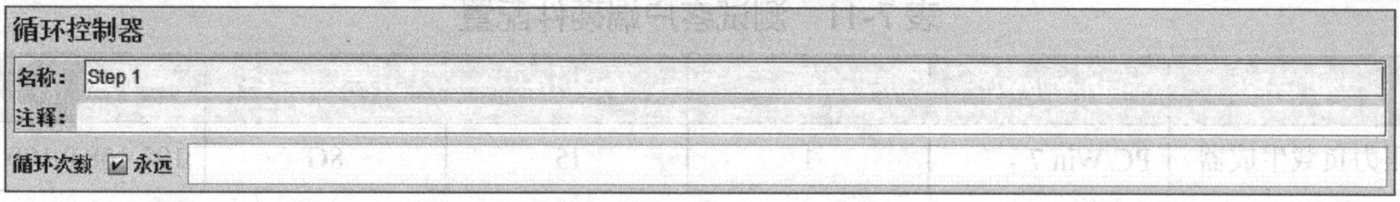

图 7-44　“Step1”循环控制

服务器监控则与“用户登录并发基准场景设置”中的监控设置方式相同。

微课 7.2.8-2　用户登录业务量基准场景设置

3. 随机商品购买并发基准场景设置

根据需求，随机商品购买测试并发数为 100，参考“用户登录基准场景设置”，设置线程数为 100，其他类似。

4. 随机商品购买业务量基准场景设置

将线程组设置为 100，其他类似。

相关设置完成后，即可进行场景执行，需注意的是，所有的监控应先于场景执行操作开启，否则可能会导致数据监控遗漏。

7.2.9　场景执行与结果收集

测试执行前，需对测试环境进行确认，确保所有环境、系统业务都能正常使用。首先需将 ECShop 数据库恢复到初始状态，即创建了 6 万个注册账号，没有任何订单时的数据库，便于后续统计商品随机购买场景的成功率。

本次被测系统有个特殊的地方，有些商品的库存量较少，或者为 0，处于缺货状态，为了避免测试过程中因数据问题导致测试失败，在开始执行测试前，可将所有商品的库存调整为 70000，这样能够充分保证测试数据够用，不会出现因为测试数据准备不充分导致的测试失败。修改库存量 SQL 语句如下。

```
update ecs_goods SET ecs_goods.goods_number = "70000"
```

场景执行时，须在可控的测试环境下进行，当客户端性能不足时，需考虑提升客户端配置，或分布线程数。对于服务器，需保证在性能测试过程中，服务器资源独享，除本次性能操作外任何人为操作均不允许。因此，性能测试实施最好选择用户使用较少的时候，尽可能降低对性能测试结果的干扰。

测试场景按照预期设置执行完成后，在 DOS 命令模式下，可利用下列代码收集测试报告。

```
Jmeter -n -t 测试结果文件名 -l 日志文件名 -e -o HTML 测试结果存放路径
```

Jmeter 默认在当前目录寻找需生成报告的脚本文件，并把日志记录在当前目录。如果需分析的文件不在当前目录，则需使用绝对路径。

测试服务器硬件配置如表 7-10 所示。

表 7-10　测试服务器硬件配置

主机用途	机型/OS	台数	CPU/台	内存容量/台	对应 IP
应用服务器	PC/CentOS	1	I5	3G	192.168.0.110
数据库服务器	PC/ CentOS	1	I5	3G	192.168.0.110

测试客户端硬件配置如表 7-11 所示。

表 7-11　测试客户端硬件配置

主机用途	机型/OS	台数	CPU/台	内存容量/台	对应 IP
压力负载生成器	PC/Win 7	1	I5	8G	192.168.0.100

1. 用户登录并发场景执行

根据前面的用户登录脚本及场景设置，启动本次 100 线程并发测试场景，如图 7-45 所示。确保所有设置正确，服务器可正确访问，Linux 服务器的 ServerAgent 服务已经打开，MySQL 监控已经打开，关闭客户端与本次测试无关的应用程序。

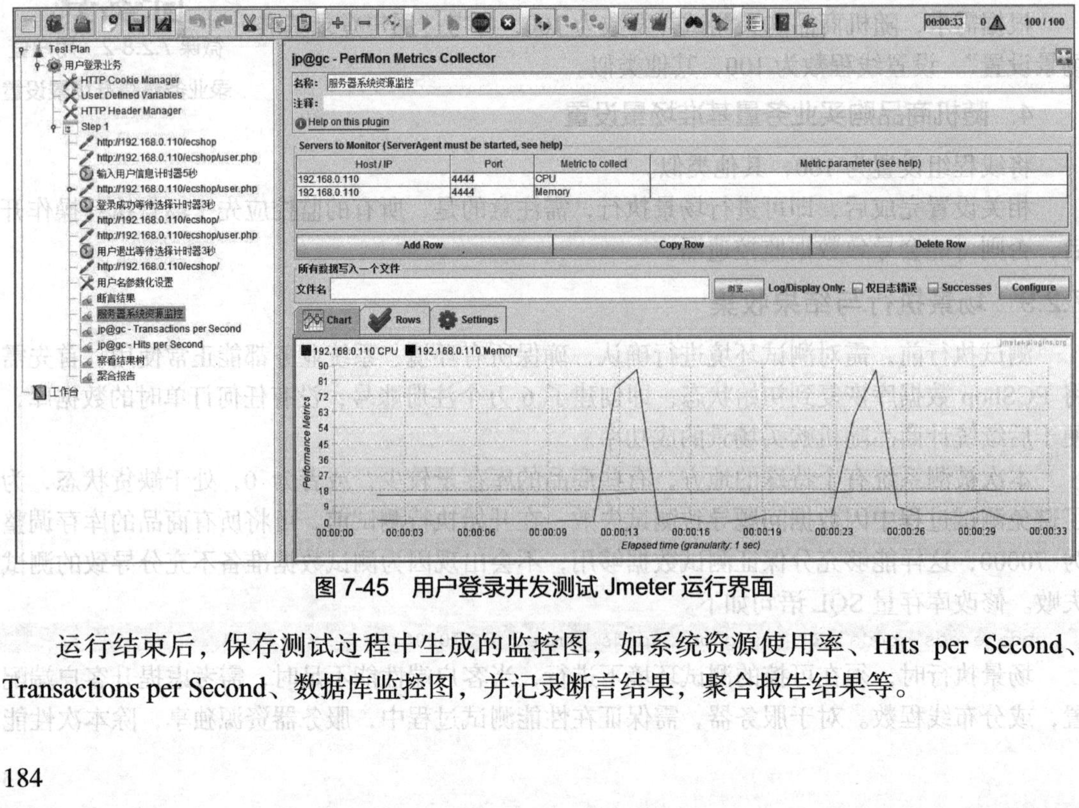

图 7-45　用户登录并发测试 Jmeter 运行界面

运行结束后，保存测试过程中生成的监控图，如系统资源使用率、Hits per Second、Transactions per Second、数据库监控图，并记录断言结果，聚合报告结果等。

利用以下代码生成测试报告，便于后续结果分析。

```
jmeter -n -t D:\ECShop\userlogin100result.jmx -l user100 -e -o D:\ECShop\userlogin100
```

微课 7.2.9-1 用户登录并发场景执行

2. 用户登录业务量场景执行

打开用户登录业务量场景，确认相关数据、环境正确后设置 78 个线程数，启动场景，执行 2 小时。测试完成后保存相关测试数据，利用下列代码生成测试报告，便于后续结果分析。

```
jmeter -n -t D:\ECShop\userloginbuss.jmx -l loginbuss -e -o D:\ECShop\loginbuss
```

微课 7.2.9-2 用户登录业务量场景执行

3. 随机购买并发场景执行

与用户登录并发测试相同的操作方式，启动 100 个线程数的随机购买并发场景测试。测试完成后保存相关数据，利用下列代码生成测试报告，便于后续结果分析。

```
jmeter -n -t D:\ECShop\userbuyprod100result.jmx -l buy100 -e -o D:\ECShop\buy100
```

4. 随机购买业务量场景执行

打开随机购买业务量场景，初始化测试环境，确保后台订单中没有数据（便于成功率统计），确认相关数据、环境正确后设置 100 个线程启动场景，执行 30 分钟。测试完成后保存相关测试数据，利用下列代码生成测试报告，便于后续结果分析。

```
jmeter -n -t D:\ECShop\userbuyprodbuss.jmx -l buybuss -e -o D:\ECShop\buybuss
```

Jmeter 执行过程中，如果测试时间较长，可能会导致 Jmeter 内存溢出，修改 Jmeter 内存配置即可解决。

编辑 Jmeter 的启动文件“jmeter.bat”，修改如下代码。

```
set HEAP=-Xms256m -Xmx256m
set NEW=-XX:NewSize=128m -XX:MaxNewSize=128m
```

为：

```
set HEAP=-Xms512m -Xmx1024m
set NEW=-XX:NewSize=256m -XX:MaxNewSize=512m
```

7.2.10 结果分析与报告输出

场景运行结束后，需针对测试结果进行性能分析。通常而言，Jmeter 性能测试结果分析可从性能测试指标达成方面着手，然后再分析测试过程中出现的异常情况，逐一判断是否存在性能风险。

1. 用户登录并发测试结果分析

获取测试指标提取阶段获得的用户登录并发性能指标数据，如表 7-12 所示。

表 7-12 用户登录并发性能指标

测试项	响应时间	业务成功率	并发测试	CPU 使用率	内存使用率
登录	≤5 秒	100%	100	≤80%	≤80%

（1）响应时间

用户登录响应时间目标指标≤5 秒，结合 Jmeter 执行结果后的聚合报告分析，如图 7-46

所示。

Statistics

Label	#Samples	KO	Error %	Average response time	90th pct	95th pct	99th pct	Throughput	Received KB/sec	Sent KB/sec	Min	Max
Total	**600**	**0**	**0.00%**	**169.19**	**477.00**	**701.80**	**825.98**	**10.46**	**169.26**	**0.00**	**32**	**860**
http://192.168.0.110 /ecshop	100	0	0.00%	559.18	801.00	826.95	859.90	56.02	1362.37	0.00	112	860
http://192.168.0.110 /ecshop/	200	0	0.00%	108.00	187.80	209.95	239.99	8.29	201.21	0.00	36	293
http://192.168.0.110 /ecshop/user.php	300	0	0.00%	80.00	132.80	162.60	242.79	8.53	69.05	0.00	32	259

图 7-46 用户登录并发测试聚合报告结果

从图 7-46 中可以看到，每个请求的平均值为 559.18 毫秒、108 毫秒、80 毫秒，用户登录过程中的每一个请求均≤5 秒，故测试通过。在 Average response time 与 90%、95%相差不大时，可采用 90%采样数据填入测试结果对比表。

（2）Apdex

性能指数（Application Performance Index，Apdex）是一个国际通用标准，Apdex 是用户对应用性能满意度的量化值。它提供了一个统一的测量和报告用户体验的方法，把最终用户的体验和应用性能作为一个完整的指标进行统一度量。该指标在制定性能测试指标时可根据实际性能评价需求增加。

图 7-47 所示为通用用户满意度区域，0 代表没有满意用户，1 则代表所有用户都满意。实际业务系统开发过程中，1 是团队的追求目标。

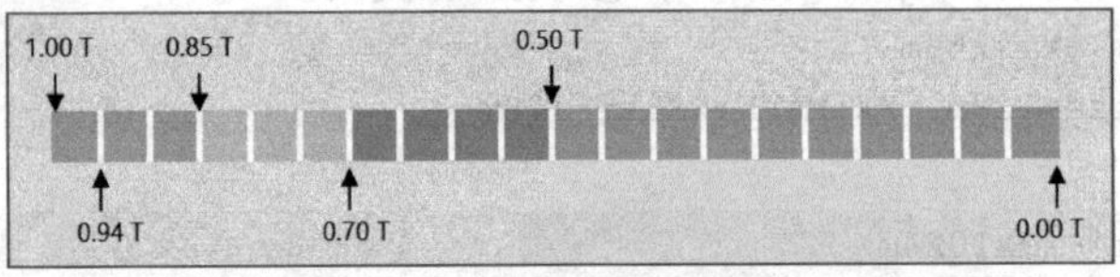

图 7-47 Apdex 满意度指标

针对 ECShop 用户登录业务，100 个并发登录的 Apdex 指标如图 7-48 所示。从图中可看出，所有请求的 Apdex 值都接近 1，因此用户满意度优秀，也从侧面说明了服务器响应速度快。

APDEX (Application Performance Index)

Apdex	T (Toleration threshold)	F (Frustration threshold)	Label
0.952	**500 ms**	**1 sec 500 ms**	**Total**
0.710	500 ms	1 sec 500 ms	http://192.168.0.110 /ecshop
1.000	500 ms	1 sec 500 ms	http://192.168.0.110 /ecshop/
1.000	500 ms	1 sec 500 ms	http://192.168.0.110 /ecshop/user.php

图 7-48 用户登录 100 并发 Apdex 指标情况

（3）业务成功率

测试脚本中设置了断言，判断用户登录后是否出现“登录成功”字样，并设定了“断言结果”查看器，通过查看断言结果，全部通过，则说明登录全部完成，业务成功率为 100%，如图 7-49 所示。

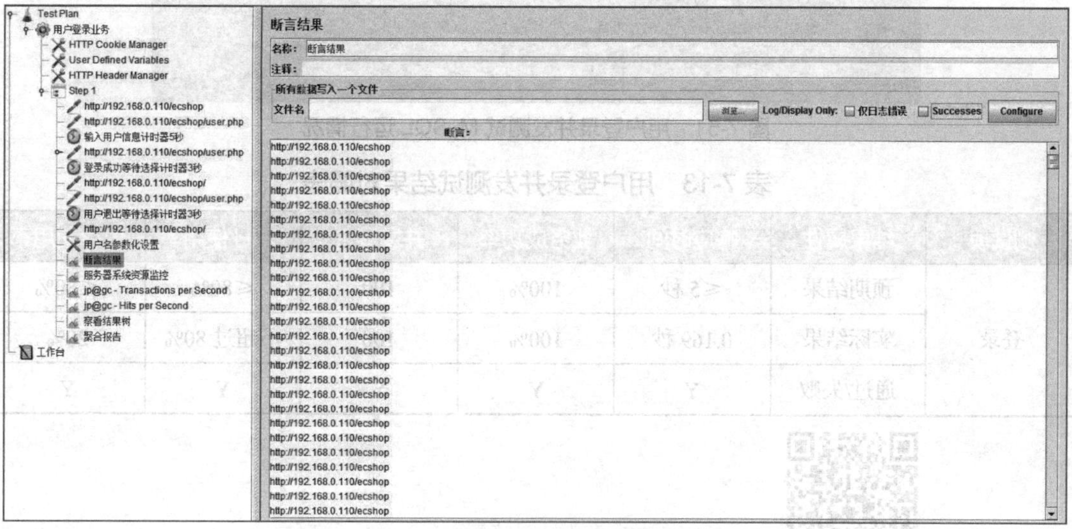

图 7-49　用户登录断言结果

（4）并发数

线程组设置为 100 个线程，运行过程中未出现任何异常，满足 100 个线程并发操作需求。

（5）系统资源使用

利用 Jmeter 监控系统资源，测试完成后结果如图 7-50 所示。

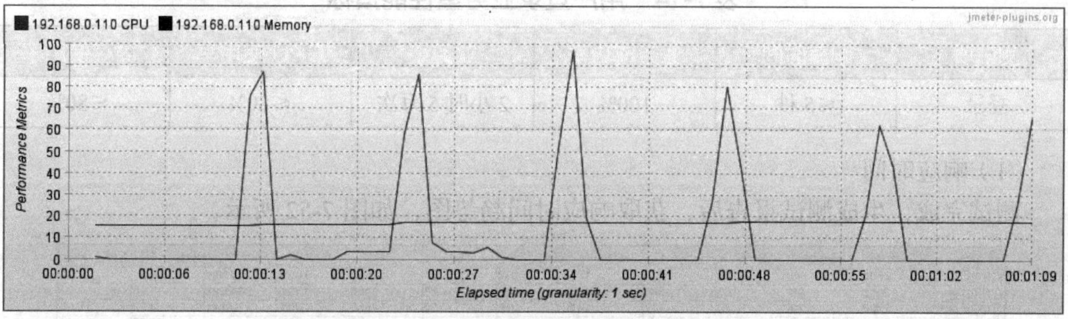

图 7-50　用户登录并发测试系统资源图

通过上图分析，CPU 处于正常状态，因此次测试场景运行时间短，所以波峰及波谷明显，但均未持续超过 80%，内存几乎无变化，被测服务器内存使用率维持在 20%以内。因此测试结果符合预期目标指标。

（6）数据库监控

利用 Spotlight 监控到的服务器 MySQL 数据库在测试期间运行的 SQL 为 SELECT，与被测登录业务对数据库操作吻合，如图 7-51 所示。

通过上述测试指标分析，更新用户登录并发测试结果表如表 7-13 所示。

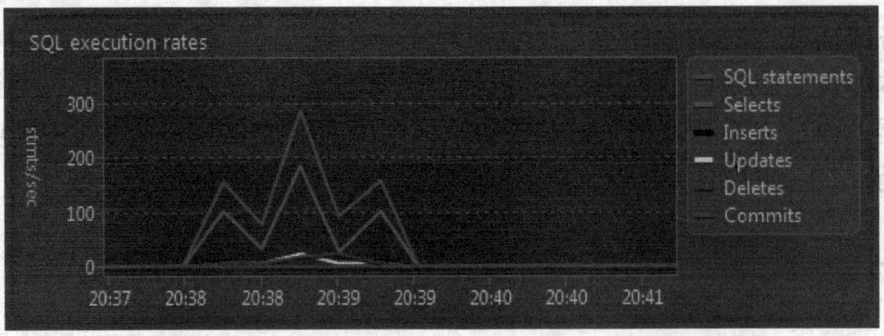

图 7-51　用户登录并发测试 MySQL 运行情况

表 7-13　用户登录并发测试结果对照表

测试项	结果属性	响应时间	业务成功率	并发测试	CPU 使用率	内存使用率
登录	预期结果	≤5 秒	100%	100	≤80%	≤80%
	实际结果	0.169 秒	100%	100	不超过 80%	20%
	通过/失败	Y	Y	Y	Y	Y

微课 7.2.10-1　用户登录并发测试结果分析

2. 用户登录业务量测试结果分析

提取用户登录业务量测试的目标指标如表 7-14 所示。

表 7-14　用户登录业务量性能指标

测试项	响应时间	业务成功率	业务量	CPU 使用率	内存使用率
登录	≤5 秒	100%	2 小时 5 万次	≤80%	≤80%

（1）响应时间

测试完成，生成测试报告后，获取响应时间趋势图，如图 7-52 所示。

Label	# Samples	Average	Median	90% Line	95% Line	99% Line	Min	Max	Error %	Throughput	Received K...	Sent KB/sec
打开首页	8502	95	83	146	171	298	31	610	0.00%	1.2/sec	28.60	0.00
打开用户登...	8502	78	65	108	135	336	29	1168	0.00%	1.2/sec	11.85	0.00
提交登录信息	8427	79	70	117	144	256	30	650	0.00%	1.2/sec	8.28	0.00
登录成功后...	8424	93	81	144	178	303	31	908	0.00%	1.2/sec	28.62	0.00
用户退出	8424	71	65	107	129	188	29	387	0.00%	1.2/sec	8.55	0.00
返回主页	8424	90	80	143	167	219	30	416	0.00%	1.2/sec	28.77	0.00
总体	50703	84	73	131	159	249	29	1168	0.00%	7.1/sec	113.97	0.00

图 7-52　用户登录业务量测试响应时间图

通过上图分析，采用 90%采样数据，分析整个请求，任何一个请求均未超过 5 秒，因此响应时间通过。

（2）业务成功率

测试过程中所有断言通过，并且没有任何错误，登录成功率 100%。“打开首页”“打开用户登录页面”“提交登录信息”与后面请求数据存在差异，是因为测试时间到达后部分请求立刻停止，故未能保证业务的完整性。

（3）业务量

本次业务量测试，设置线程数为 78 个，2 小时完成登录总数为 8427 次登录，其中包含了 11 秒操作停留时间，如果去除 11 秒停留时间，从数据理论计算，2×60×60/0.131=54961 次，可达到预期 2 小时 5 万次登录操作，需进一步测试。

（4）系统资源使用

通过 Jmeter 监控服务器 CPU 及内存使用率来看，CPU 及内存使用率非常稳定，且维持在 20%～30%，满足预期目标不超过 80%，测试通过，如图 7-53 所示。

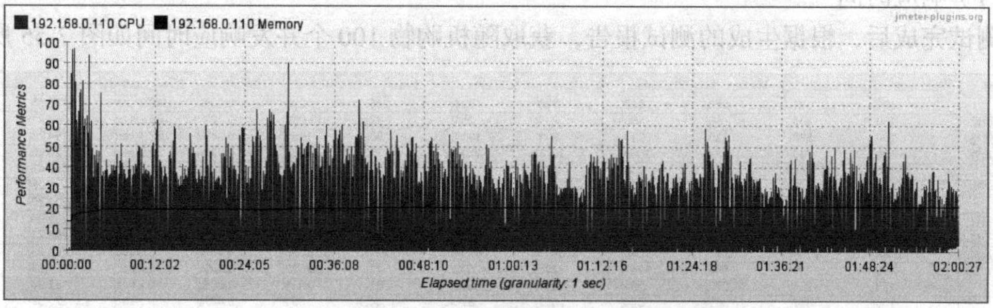

图 7-53 用户登录业务量测试 2 小时系统资源图

（5）数据库监控

数据库执行过程监控正常，符合业务请求变化趋势，如图 7-54 所示。

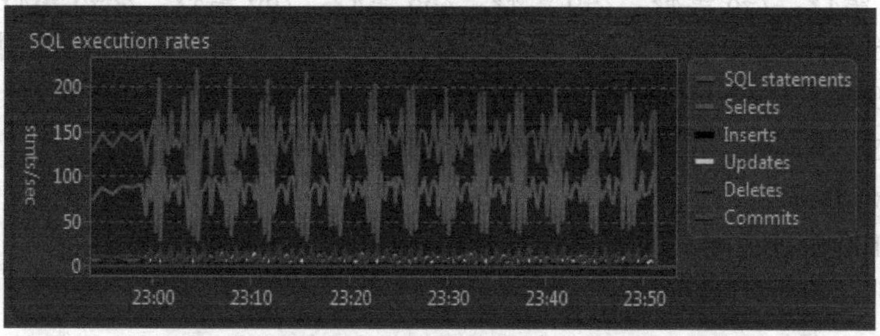

图 7-54 用户登录业务量 MySQL 资源监控图

通过上述测试指标分析，更新用户登录业务量测试结果表如表 7-15 所示。

表 7-15 用户登录业务量并发测试结果

测试项	结果属性	响应时间	业务成功率	业务量	CPU 使用率	内存使用率
用户登录	预期结果	≤5 秒	100%	2 小时 5 万次	≤80%	≤80%
	实际结果	0.131 秒	100%	54961	<40%	20%
	通过/失败	Y	Y	N	Y	Y

业务量测试存在一定差异，可进一步测试。

微课 7.2.10-2 用户登录业务量测试结果分析

3. 随机购物并发测试结果分析

提取随机购物并发测试的目标指标如表 7-16 所示。

表 7-16 随机购买商品并发测试目标指标

测试项	响应时间	业务成功率	并发测试	CPU 使用率	内存使用率
随机购买商品	≤5 秒	100%	100	≤80%	≤80%

（1）响应时间

测试完成后，根据生成的测试报告，获取随机购物 100 个并发响应时间如图 7-55 所示。

Label	# Samples	Average	Median	90% Line	95% Line	99% Line	Min	Max	Error %	Throughput	Received KB/...	Sent KB/sec
打开首页	100	631	653	842	886	901	266	905	0.00%	49.2/sec	1197.36	0.00
打开登录页面	100	105	86	166	219	254	39	255	0.00%	56.8/sec	568.41	0.00
提交登录信息	100	588	635	913	994	1014	50	1051	0.00%	37.4/sec	264.23	0.00
登录成功后返...	100	748	822	1043	1078	1113	58	1152	0.00%	30.2/sec	729.90	0.00
随机选择某个...	100	246	123	646	691	733	39	737	0.00%	25.1/sec	539.43	0.00
添加商品到购...	100	288	129	684	712	732	41	788	0.00%	23.0/sec	9.08	0.00
商品结算	100	786	745	1418	1534	1656	62	1694	0.00%	16.7/sec	234.89	0.00
填写收货信息	100	2848	2158	5395	5924	6980	166	7488	0.00%	7.6/sec	180.76	0.00
进入物流及付...	100	1934	1368	3743	4008	4334	82	4456	0.00%	7.0/sec	162.71	0.00
提交物流及付...	100	2161	1777	4040	4413	4794	110	5198	0.00%	6.5/sec	63.23	0.00
完成订单，返...	100	836	666	1941	2205	2562	41	2699	0.00%	8.2/sec	197.33	0.00
退出登录	100	290	272	581	645	882	31	931	0.00%	8.7/sec	62.80	0.00
返回主页	100	307	308	544	687	876	34	991	0.00%	9.3/sec	226.59	0.00
总体	1300	905	544	2302	3743	5244	31	7488	0.00%	30.1/sec	495.11	0.00

图 7-55 随机购物并发测试响应时间

通过图 7-55 分析，随机购物 100 个线程并发执行时，平均响应时间分别为：631 毫秒、105 毫秒、588 毫秒、748 毫秒、246 毫秒、288 毫秒、786 毫秒、2848 毫秒、1934 毫秒、2161 毫秒、836 毫秒、290 毫秒、307 毫秒，通过这些数据分析，每个请求所消耗的时间均未超过 5 秒，但 90%采样数据中，"填写收货信息"请求响应时间为 5395 毫秒，严格来说，该请求测试不通过。更新测试目标指标表时可采用 90%采样。

（2）Apdex 指标

随机购物 100 个并发测试的 Apdex 指标信息如图 7-56 所示。

APDEX (Application Performance Index)

Apdex	T (Toleration threshold)	F (Frustration threshold)	Label
0.647	**500 ms**	**1 sec 500 ms**	**Total**
0.140	500 ms	1 sec 500 ms	提交物流及付款方式
0.140	500 ms	1 sec 500 ms	填写收货信息
0.240	500 ms	1 sec 500 ms	进入物流及付款方式设定页面
0.525	500 ms	1 sec 500 ms	商品结算
0.640	500 ms	1 sec 500 ms	登录成功后返回首页
0.695	500 ms	1 sec 500 ms	完成订单，返回主页
0.730	500 ms	1 sec 500 ms	提交登录信息
0.790	500 ms	1 sec 500 ms	打开首页
0.850	500 ms	1 sec 500 ms	添加商品到购物车
0.860	500 ms	1 sec 500 ms	返回主页
0.895	500 ms	1 sec 500 ms	退出登录
0.910	500 ms	1 sec 500 ms	随机选择某个商品
1.000	500 ms	1 sec 500 ms	打开登录页面

图 7-56 随机购物 100 个并发 Apdex 指标

通过图 7-56 可以看出，填写收货信息、提交物流及付款方式、进入物流及付款方式设定页面三个请求用户满意度低于 0.5，意味系统对这三个请求的响应时间较慢，尤其是收货信息、提交物流及付款方式这两个情况。测试工程师可针对这两个请求，给出性能测试不通过结论。通常而言，最低要求超过 0.5，当然项目组可设定具体需求。

（3）业务成功率

测试结束后，检查系统后台订单信息，100 个并发线程，每个线程循环 1 次，故生成 100 个订单，且运行过程中没有任何错误。故认为随机购物 100 个并发测试业务成功率为 100%。

（4）并发数

线程组设置为 100 个线程，运行过程中未出现任何异常，满足 100 个线程并发操作需求。

（5）系统资源使用

执行过程，通过 Jmeter 监控得到本次测试系统资源使用情况，如图 7-57 所示。

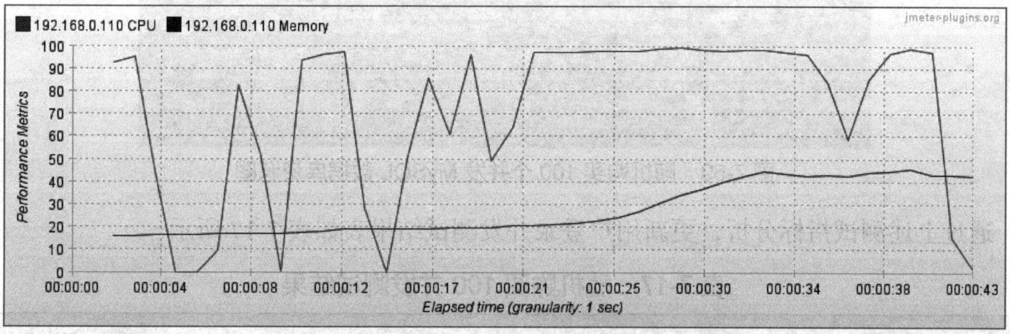

图 7-57　随机购买 100 个并发系统资源监控图

通过图 7-57 分析可知，CPU 在测试过程中持续值维持在 90%以上，有 17 秒时间几乎达到 100%，因此从指标信息判断，本次 CPU 使用率超过预期 80%的目标。

同时，内存使用率在 25 秒以后也呈现明显上升趋势，需分析这段时间什么业务导致资源使用率上升。总体内存使用率维持在 30%～40%，低于预期目标不超过 80%，故内存使用率通过。

基于 CPU、内存使用率，分析响应时间图表，如图 7-58 所示。

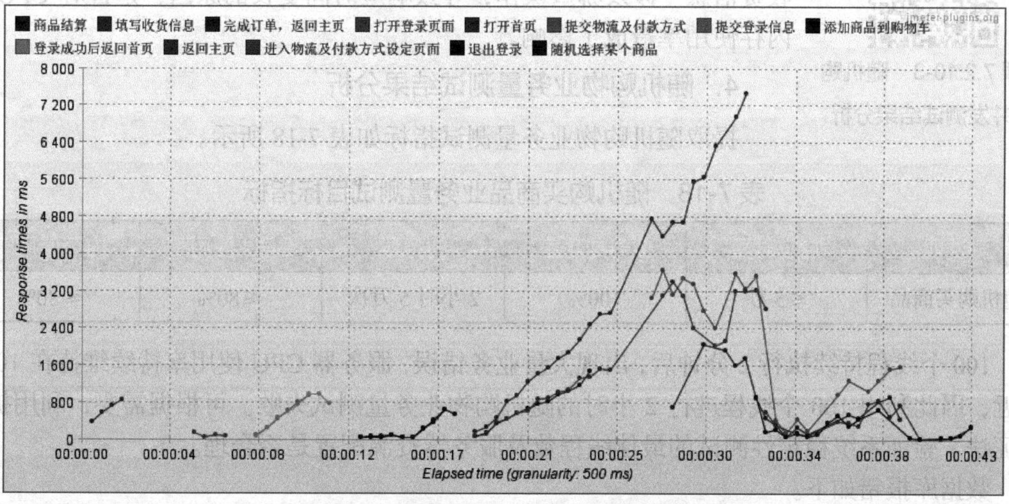

图 7-58　随机购买 100 个并发响应时间图

通过图 7-58 分析，可知“填写收货信息”响应时间持续升高，需测试工程师报告此问题，联合研发同事分析“填写收货信息”涉及哪些具体操作，如是否操作数据库，是否需要大量缓存、是否调用第三方地址编辑控件等，从而确定响应时间升高原因，是否因此导致 CPU 及内存使用率升高。

（6）数据库监控

从 MySQL 数据库 SQL 语句执行速度来看，符合场景执行设计过程，但 SQL 中 Inserts 语句体现不明显，需关注原因，确定是监控本身问题，还是被测对象 SQL 语句设计问题，如图 7-59 所示。

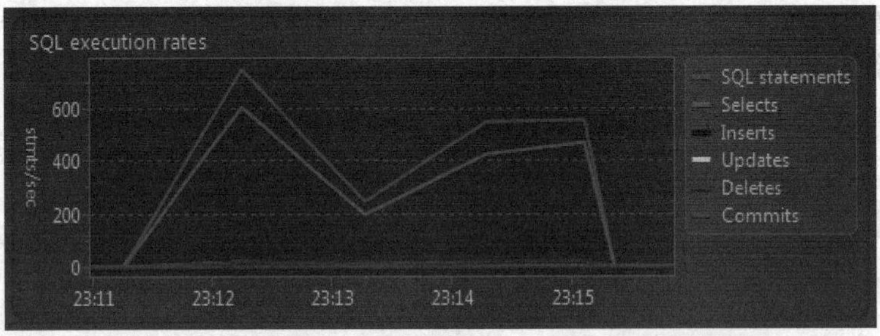

图 7-59 随机购买 100 个并发 MySQL 数据库资源图

通过上述测试指标分析，更新用户登录并发测试结果表如表 7-17 所示。

表 7-17 随机购买 100 并发测试结果

测试项	结果属性	响应时间	业务成功率	并发测试	CPU 使用率	内存使用率
随机购买商品	预期结果	≤5 秒	100%	100	≤0%	≤80%
	实际结果	2.302 秒	100%	100	>90%	20%
	通过/失败	N	Y	Y	N	Y

综合测试数据分析，“填写收货信息”请求响应时间超过 5 秒，CPU 使用率超过 90%，故随机购物 100 并发场景测试不通过。需分析“填写收货信息”涉及哪些操作，导致响应时间变长的原因，是否对 CPU 及内存使用率造成了影响。

微课 7.2.10-3 随机购物并发测试结果分析

4. 随机购物业务量测试结果分析

提取随机购物业务量测试指标如表 7-18 所示。

表 7-18 随机购买商品业务量测试目标指标

测试项	响应时间	业务成功率	业务量	CPU 使用率	内存使用率
随机购买商品	≤5 秒	100%	2 小时 5 万次	≤80%	≤80%

100 个线程持续执行 2 分钟后，出现大量业务错误，服务器 CPU 使用率持续维持在 100%附近，因此利用 100 个线程进行 2 小时的随机购物业务量测试失败。可根据需要，利用折半验证法，验证系统稳定性测试的最佳线程数及服务器资源配置是否合理。

数据库报错如下。

```
<b>MySQL server error report:Array
```

```
    (
        [0] => Array
            (
                [message] => MySQL Query Error
            )
        [1] => Array
            (
                [sql]  =>  INSERT  INTO  'ecshop'.'ecs_order_info'  (order_sn,  user_id,
order_status, shipping_status, pay_status, consignee, country, province, city, district,
address, zipcode, tel, mobile, email, best_time, sign_building, postscript, shipping_id,
shipping_name,  pay_id,  pay_name,  how_oos,  card_message,  inv_payee,  inv_content,
goods_amount, shipping_fee, insure_fee, pay_fee, pack_fee, card_fee, surplus, integral,
integral_money, bonus, order_amount, from_ad, referer, add_time, pack_id, card_id, bonus_id,
extension_code, extension_id, agency_id, inv_type, tax, parent_id, discount, lastmodify)
VALUES ('2017110775867', '2223', '0', '0', '0', 'hzdl00168', '1', '2', '37', '403', '北
京东城区', '', '01088888888', '', 'hzdl00168@qq.com', '', '', '', '5', '申通快递', '2', '
银行汇款/转账', '等待所有商品备齐后再发', '', '', '', '1999', '15', '0', '0', '0', '0', '0', '0',
'0', '0', '2014.00', '0', '本站', '1510050069', '0', '0', '0', '', '0', '0', '', '0', '0',
'', '1510050069')
            )
        [2] => Array
            (
                [error] => Duplicate entry '2017110775867' for key 'order_sn'
            )
        [3] => Array
            (
                [errno] => 1062
            )
    )
```

微课 7.2.10-4
随机购物业务量
测试结果分析

系统资源趋势图如图 7-60 所示。

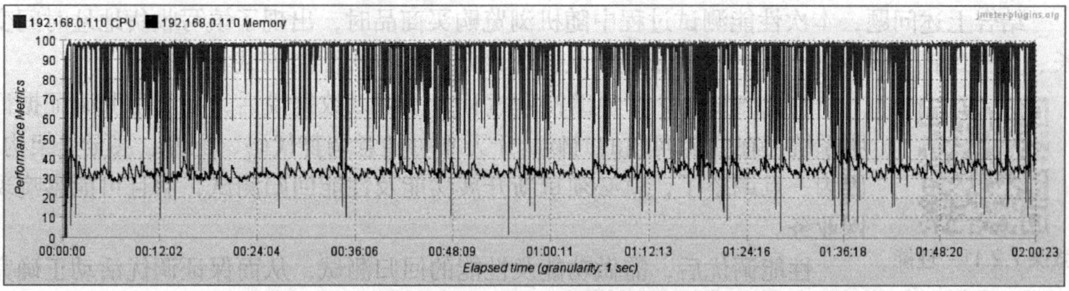

图 7-60　随机购买 2 小时业务量测试系统资源图

上述所有场景，如时间、条件、资源允许，测试工程师应当多测试几次，根据平均值输出测试报告。

7.2.11　性能调优与回归测试

测试结果分析完成后，即可进行性能问题确定与优化操作。通常情况下，系统出现性能问题的表象特征有以下几种。

1. 响应时间平稳但较长

测试一开始，响应时间就很长，即使减少线程数量，减少负载，场景快执行结束时，响

应时间仍然很长。

2. 响应时间逐步变长

测试过程中，负载不变，但运行时间越长，响应时间越长，直至出现很多错误。

3. 响应时间随着负载变化而变化

负载增加，响应时间变长，负载减少，响应时间下降，资源使用率也下降。

4. 数据积累导致锁定

起初运行正常，但数据量积攒到一定量，立刻出现错误，无法消除，只能重启系统。

5. 稳定性差

特定场景或运行周期很长以后，突然出现错误，系统运行缓慢。

以上几种是在性能测试过程中碰到的几种性能有问题的特征。一旦出现上述几种情况，基本可以判定系统存在性能问题。接下来即是针对具体问题具体分析，从而发现问题并提出解决办法。

响应时间长，系统越来越慢，出现业务错误，通常由以下几种情况造成。

（1）物理内存资源不足。

（2）内存泄漏。

（3）资源争用。

（4）外部系统交互。

（5）业务失败时频繁重试，无终止状态。

（6）中间件配置不合理。

（7）数据库连接设置不合理。

（8）进程/线程设计错误。

分析过程中，假设每一个猜想是正确的，然后逐一排除。

结合上述问题，本次性能测试过程中随机浏览购买商品时，出现了填写收货地址时间变长、数据库错误等问题，某些指标未能满足预先设定，故本次性能测试不通过。

微课 7.2.11 性能调优与回归测试

性能测试是个严谨的推理过程，一切以数据说话，在没有明确证据证明系统存在性能问题的时候，千万不可随意调整代码、配置、甚至是架构。因为一旦调整了，就必须重新开展功能及性能回归测试，而且可能影响现网业务。

性能调优后，需做功能及性能的回归测试，从而保证调优活动正确完成，且未造成额外的影响。

实训课题

1. 简述性能测试必要性评估方法。
2. 简述性能测试需求分析流程。
3. 简述性能测试指标包含哪些。
4. 阐述单交易基准测试与单交易负载测试区别。
5. 利用 Jmeter 独立完成 ECShop 性能测试。

附录 1　CentOS 环境搭建手册

为了便于读者搭建环境，学习本书的项目案例，附录 1 给出 CentOS Linux 系统详细的安装步骤，读者可根据需要选择是否阅读。

本书利用 VMware 9.0.1 英文版作为虚拟机程序，搭建 CentOS 系统。CentOS 系统版本为 CentOS 6.5 64 位。如需要安装程序，读者可自行下载。

（1）打开 VMware，如图附 1-1 所示，单击“Create a new Virtual Machine”选项。

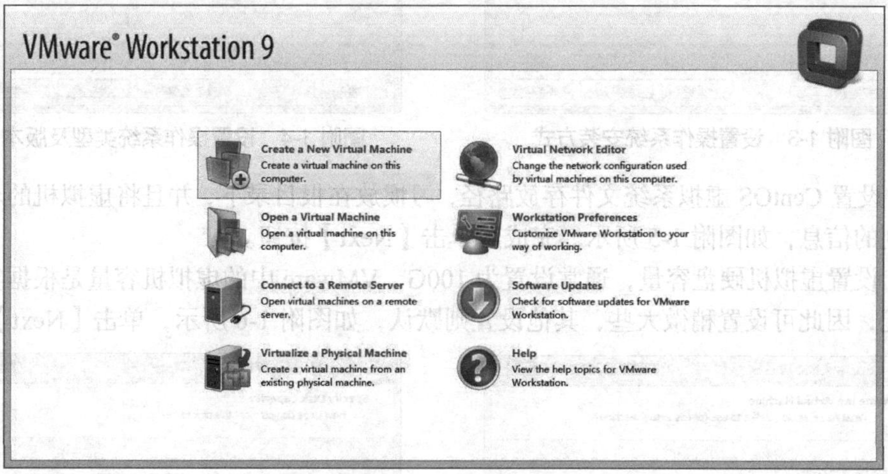

图附 1-1　新建虚拟机

（2）默认设置，选择“Typical”经典模式，如图附 1-2 所示，老式的硬盘如 SCSI 格式，可能需自定义，一般不需要处理，单击【Next】按钮。

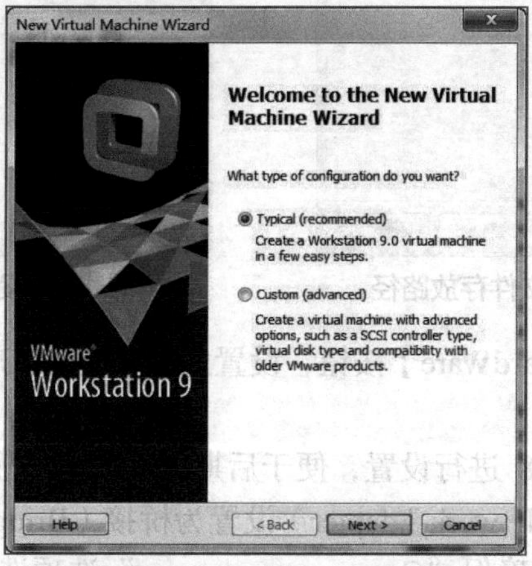

图附 1-2　设置虚拟机配置模式

（3）设置操作系统安装方式，一般选择第三种“I will install the operating system later”，如图附 1-3 所示，单击【Next】按钮。

（4）设置操作系统类型及版本，此处选择“Linux”，然后在“Version”中选择“CentOS 64-bit”，如图附 1-4 所示，完成后单击【Next】按钮。

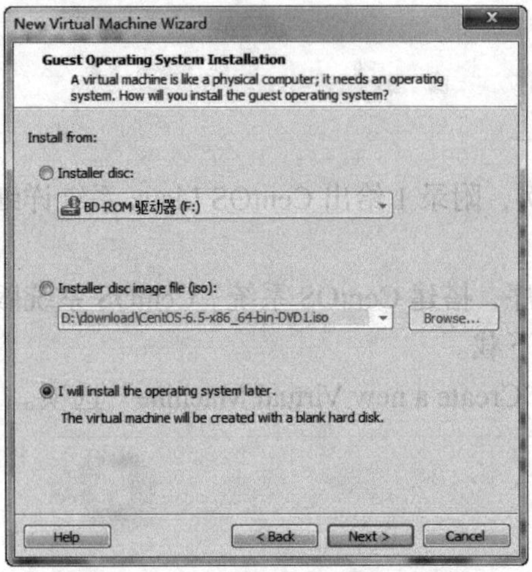

图附 1-3　设置操作系统安装方式

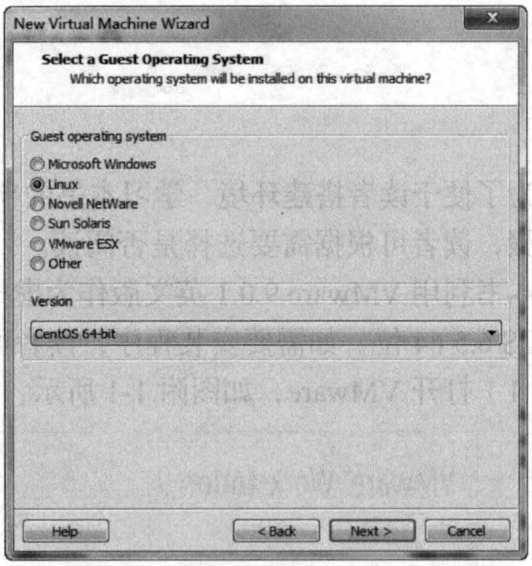

图附 1-4　设置操作系统类型及版本

（5）设置 CentOS 虚拟系统文件存放路径，习惯放在根目录下，并且将虚拟机的名称设置为易识别的信息，如图附 1-5 所示。完成后单击【Next】按钮。

（6）设置虚拟机硬盘容量，通常设置为 100G，VMware 中的虚拟机容量是根据实际使用情况分配，因此可设置稍微大些，其他设置则默认，如图附 1-6 所示，单击【Next】按钮。

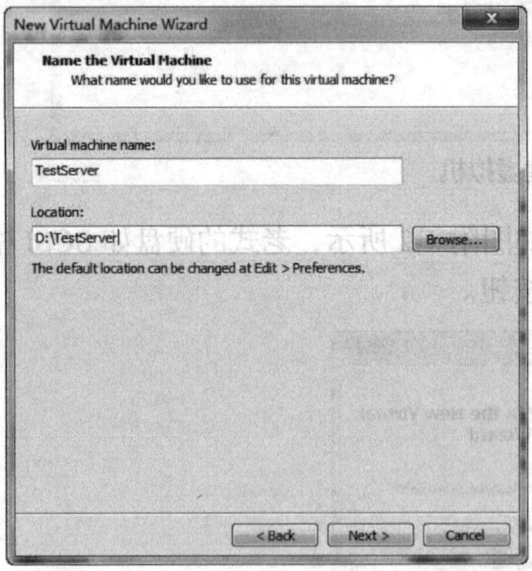

图附 1-5　设置虚拟机文件存放路径

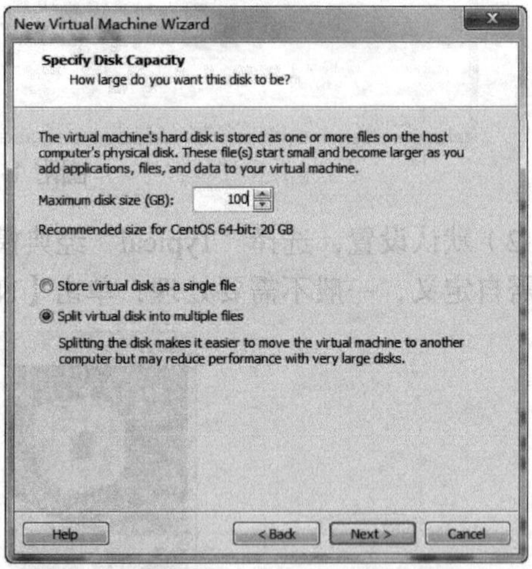

图附 1-6　设置虚拟系统硬盘容量

（7）单击【Customize HardWare】按钮，设置虚拟系统 CPU、内存、网卡、光驱等硬件，如图附 1-7 所示。

（8）读者可根据图附 1-8 进行设置，便于后期的系统安装及应用。内存大小设置为物理主机的 30%～40%，网卡（Network Adapter）设置为桥接（Bridged）模式。光驱加载 CentOS 的镜像文件（ISO 格式），并确保“Connect at power on”选项选中。

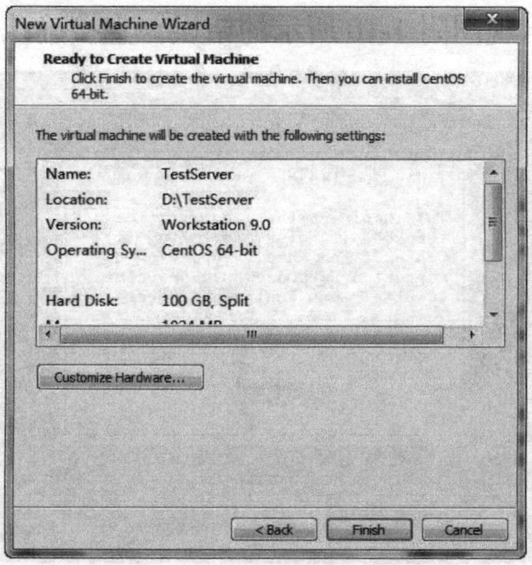

图附 1-7 设置虚拟系统硬件

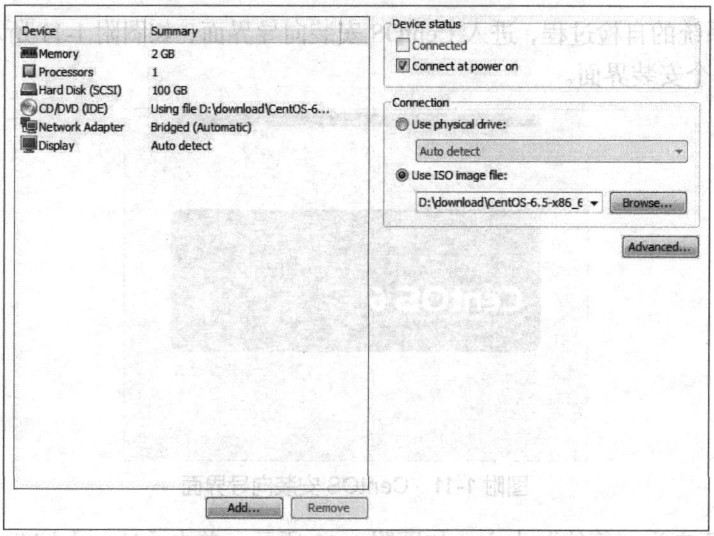

图附 1-8 虚拟系统硬件信息列表

（9）设置完成后启动虚拟机进行系统安装。启动后，虚拟机提示是否进行安装文件的检测，这里跳过，不做检测，通过键盘左右键选择“Skip”按钮，如图附 1-9 所示。

图附 1-9 验证安装文件

（10）安装过程中可能出现图附 1-10 所示的错误，直接确认即可，不影响后续安装。

图附 1-10 硬件不匹配提示

（11）通过系统的自检过程，进入 CentOS 安装向导界面，如图附 1-11 所示，单击【Next】按钮，进入下一个安装界面。

图附 1-11 CentOS 安装向导界面

（12）设置语言为"简体"中文，如图附 1-12 所示，单击【Next】按钮。

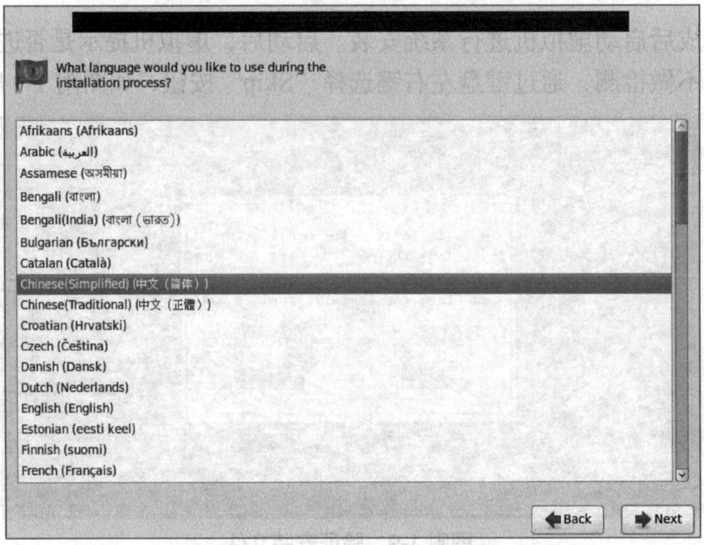

图附 1-12 设置虚拟系统语言格式

（13）设置虚拟系统键盘格式，这里选择“美国英语式”，如图附 1-13 所示，单击【下一步】按钮。

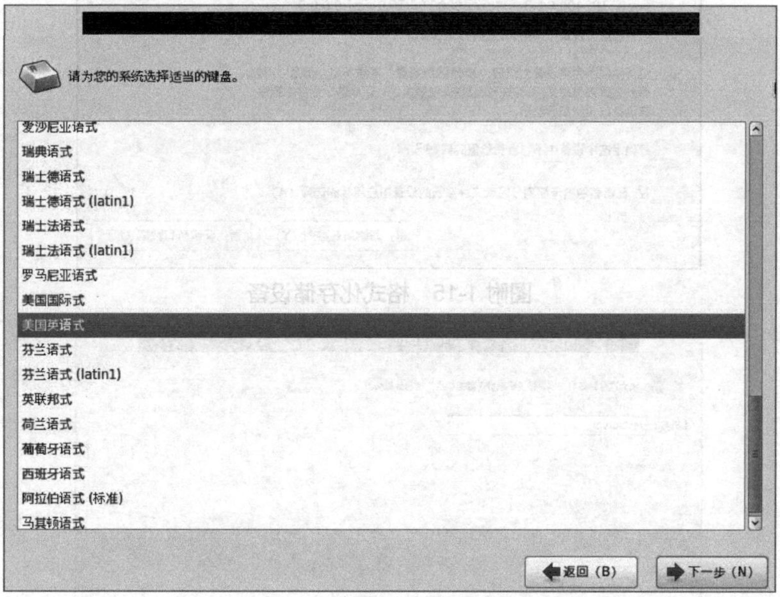

图附 1-13　设置虚拟系统键盘格式

（14）设置虚拟系统文件存放设备类型。默认选择“基本存储设备”，如图附 1-14 所示，单击【下一步】按钮。

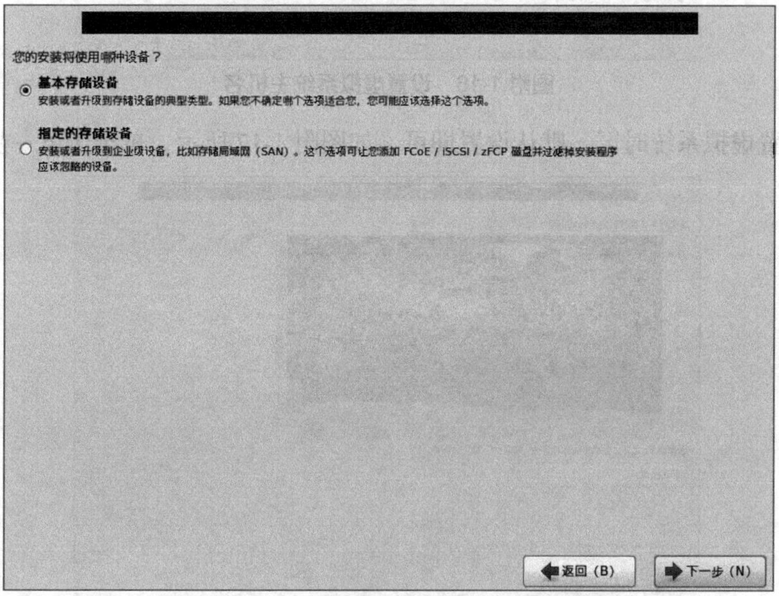

图附 1-14　设置虚拟文件安装存储设备类型

（15）格式化存储设备，选择“是，忽略所有数据”，如图附 1-15 所示。

（16）设置虚拟系统主机名，建议设置为表述该虚拟系统用途的名称，如此处的“testserver”，如图附 1-16 所示，单击【下一步】按钮。

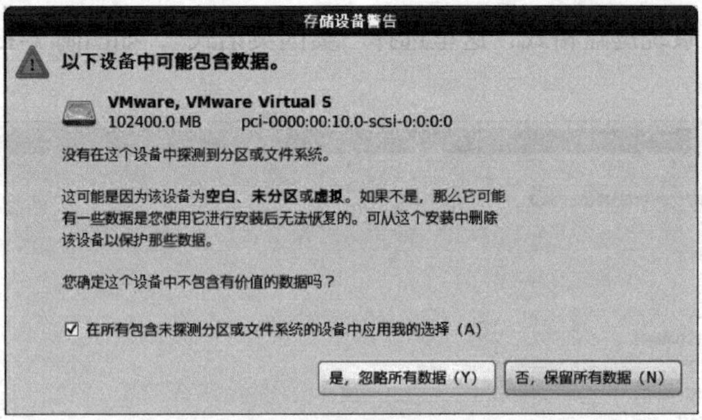

图附 1-15 格式化存储设备

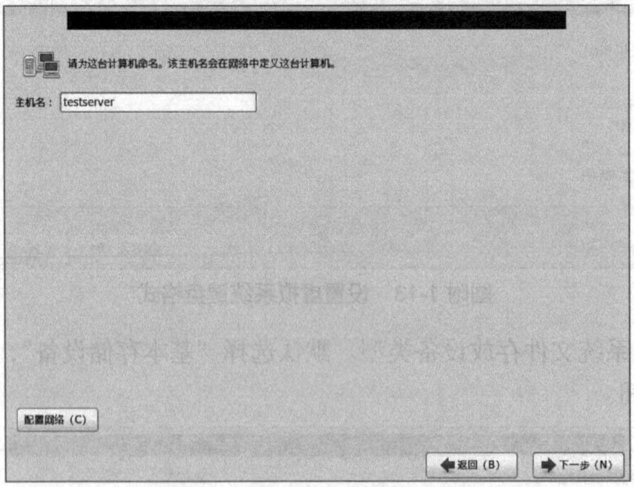

图附 1-16 设置虚拟系统主机名

（17）设置虚拟系统时区，默认设置即可，如图附 1-17 所示，单击【下一步】按钮。

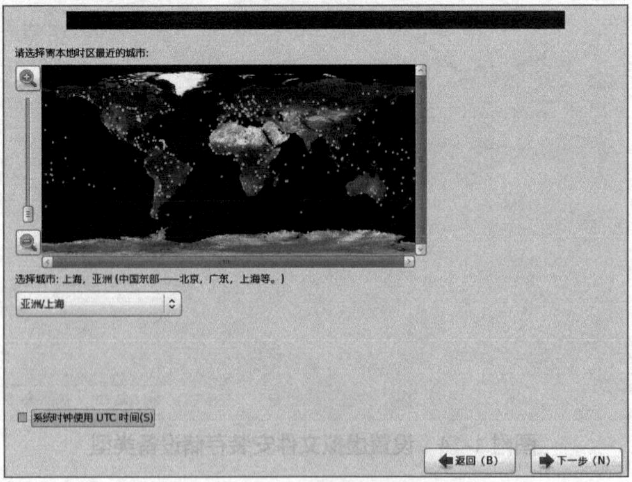

图附 1-17 设置虚拟系统时区

（18）设置虚拟系统 root 账户密码，此处根据需要设定，如果作为学习用，建议读者将密码设置为 123456，或者自己觉得简单的密码，没必要过分复杂，当然，必须记住该密码，如图附 1-18 所示。

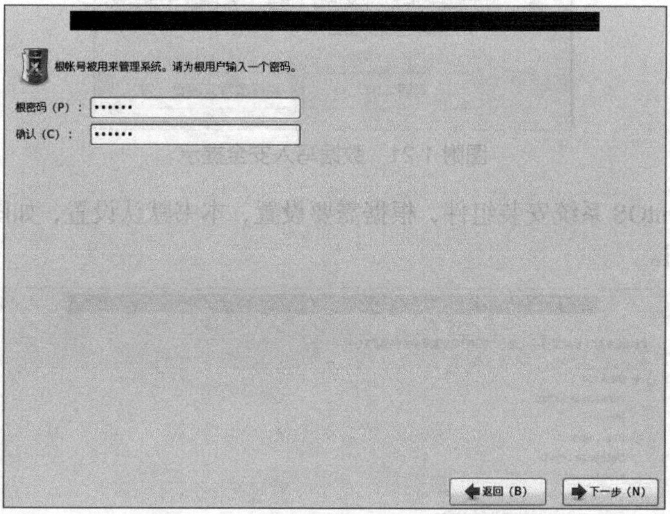

图附 1-18　设置虚拟系统 root 账户密码

（19）如果密码设置过于简单，CentOS 将会给予提示，选择“无论如何都使用”即可，如图附 1-19 所示。

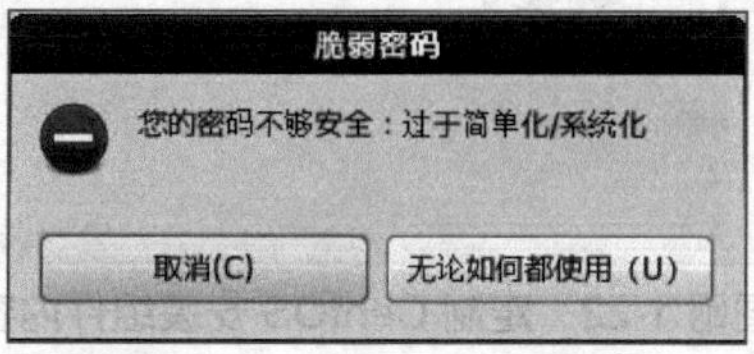

图附 1-19　密码安全性确认

（20）设置虚拟系统安装类型，选择“使用所有空间”，如图附 1-20 所示，单击【下一步】按钮。

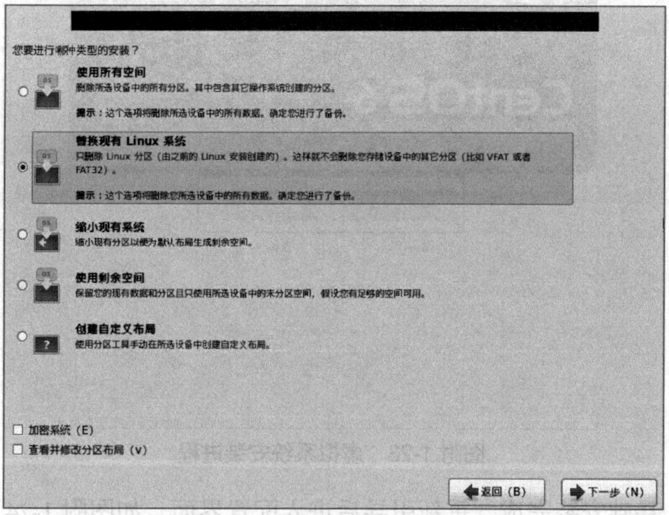

图附 1-20　设置虚拟系统安装类型

（21）数据写入安全提示，选择“将修改写入磁盘”，如图附 1-21 所示。

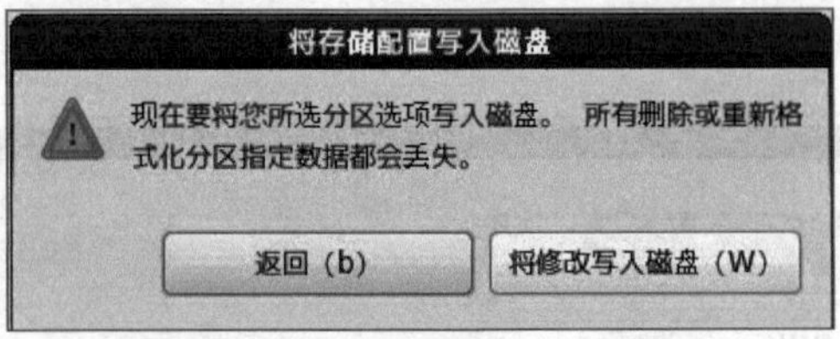

图附 1-21　数据写入安全提示

（22）定制 CentOS 系统安装组件，根据需要设置，本书默认设置，如图附 1-22 所示，单击【下一步】按钮。

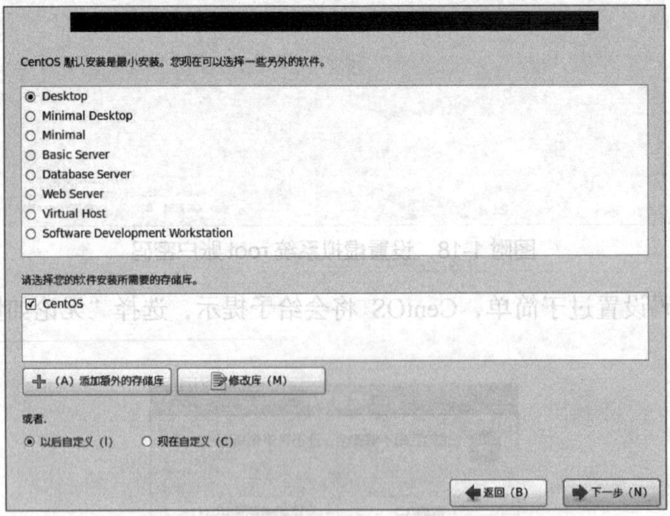

图附 1-22　定制 CentOS 安装组件内容

（23）安装进程，根据所选组件多少，安装时间不同，如图附 1-23 所示。

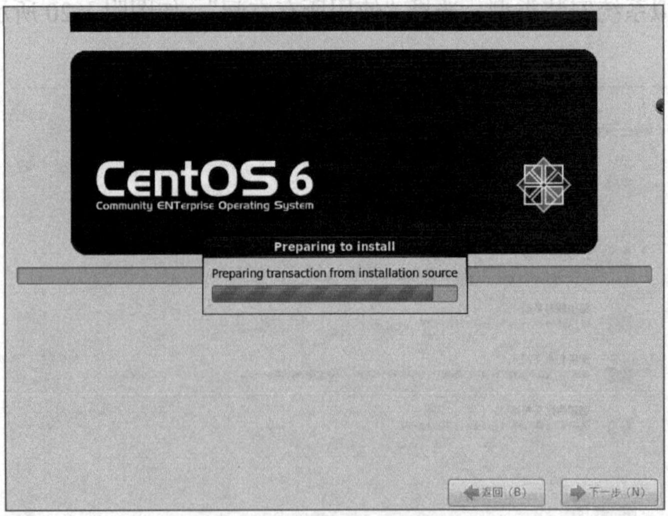

图附 1-23　虚拟系统安装进程

（24）CentOS 基础安装完成，重新引导后进入配置界面，如图附 1-24 所示。

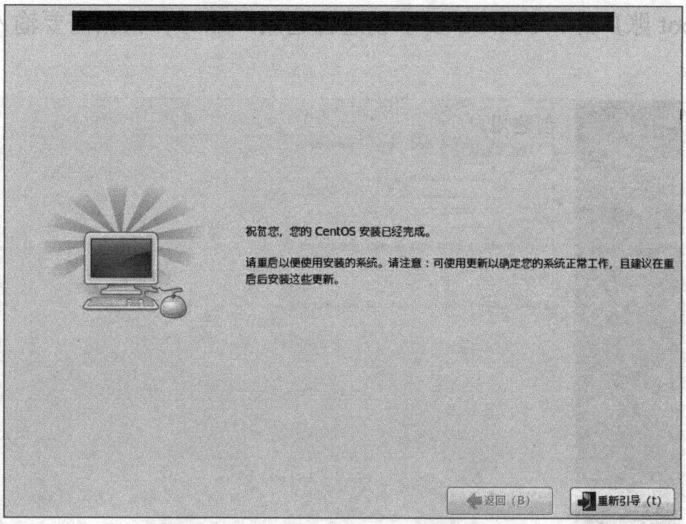

图附 1-24　重新引导进入配置界面

（25）虚拟系统配置设定向导页面，如图附 1-25 所示。

图附 1-25　虚拟系统配置设定向导页面

（26）同意许可证信息，如图附 1-26 所示。

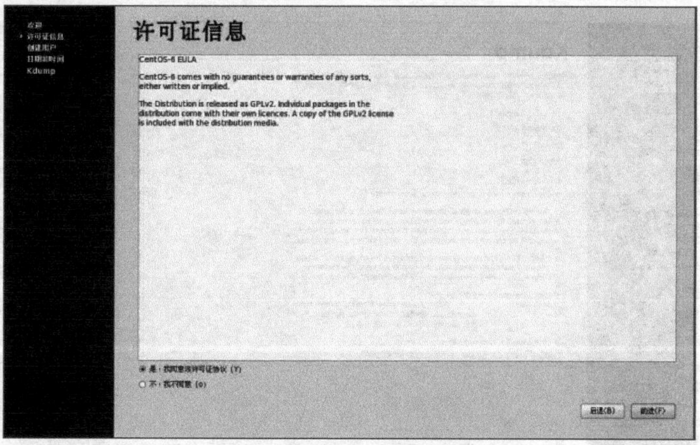

图附 1-26　许可证确认界面

（27）除了 root 账户外，CentOS 要求创建普通用户账号，根据需要输入相关信息即可，如图附 1-27 所示。

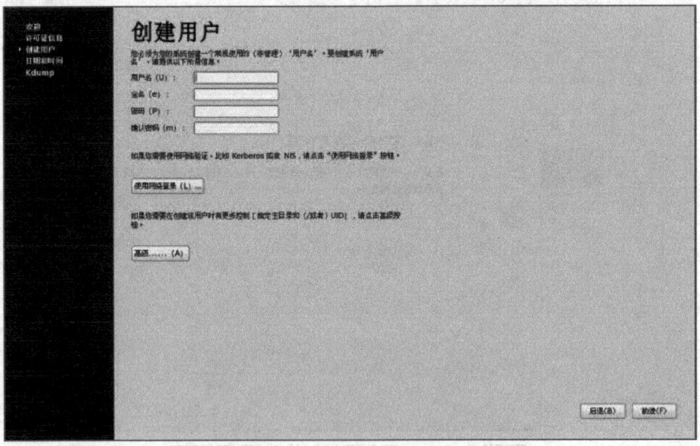

图附 1-27 创建虚拟系统普通账号

（28）设置虚拟系统时间，默认不做任何处理，如图附 1-28 所示。

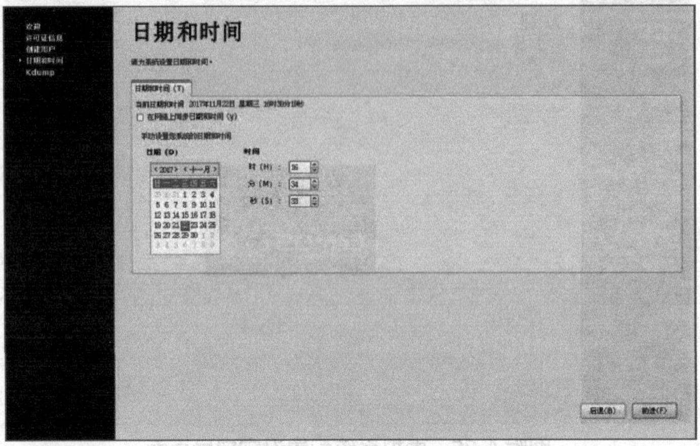

图附 1-28 设置虚拟系统时间

（29）是否启用内存保护，不启用，如图附 1-29 所示。

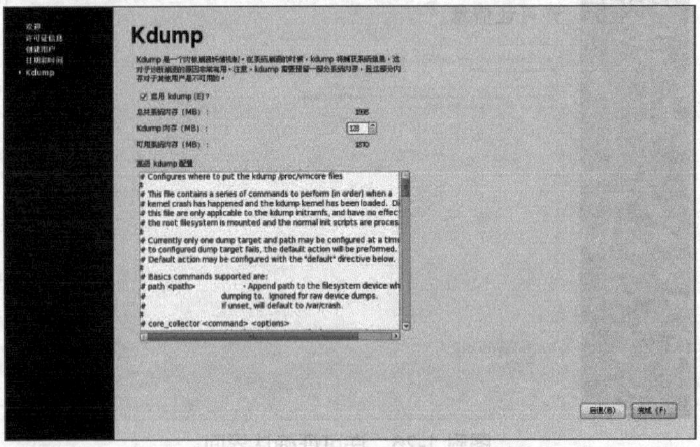

图附 1-29 内存崩溃保护机制设置

至此，CentOS 安装完成。

接下来进行网络自动连接设置、防火墙关闭及 Vmware-tools 安装等操作，便于后续的网络访问及文件共享。

CentOS 系统启动后网络不会自动连接，需手动连接，为了使用方便，需将其设置为自动连接。

以 root 账号登录后，单击“系统”→“首选项”→“网络连接”，如图附 1-30 所示。

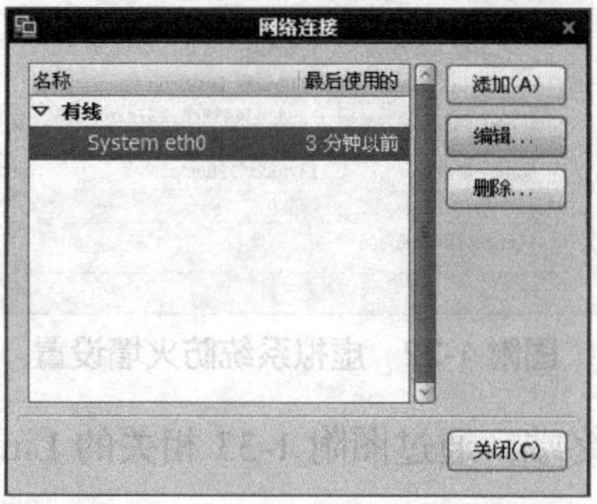

图附 1-30　虚拟系统网络连接列表

选择“System eth0”，单击【编辑】按钮，进入图附 1-31 所示的界面，勾选“自动连接”，单击【应用】按钮，保存设置。

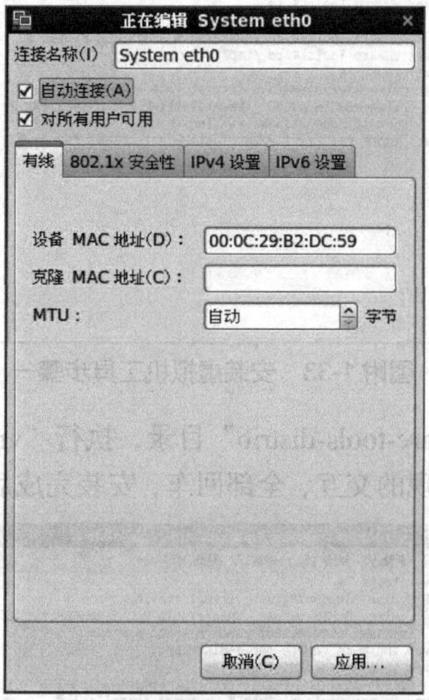

图附 1-31　设置虚拟系统网络自动连接

网络自动连接设置完成后，为了便于网络访问，可将 CentOS 防火墙关闭。

root 账号登录后，单击“系统”→“管理”→“防火墙”，如图附 1-32 所示，单击【禁用】按钮，然后再单击【应用】，保存禁用设置。

虚拟机工具安装，是为了便于物理主机与虚拟机之间实现文件共享，根据需要选择安装。

单击 VMWare 软件菜单“VM”→“Install Vmware Tools”，在 CentOS 系统中将自动加载虚拟机工具安装文件，然后通过终端进行安装。

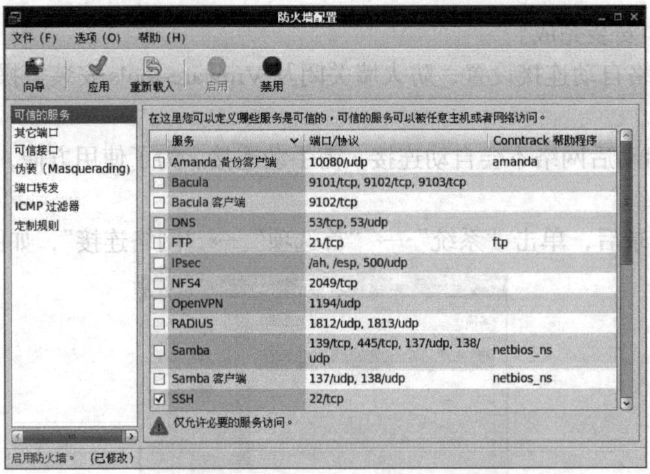

图附 1-32　虚拟系统防火墙设置

root 账号登录系统，打开终端，通过图附 1-33 相关的 Linux 命令，将虚拟机工具安装程序拷贝至/tmp 目录并解压。

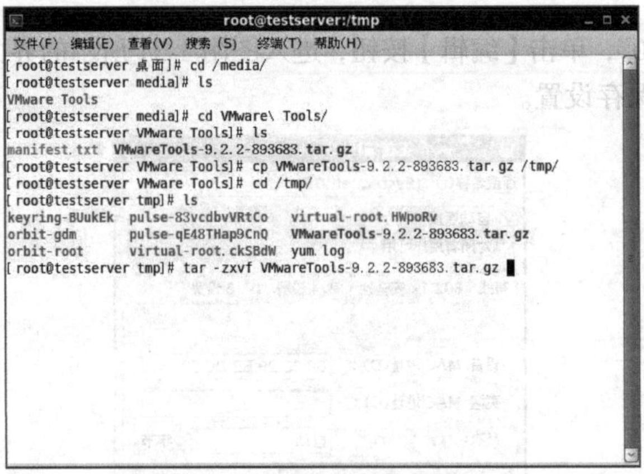

图附 1-33　安装虚拟机工具步骤一

解压完成后，进入“vmware-tools-distrib”目录，执行“vmware-install.pl”文件，进行虚拟机工具安装，安装过程中出现的交互，全部回车，安装完成后重启即可，如图附 1-34 所示。

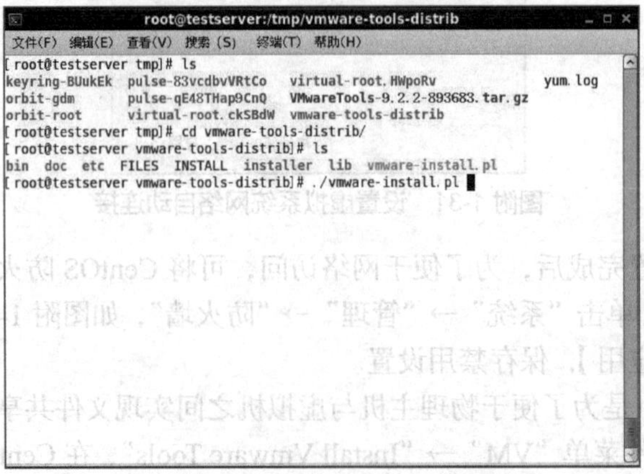

图附 1-34　安装虚拟机工具步骤二

附录 2 ECShop 测试用例案例列表

1. 用户注册测试用例（见表附 2-1）

表附 2-1 用户注册测试用例列表

用例编号	ECShop-UserRegister-STC	
所属产品	ECShop 电子商务运营平台	
所属模块	前台应用-用户注册	
用例类型	功能测试	
使用阶段	系统测试	
用例标题	用户注册功能测试	
步骤编号	步骤描述	预期结果
1	不输入任何数据，切换焦点	提示用户名不能为空
2	用户名输入 2 个字符，其他不输入，切换焦点	提示用户名长度不少于 3 个字符
3	用户名输入 3 个字符，其他不输入，切换焦点	提示 E-mail 不能为空
4	用户名输入 4 个字符，其他不输入，切换焦点	提示 E-mail 不能为空
5	用户名输入 4 个字符，E-mail 输入非 x@x.com 或 x@x.cn 格式，其他不输入，切换焦点	提示 E-mail 格式不正确
6	用户名输入 4 个字符，E-mail 输入 x@x.com 格式，其他不输入，切换焦点	提示密码不能为空
7	用户名输入 4 个字符，E-mail 输入 x@x.cn 格式，其他不输入，切换焦点	提示密码不能为空
8	用户名输入 4 个字符，E-mail 输入 x@x.cn 格式，密码输入 5 个字符，其他不输入，切换焦点	提示密码不少于 6 个字符
9	用户名输入 4 个字符，E-mail 输入 x@x.cn 格式，密码输入 6 个字符，其他不输入，切换焦点	提示确认密码不能为空
10	用户名输入 4 个字符，E-mail 输入 x@x.cn 格式，密码输入 7 个字符，其他不输入，切换焦点	提示确认密码不能为空
11	用户名输入 4 个字符，E-mail 输入 x@x.cn 格式，密码输入 7 个字符，确认密码输入与密码不一致，其他不输入，切换焦点	提示确认密码与密码不一致

续表

步骤编号	步骤描述	预期结果
12	用户名输入 4 个字符，E-mail 输入 x@x.cn 格式，密码输入 7 个字符，确认密码输入与密码一致，不勾选同意用户协议，单击【立即注册】按钮	提示未同意用户协议
13	用户名输入 4 个字符，E-mail 输入 x@x.cn 格式，密码输入 7 个字符，确认密码输入与密码一致，勾选同意用户协议，单击【立即注册】按钮	完成注册

2. 用户登录功能测试用例（见表附 2-2）

表附 2-2　用户登录功能测试用例列表

用例编号	ECShop-UserLogin-STC	
所属产品	ECShop 电子商务运营平台	
所属模块	前台应用-用户登录	
用例类型	功能测试	
使用阶段	系统测试	
用例标题	用户登录功能测试	
步骤编号	步骤描述	预期结果
1	不输入任何数据，单击【立即登录】	提示用户名不能为空
2	输入错误用户名，不输入密码，单击【立即登录】	提示密码不能为空
3	输入任意密码，单击【立即登录】	提示用户名或密码不正确
4	输入正确用户名，错误密码，单击【立即登录】	提示用户名或密码不正确
5	输入正确用户名、正确密码，单击【立即登录】	正确登录
6	勾选保存登录信息	下次登录时显示之前登录的用户名

3. 商品搜索功能测试用例（见表附 2-3）

表附 2-3　商品搜索测试用例列表

用例编号	ECShop-ProdSearch-STC
所属产品	ECShop 电子商务运营平台
所属模块	前台应用-商品搜索
用例类型	功能测试
使用阶段	系统测试
用例标题	商品搜索功能测试

续表

步骤编号	步骤描述	预期结果
1	不输入搜索条件，单击【搜索】按钮	以大图形式，按上架时间降序显示商品信息，每页 12 条
2	输入存在的关键字，单击【搜索】按钮	列出商品名称、商品标签包含关键字的商品信息，默认显示方式同上
3	输入不存在的关键字，单击【搜索】按钮	系统提示无匹配的商品信息
4	选择小图列表，上架时间，升序显示结果	正确实现
5	选择小图列表，价格，降序显示结果	正确实现
6	选择小图列表，更新时间，降序显示结果	正确实现
7	选择大图列表，上架时间，降序显示结果	正确实现
8	选择大图列表，价格，升序显示结果	正确实现
9	选择大图列表，更新时间，剩下显示结果	正确实现
10	选择文字列表，上架时间，降序显示结果	正确实现
11	选择文字列表，价格，升序显示结果	正确实现
12	选择文字列表，更新时间，降序显示结果	正确实现
13	选择大图列表，价格，降序显示结果	正确实现
14	选择文字列表，更新时间，升序显示结果	正确实现

附录 3 ECShop 缺陷案例列表

表附 3-1 ECShop 缺陷案例列表

Bug 编号	所属产品	所属模块	所属项目	Bug 标题	严重程度	重现步骤	Bug 状态	是否确认	由谁创建	创建日期	影响版本	指派给	指派日期	附件
10	ECShop 电子商务运营平台(#1)	后台应用(#1)	0	后台退出功能设计布局不合理	2	[步骤]管理员登录系统后台 [结果]退出功能放在“个人设置”下，不够直观 [期望]建议将“退出”设置在主菜单中	激活	未确认	林某	2017/11/27	主干(#trunk)	林某	2017/11/27	
9	ECShop 电子商务运营平台(#1)	后台应用(#1)	ECShop 前台用户个人应用(#1)	后台管理员日志功能设计不合理	2	[步骤]除 admin 之外具有日志管理权限的用户登录后台 [结果]日志中仅列出了 admin 的操作日志，并未对其他管理员的行为进行记录 [期望]应该对所有管理员的管理行为进行记录，便于问题回溯	激活	未确认	林某	2017/11/27	主干(#trunk) Web_User1.0(#1)	林某	2017/11/27	
8	ECShop 电子商务运营平台(#1)	用户注册(#3)	ECShop 前台用户个人应用(#1)	购物车跳转用户注册界面时，注册字段要求与直接用户注册界面要求不一致	4	[步骤]通过购物车跳转到用户注册界面 [结果]注册字段与用户直接界面必填项要不一致 [期望]建议改为一致	激活	未确认	林某	2017/11/27	Web_User1.0(#1)	林某	2017/11/27	

续表

Bug编号	所属产品	所属模块	所属项目	Bug 标题	严重程度	重现步骤	Bug状态	是否确认	由谁创建	创建日期	影响版本	指派给	指派日期	附件
7	ECShop 电子商务运营平台(#1)	商品搜索(#9)	ECShop 前台用户个人应用(#1)	搜索结果显示中的排序方式描述不清晰	4	[步骤]输入关键字进行商品搜索，查看搜索结果 [结果]结果排序方式描述为“正序、倒序”，与需求不一致 [期望]应与需求一致，改为“升序、降序”	激活	未确认	林某	2017/11/27	Web_User1.0(#1)	林某	2017/11/27	
6	ECShop 电子商务运营平台(#1)	用户登录(#4)	ECShop 前台用户个人应用(#1)	用户登录保存登录信息功能未能实现	3	[步骤]用户登录时勾选保存登录信息按钮 [结果]再次登录时系统并未记录该用户登录信息 [期望]保存用户登录的用户名	激活	未确认	林某	2017/11/27	Web_User1.0(#1)	林某	2017/11/27	
5	ECShop 电子商务运营平台(#1)	前台应用(#2)	ECShop 前台用户个人应用(#1)	商城首页菜单导航显示错误	3	[步骤]打开商城首页 [结果]菜单导航显示错误，详情参见附件图片 [期望]显示正常	激活	未确认	林某	2017/11/27	Web_User1.0(#1)	林某	2017/11/27	jiekou-0041
4	ECShop 电子商务运营平台(#1)	后台应用(#1)	ECShop 前台用户个人应用(#1)	用户权限设计错误	1	[步骤]不具备相关权限的用户登录后台，如不分配“短信管理”功能 [结果]其他未授权的界面不可见，但“短信管理”未授权也能显示，单击后提示无权限 [期望]与其他模块设计一致，都不可见	激活	未确认	林某	2017/11/27	Web_User1.0(#1)	林某	2017/11/27	

续表

Bug编号	所属产品	所属模块	所属项目	Bug标题	严重程度	重现步骤	Bug状态	是否确认	由谁创建	创建日期	影响版本	指派给	指派日期	附件
3	ECShop电子商务运营平台(#1)	购物车(#10)	ECShop前台用户个人应用(#1)	购物车商品数量输入超过65535时，系统提示后直接改为65535	2	[步骤]将购物车商品数量改为超过65535的数字。 [结果]系统自动修改为65535 [期望]应该根据库存量确定，而不是字段大小确定	激活	未确认	林某	2017/11/27	Web_User1.0(#1)	林某	2017/11/27	
2	ECShop电子商务运营平台(#1)	用户注册(#3)	ECShop前台用户个人应用(#1)	Chrome浏览器下用户注册界面中的"用户名"显示换行	3	[步骤]利用Chrome打开用户注册界面 [结果]用户名字段显示换行 [期望]不换行，正常显示	激活	未确认	林某	2017/11/27	Web_User1.0(#1)	林某	2017/11/27	
1	ECShop电子商务运营平台(#1)	用户注册(#3)	ECShop前台用户个人应用(#1)	通过直接发送请求方式注册用户账户时，系统不校验确认密码与密码是否一致	3	[步骤]利用Jmeter直接发送注册请求 [结果]确认密码与密码不一致时，仍可注册成功，绕过了合法性校验 [期望]与UI层面的判断一致，确认密码与密码应当一致	激活	未确认	林某	2017/11/27	Web_User1.0(#1)	林某	2017/11/27	

附录 4　ECShop 功能测试报告

产品名称 Product Name	密级 Confidentiality Level
	秘密
产品版本 Product Version	

ECShop 前端用户应用功能测试报告

拟制	林某	日期	2017-11-30
审核	张某某、许某某	日期	2017-11-30

修订记录

日期	修订版本	描述	作者
2017-11-30	ECShop-Report1.1	修改了测试结论，增加了缺陷分析中的缺陷类别统计	林某

版本概述

本次版本主要包括 ECShop 前端个人应用中的用户注册、登录及商品搜索、购物车等用户故事。

团队成员

本次版本包括表附 4-1 所示团队成员。

表附 4-1　团队成员列表

序　号	名　称	角　色
1	刘某某	产品经理
2	张某某	项目经理
3	林某	测试工程师
4	许某某	测试工程师
5	王某某	开发工程师
6	李某某	开发工程师

进度回顾

本 Sprint 共有两个版本，分别是 1.0 及 1.1，共经过 2 轮测试，如表附 4-2 所示。

表附 4-2　测试进度表

版本名称	测试起始时间	测试结束时间	测试人员	测试结果
V1.0	2017/11/21	2015/11/23	林某、许某某	不通过
V1.1	2017/11/27	2015/11/29	林某、许某某	通过

测试环境

本版本涉及的硬件及软件环境配置信息如下。

测试环境硬件信息如表附 4-3 所示。

表附 4-3　测试环境硬件信息

主机用途	机型	台数	CPU/台	内存容量/台	硬盘	网卡
WEB 应用服务器	PC	1	I7	8G	SATA 1T	1000M
数据库服务器	PC	1	I7	8G	SATA 1T	1000M

测试环境软件版本信息，如表附 4-4 所示。

表附 4-4　测试环境软件版本信息

名　称	用　途	版本号
Apache	Web 服务器	2.2.15-60.el6.centos.6.x86_64
PHP	WEB 服务器	5.3.3-49.el6.x86_64
MySQL	数据库	5.1.71-1.el6.x86_64
CentOS	系统平台	6.5 x64

测试过程

对测试工程师在敏捷开发团队中的工作流程、内容进行概要描述及总结，可结合测试任务分配进行阐述。

根据团队开发及测试流程，由项目经理分配了测试任务后，测试工程师进行相关用例的设计，对于经验性的用例并未设计在禅道中。

考虑测试效率，经过团队讨论确定，测试用例及缺陷描述相对简略，过程出现问题时，应当及时沟通。

林某及许某某共同完成前端用户个人应用功能的测试，同时兼顾平台后台功能，如果出现缺陷，同样需记录。

用例执行（见表附 4-5）

表附 4-5　测试用例执行情况

版本名称	用例总数	执行总数	挂起数	执行率	通过总数	用例通过率
V1.0	135	122	13	90%	112	92%
V1.1	135	135	0	100%	129	96%

注：上表数据为演示数据，并非实际执行数据，读者请注意。

缺陷分析

最后一个版本测试结束后，版本缺陷信息如图附 4-1 ~ 图附 4-4 所示，详细请查看禅道 Bug 报表。

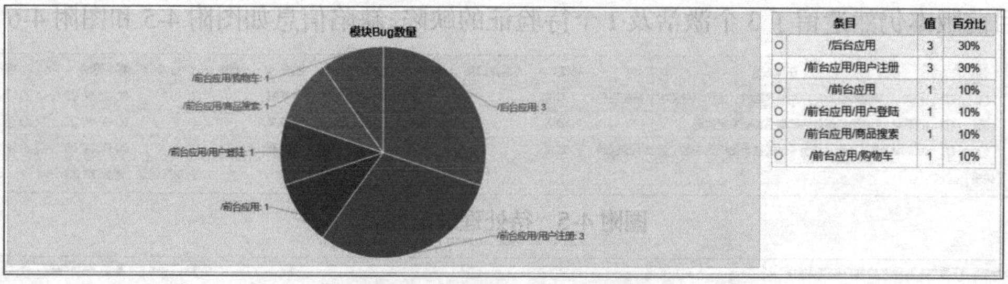

	条目	值	百分比
○	/后台应用	3	30%
○	/前台应用/用户注册	3	30%
○	/前台应用	1	10%
○	/前台应用/用户登陆	1	10%
○	/前台应用/商品搜索	1	10%
○	/前台应用/购物车	1	10%

图附 4-1　模块 Bug 数量统计

图附 4-1 所示表明当前测试版本共发现 10 个缺陷，每个模块的缺陷数量分布情况表明，后台应用及用户注册部分缺陷较多。

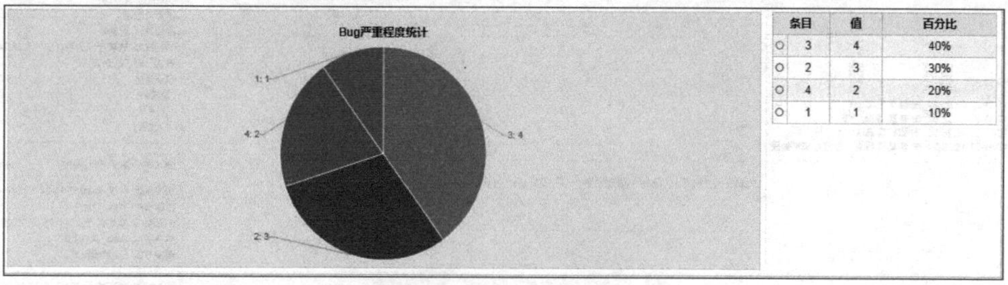

	条目	值	百分比
○	3	4	40%
○	2	3	30%
○	4	2	20%
○	1	1	10%

图附 4-2　Bug 严重度统计

图附 4-2 所示表明当前测试版本缺陷的严重度分布情况，3 级缺陷共有 4 个，占 40%。

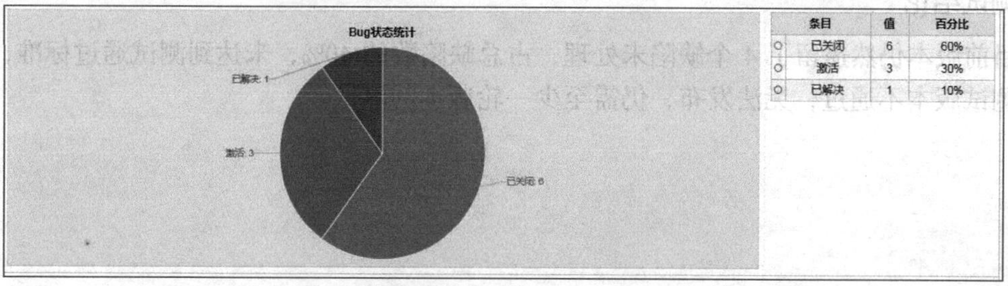

	条目	值	百分比
○	已关闭	6	60%
○	激活	3	30%
○	已解决	1	10%

图附 4-3　Bug 状态统计

图附 4-3 所示表明当前测试版本仍有 3 个激活和 1 个待验证的缺陷，需详细分析该数据，以便确认是否需要增加一次测试迭代。

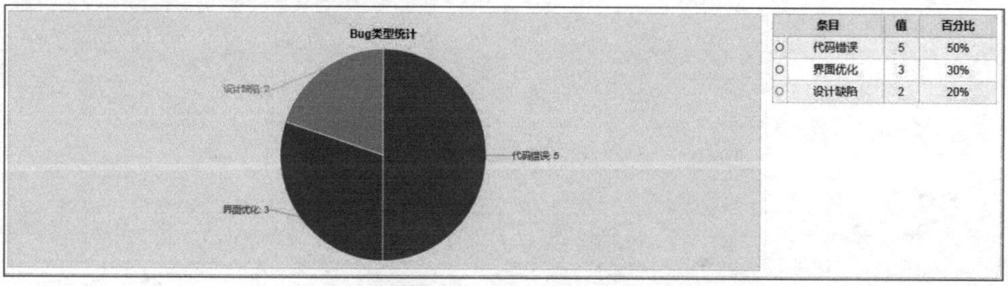

	条目	值	百分比
○	代码错误	5	50%
○	界面优化	3	30%
○	设计缺陷	2	20%

图附 4-4　Bug 类型统计

图附 4-4 所示表明当前测试版本缺陷引发的原因，其中代码错误占到 50%，建议加强编码质量及开发工程师自检力度，尽量尽早发现并解决缺陷。

遗留问题

目前版本仍然遗留了 3 个激活及 1 个待验证的缺陷，缺陷信息如图附 4-5 和图附 4-6 所示。

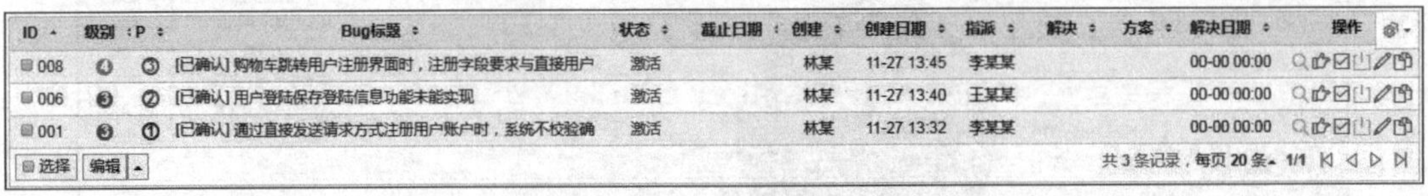
ID 级别 P Bug标题 状态 截止日期 创建 创建日期 指派 解决 方案 解决日期 操作
008 [已确认] 购物车跳转用户注册界面时，注册字段要求与直接用户 激活 林某 11-27 13:45 李某某 00-00 00:00
006 [已确认] 用户登陆保存登陆信息功能未能实现 激活 林某 11-27 13:40 王某某 00-00 00:00
001 [已确认] 通过直接发送请求方式注册用户账户时，系统不校验确 激活 林某 11-27 13:32 李某某 00-00 00:00
选择 编辑
共 3 条记录，每页 20 条 1/1

图附 4-5　待处理缺陷列表

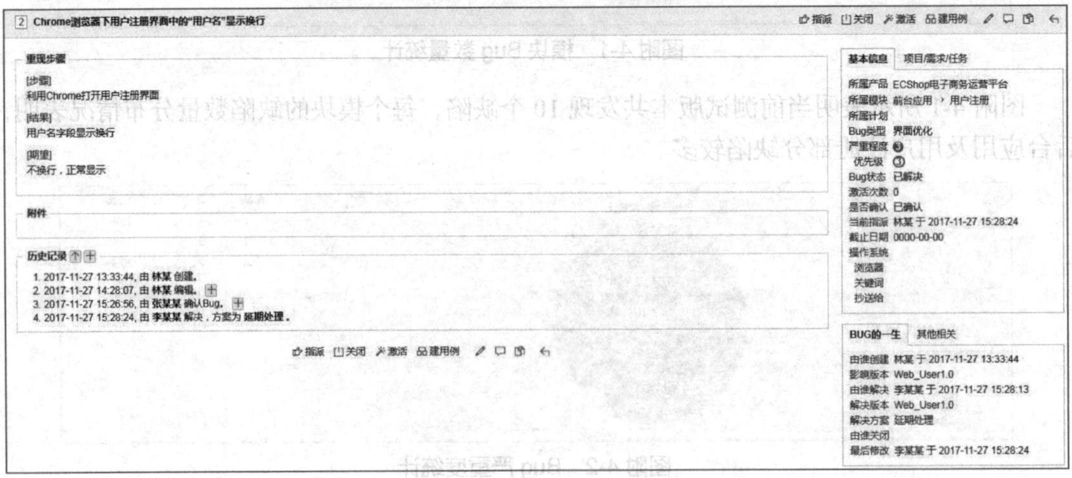

图附 4-6　待验证缺陷

测试结论

目前版本仍然遗留了 4 个缺陷未处理，占总缺陷数的 40%，未达到测试通过标准，因此当前测试版本不通过，无法发布，仍需至少一轮版本的测试。

附录 5 Selenium 开发环境配置手册

本书 Selenium 开发环境使用 PyCharm+Python+Selenium 组合。

1. Python

首先需要安装 Python，建议使用 3.5 左右的版本，本书使用 3.6.1，从 Python 的官方网站下载所需版本。

（1）双击 Python 可执行程序，出现图附 5-1 所示界面。

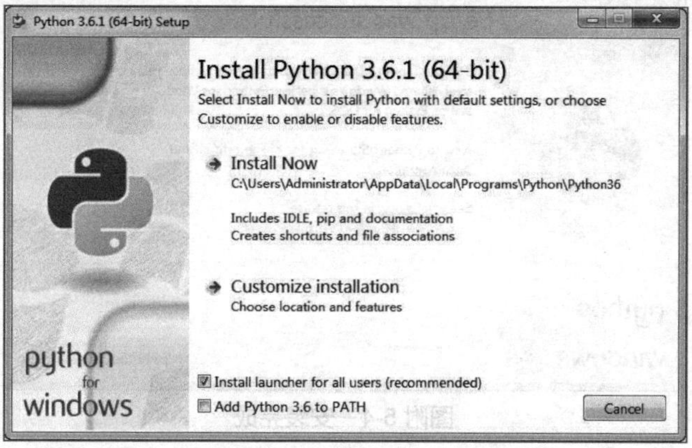

图附 5-1　Python 安装

（2）勾选所有复选框，选择“Customize installation”，出现图附 5-2 所示界面。

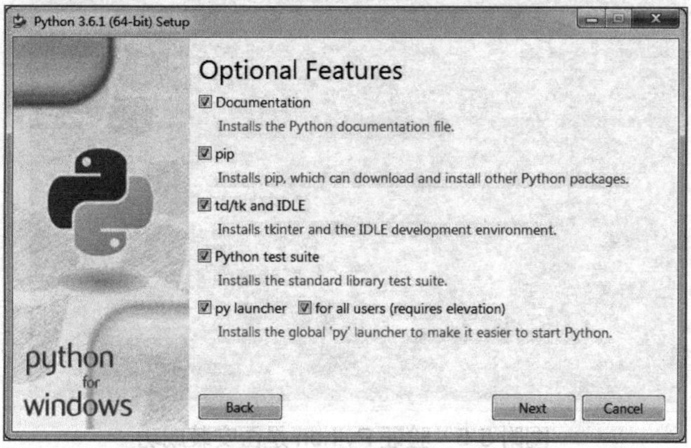

图附 5-2　选择可选组件

（3）勾选所有，尤其是 pip，便于后续 Selenium 安装，单击【Next】按钮，出现图附 5-3 所示界面。

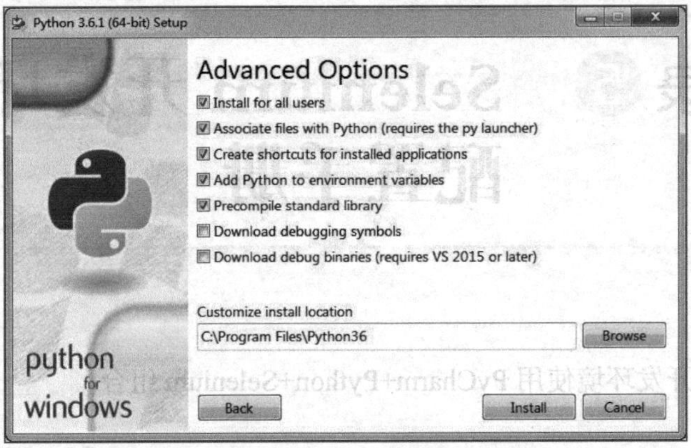

图附 5-3　高级选项设置

（4）默认设置，单击【Install】执行安装，如图附 5-4 所示。

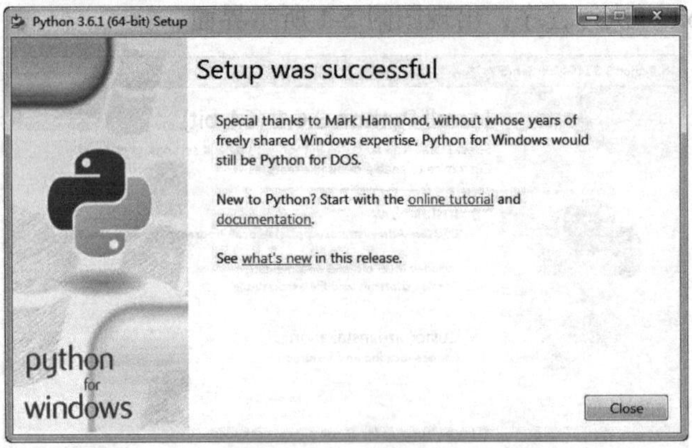

图附 5-4　安装完成

（5）验证 Python 安装是否成功，如图附 5-5 所示。

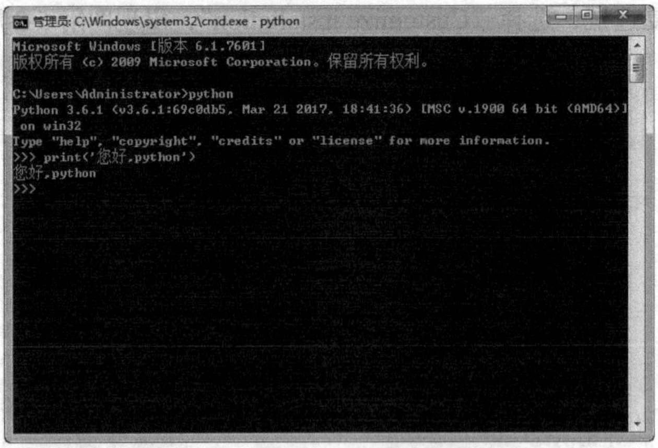

图附 5-5　验证 Python 是否安装成功

2. PyCharm

从官网下载试用版，30 天试用期，选择 Windows 版本。

（1）双击 PyCharm 安装程序，出现图附 5-6 所示的界面。

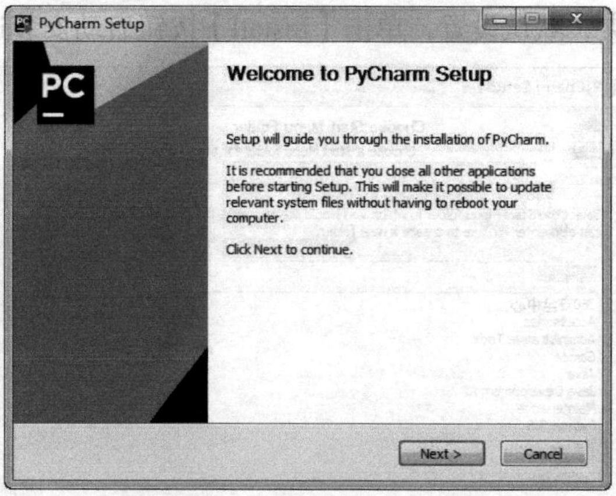

图附 5-6 PyCharm 启动安装

（2）单击【Next】按钮，设置安装路径，根据需要设置，此处设置为“C:\Pycharm”，如图附 5-7 所示，设置完成后单击【Next】按钮。

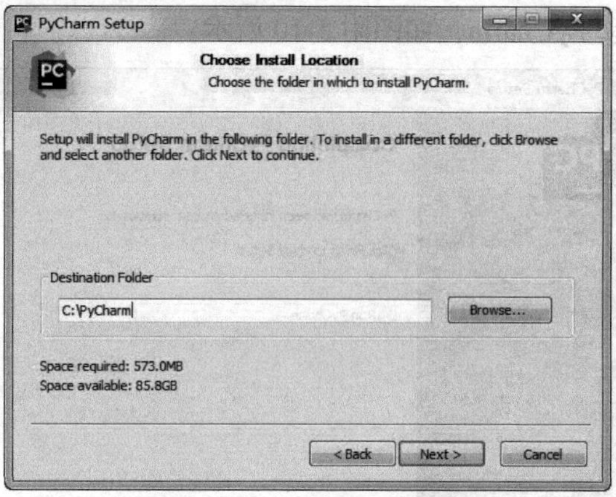

图附 5-7 设置安装路径

（3）设置安装选项，根据系统版本确定，本书使用 Windows 7 64 位，故选择“64-bit launcher”，并创建与 py 文件关联，其他选项保持默认设置，单击【Next】按钮，如图附 5-8 所示。

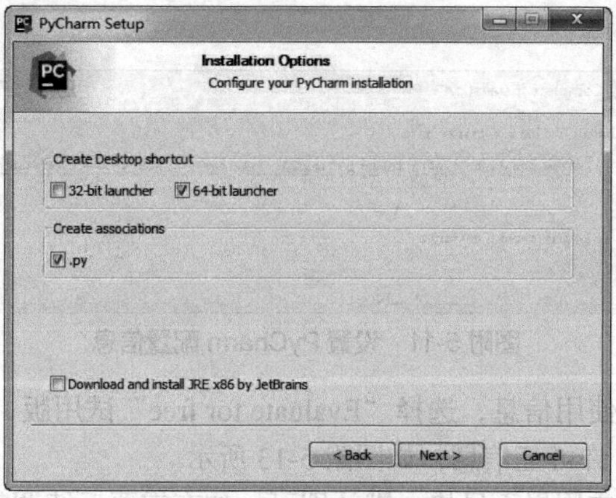

图附 5-8 设置安装选项

（4）设置菜单文件夹，默认设置，单击【Install】按钮启动安装进程，如图附 5-9 所示。

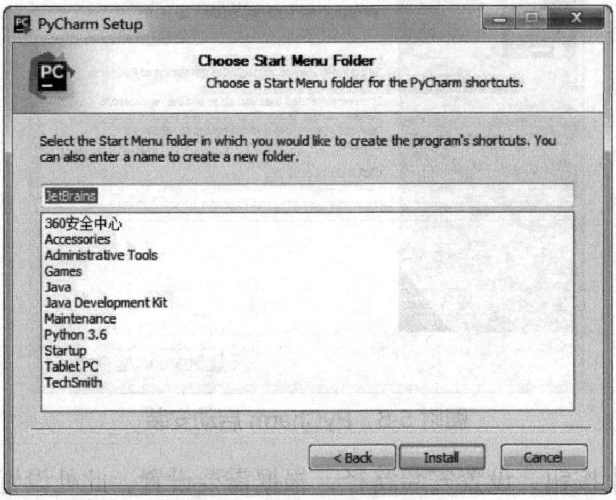

图附 5-9　设置菜单文件夹

（5）安装完成后启动 PyCharm，如图附 5-10 所示。

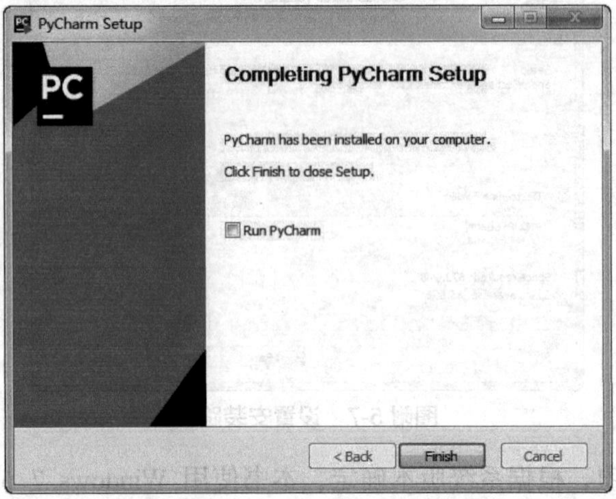

图附 5-10　PyCharm 安装完成

（6）设置 PyCharm 配置信息，默认选择“Do not import settings”，单击【OK】按钮，如图附 5-11 所示。

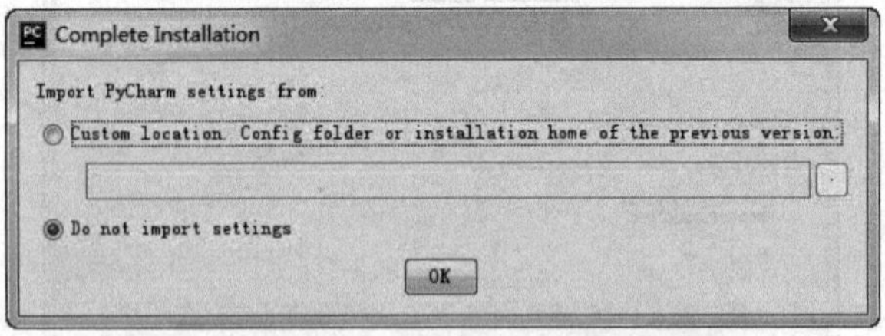

图附 5-11　设置 PyCharm 配置信息

（7）设置 PyCharm 使用信息，选择“Evaluate for free”试用版，如图附 5-12 所示。
（8）接受 PyCharm 许可证信息，如图附 5-13 所示。
（9）设置 PyCharm 应用界面风格，默认即可，如有需要后续调整，如图附 5-14 所示。

（10）第一次使用时需创建工程，此处创建 ecshop 工程，如图附 5-15 所示。

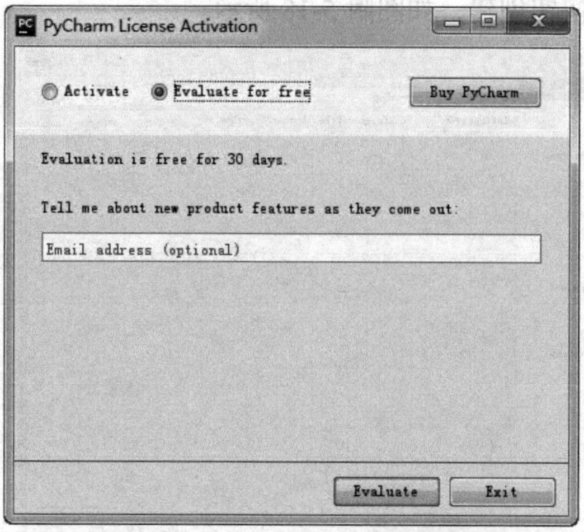

图附 5-12　设置 PyCharm 版本信息

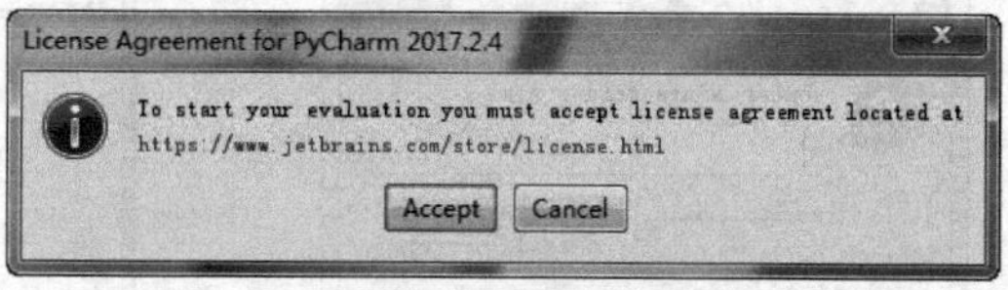

图附 5-13　接受 PyCharm 许可证信息

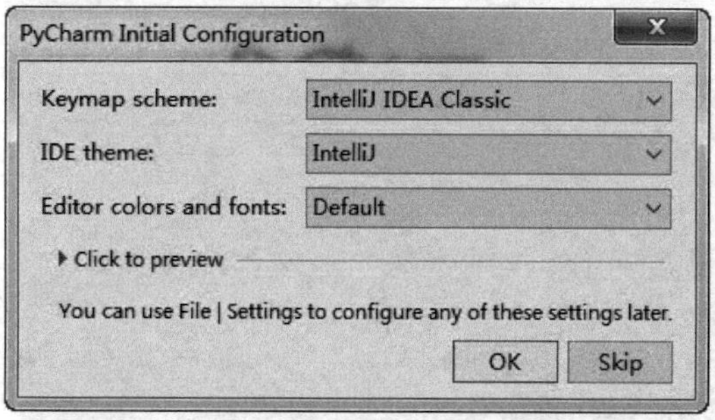

图附 5-14　设置 PyCharm 应用界面风格

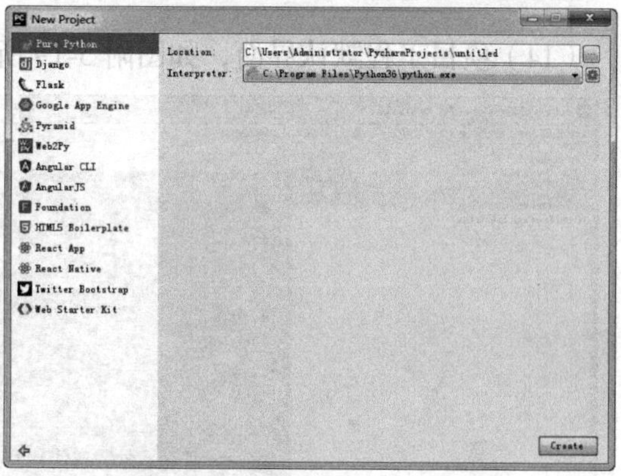

图附 5-15　创建 PyCharm 工程

（11）设置工程项目目录路径，如图附 5-16 所示。

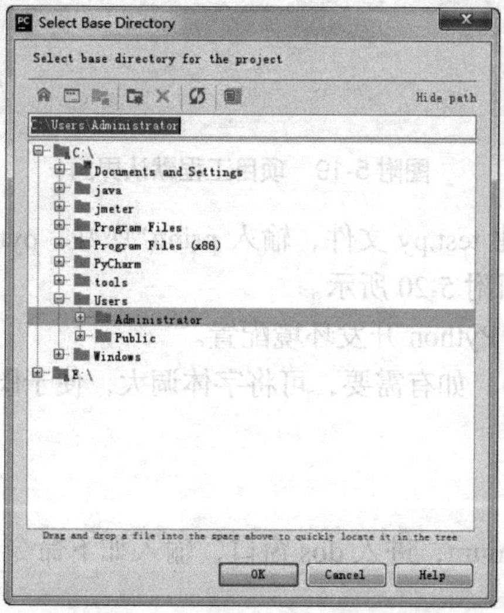

图附 5-16　设置工程项目路径

（12）设置路径名称，如图附 5-17 所示。

（13）项目工程设置完成，单击【Create】按钮创建，如图附 5-18 所示。

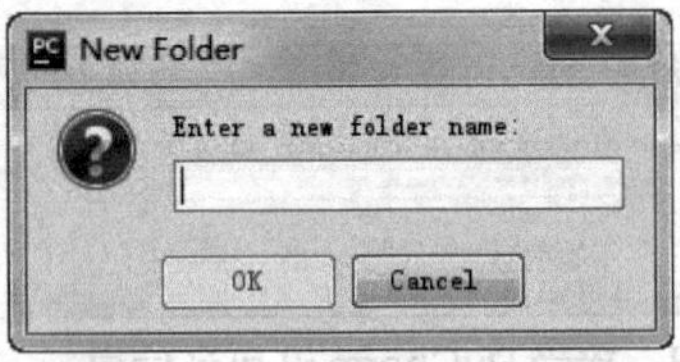

图附 5-17　创建项目工程名称

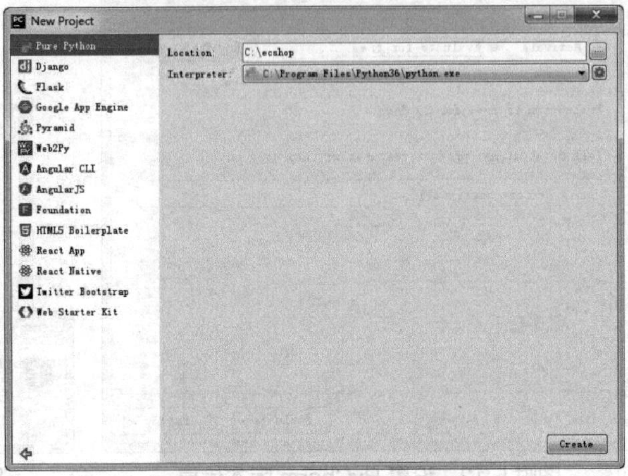

图附 5-18　设置完成工程信息

（14）项目工程默认界面，如图附 5-19 所示。

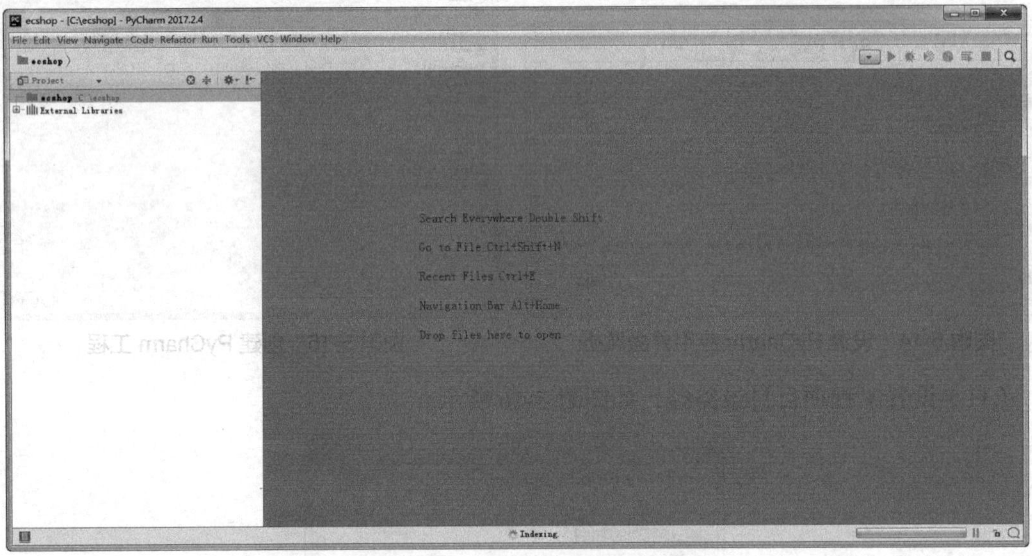

图附 5-19　项目工程默认界面

（15）选择 ecshop，创建 test.py 文件，输入 print("您好，python")代码并执行，验证能否正确执行 Python 文件，如图附 5-20 所示。

上述步骤完成 PyCharm Python 开发环境配置。

PyCharm 默认字体较小，如有需要，可将字体调大，便于脚本开发，设置字体位置如图附 5-21 所示。

3. Selenium

利用 pip 命令安装 Selenium，进入 dos 窗口，输入如下命令。

```
pip install selenium
```

自动进行 Selenium 安装，如图附 5-22 所示。

安装完成后的界面如图附 5-23 所示。

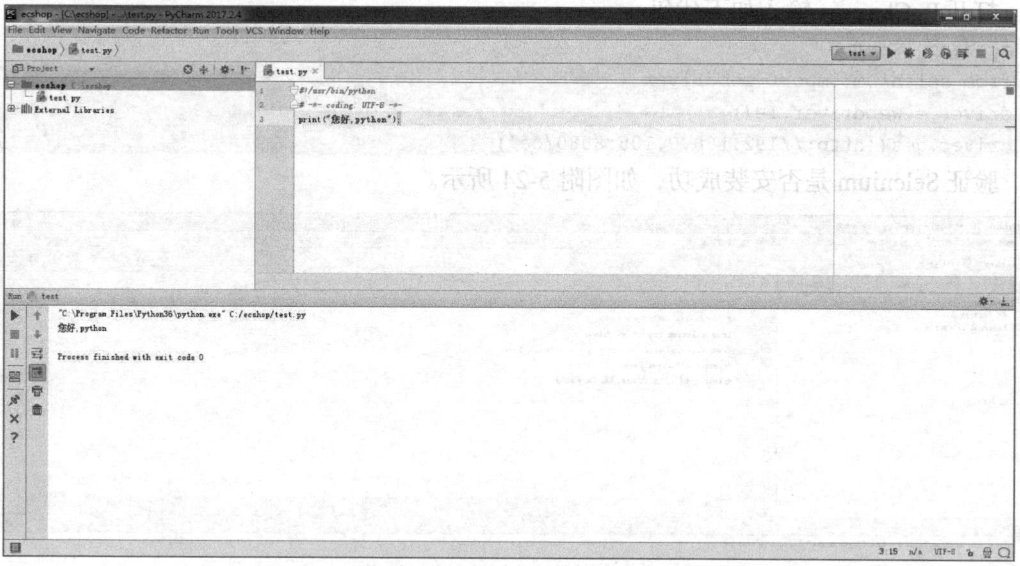

图附 5-20　验证 Python 文件执行

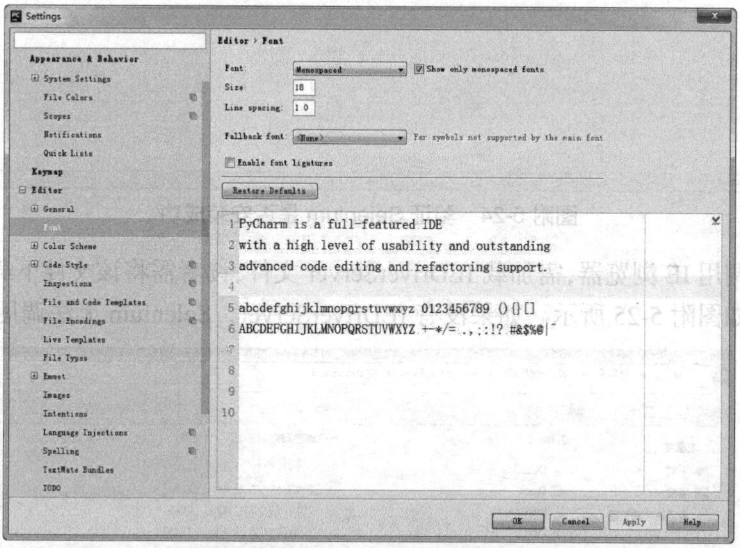

图附 5-21　设置 PyCharm 字体大小

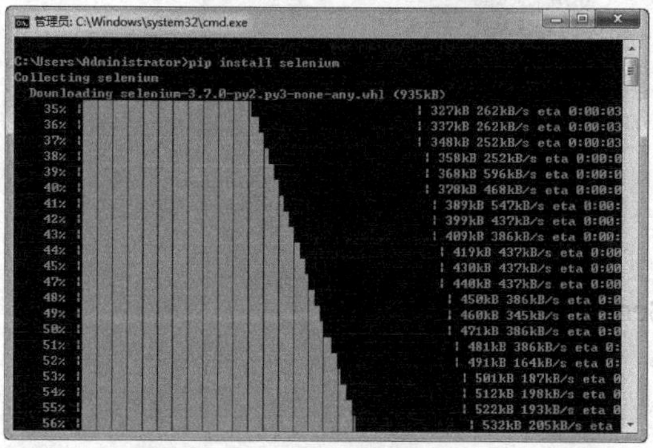

图附 5-22　pip 安装 Selenium

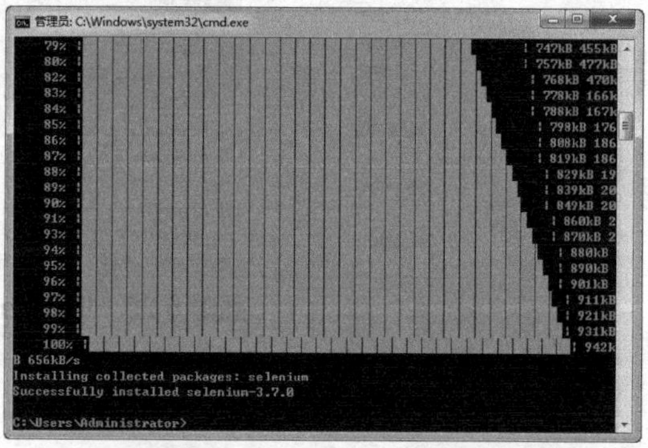

图附 5-23　Selenium 安装完成

上述方法需在安装 Python 时选择安装 pip 组件。

打开 PyCharm，输入如下代码。

```
#coding : utf-8
from selenium import webdriver
driver = webdriver.Ie()
driver.get('http://192.168.0.105:8080/oa')
```

验证 Selenium 是否安装成功，如图附 5-24 所示。

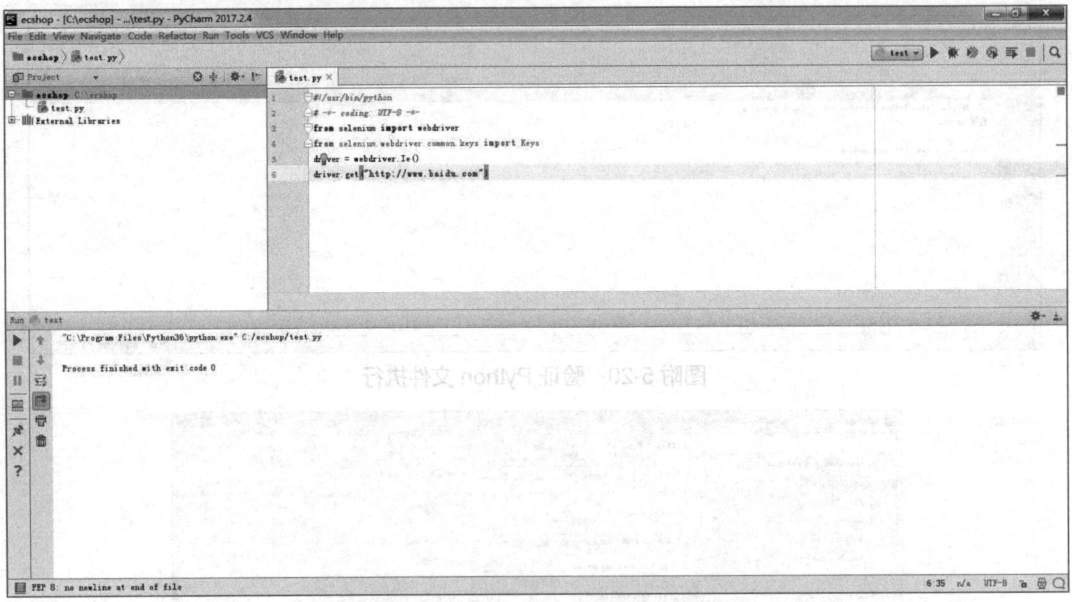

图附 5-24 验证 Selenium 是否安装成功

Selenium 调用 IE 浏览器，需加载 IEDriverServer 文件，读者需将该文件下载后放在 Python 安装目录下，如图附 5-25 所示。如果没有 IEDriverServer，Selenium 无法调用 IE。

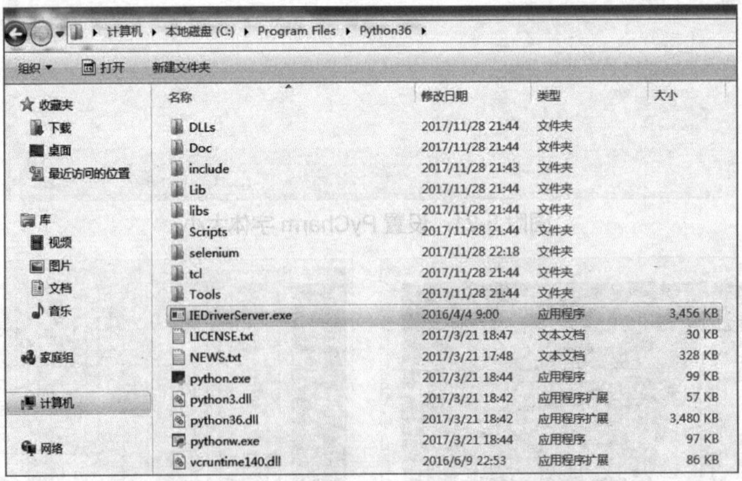

图附 5-25 IEDriverServer 存放路径示例

附录 6 Selenium 自动化测试——module.py 完整脚本代码

```
import time
#导入操作 excel 文件的函数，如果没有安装，可通过 pip install openpyxl 安装
from openpyxl import workbook
from openpyxl import load_workbook
import os.path
from common.loggen import Logger
from selenium import webdriver
from pages.mainpage import MainPage
from pages.basepage import BasePage
from pages.loginpage import LoginPage
from pages.registepage import RegistePage
from common.geturl import geturl
logger = Logger(logger="TestSuite").getlog()
#创建读取测试集函数
def read_testsuite(tsname):
    #设置测试用例读取执行状态标志位
    flag = True
    #设置读取测试集函数执行状态标志位
    read_testsuite = True
    #判断测试集文件是否存在
    if os.path.exists(tsname):
        #如果存在则写入日志
        logger.info('已找到 TestSuite 文件，开始分析测试集...')
        #创建 excel 操作对象
        wbexcel = load_workbook(tsname)
        sheetnames = wbexcel.get_sheet_names()
        ws = wbexcel.get_sheet_by_name(sheetnames[0])
        #分析测试集文件中的执行信息：执行标志位及测试脚本名称，从第二行开始
        for irow in range(2,ws.max_row+1):
            #获取测试集文件中的执行标志位值，从第二行开始，第二列
            testoperation = ws.cell(row=irow, column=2).value
            #获取测试集文件中的测试用例名称，从第二行开始，第三列
            testcasefile = ws.cell(row=irow, column=3).value
            #判断执行标志位是否需要执行，如果是 do，则调用测试用例执行函数，如果是 not，则不执行，如
            #果是其他值，则写入日志，报告执行参数错误，并指出是哪个用例执行参数错误
            if testoperation == 'do':
                logger.info('*******************************')
                logger.info('执行 %s 测试场景' %testcasefile )
                #加载测试用例读取函数，并返回其返回值，以判断用例读取情况
                flag=read_testcase(testcasefile)
                #如果用例读取函数返回为 False，则说明用例读取错误
                if flag==False:
```

```
                logger.info('测试用例执行失败')
            #如果执行状态为 not，说明当前用例无须执行
            elif testoperation == 'not':
                logger.info('%s 场景无须测试' % testcasefile)
            #如果既不是 do，又不是 not，则报告错误
            else:
                logger.info('执行参数错误，请检查%s' %testcasefile)
            #如果执行状态错误，则跳出循环，停止测试
                break
    #如果测试集文件错误，则写入日志，并提示错误原因
    else:
        logger.info('未发现:%s，请检查文件是否正确' % tsname)
        #返回测试集执行函数状态，便于 run.py 中的 unittest 中记录该状态
        read_testsuite = False
    #返回测试集执行函数执行状态
    return read_testsuite
#定义浏览器启动函数，本次并没有使用 common 中定义的 browserlauncher 函数，读者可自行扩展改写
def get_driver(testpage,teststep,testdata):
    #设置浏览器启动函数执行状态，便于后续运行控制
    get_driver = True
    #判断测试用例中是否需要启动浏览器，如果需要，则判断启动哪种浏览器
    if testpage == '浏览器':
        #考虑测试用例中的 step 大小写问题，读者自行研究解决
        if teststep == 'Firefox':
            driver = webdriver.Firefox()
        elif teststep == 'ie':
            driver = webdriver.Ie()
        elif teststep == 'chrome':
            driver = webdriver.Chrome()
        #如果浏览器类型设置错误，写入日志并给予提示
        else:
            logger.info('未知浏览器类型，请检查测试用例')
        #启动没有问题后加载测试路径并返回 driver 对象
        driver.get(testdata)
        get_driver = driver
    else:
        #如果测试用例中的启动参数错误，则写入日志并给予提示
        logger.info('浏览器数据错误，请检查测试用例配置')
        get_driver = False
    return get_driver
#定义测试用例执行函数，共有四个参数
def exec_script(driver,testpage, teststep, testdata):
    #定义测试用例执行函数状态标志位
    exec_script = True
    try:
        #登录功能测试
        if testpage == '登录':
            url = driver.current_url
            url = geturl(url) + 'user.php'
            if driver.current_url != url:
                driver.get(url)
```

```
            login = LoginPage(driver, testdata)
            if teststep == '用户名':
                login.input_username(testdata)

            if teststep == '密码':
                login.input_password(testdata)

            if teststep == '登录':
                login.click_submit()
                time.sleep(5)

        #注册功能测试
        if testpage == '注册':
            url = driver.current_url
            url = geturl(url) + 'user.php?act=register'
            if driver.current_url != url:
                driver.get(url)
            userreg = RegistePage(driver, testdata)
            if teststep == '用户名':
                userreg.input_username(testdata)

            if teststep == 'email':
                userreg.input_email(testdata)

            if teststep == '密码':
                userreg.input_password(testdata)

            if teststep == '确认密码':
                userreg.input_comfirpwd(testdata)

                time.sleep(8)
            if teststep == '注册':
                userreg.click_submit()
                time.sleep(5)

        if testpage == '主页':
            time.sleep(3)
            url = driver.current_url
            mainpage = MainPage(driver, url)
            if teststep == '退出':
                mainpage.exit_sys()
                time.sleep(3)
        if testpage == '其他主页':
            pass
    except:
        exec_script = False
        url = geturl(driver.current_url)
        driver.get(url)
    return exec_script

#定义测试用例读取函数
```

```
def read_testcase(testcasefile):
    #设置测试用例读取函数状态标志位
    read_testcase = True
    #根据 read_testsuite 函数中给出的 testcasefile 测试用例名，拼接测试用例路径信息
    testcasefile=os.path.abspath('.')+'\\data\\'+testcasefile+'.xlsx'
    #判断需读取执行的测试用例文件是否存在
    if os.path.exists(testcasefile):
        #如果存在，则写日志，并读取该用例的 excel 文件
        logger.info('已找到 %s 测试用例，现在开始读取该用例' %testcasefile)
        wbexcel = load_workbook(testcasefile)
        sheetnames = wbexcel.get_sheet_names()
        ws = wbexcel.get_sheet_by_name(sheetnames[0])
        #读取测试用例中每个列的值，以便调用浏览器启动函数或执行测试用例函数
        for irow in range(2, ws.max_row + 1):
            testpage = ws.cell(row=irow, column=1).value
            teststep = ws.cell(row=irow, column=2).value
            testdata = ws.cell(row=irow, column=3).value
            #如果是浏览器，说明需启动浏览器，调用浏览器启动函数
            if testpage=='浏览器':
                logger.info('正在启动浏览器')
                testdriver=get_driver(testpage, teststep, testdata)
            else:
            #如果不是浏览器，则说明需执行测试用例，调用测试用例执行函数
                flag=exec_script(testdriver,testpage, teststep, testdata)
        #执行完成后退出浏览器
        testdriver.quit()
    else:
        #如果测试用例文件不存在，则写入日志，并提示检查文件是否存在
        logger.info('未发现 %s 测试用例，请确认该用例是否存在' %testcasefile)
        #测试用例读取失败，状态标志位设置为 False
        read_testcase = False
    #返回测试用例读取函数的状态，便于 read_testsuite 函数调用判断
    return read_testcase
```

附录 7 ECShop 性能测试报告

产品名称 Product Name	密级 Confidentiality Level
	秘密
产品版本 Product Version	

ECShop 性能测试报告

拟制		日期	
审核		日期	

修订记录

日期	修订版本	描述	作者

ECShop 前端性能测试报告

一、概述

本测试报告用于说明 ECShop 在线商城前端业务用户登录及随机购买商品两种类型的并发性能表现，通过模拟多线程并发操作，验证 ECShop 能否满足既定的性能指标，便于开发团队开展性能调优工作及决定能否发布。

二、测试目的

本次测试采用开源性能测试工具，从并发线程、响应时间、系统资源使用等多个角度，检测当前 ECShop 前端应用的性能表现，以实际测试数据与预期性能指标比较，检查系统是否达到既定的性能目标。

三、测试设计

3.1 对象分析

ECShop 系统采用 B/S（Browser/Server）模式设计，PHP 开发语言，MySQL 作后台数据库，并以 CentOS 为服务器系统平台。

3.2 测试策略

本次使用开源压力测试工具 Jmeter，模拟用户并发操作，测试用户登录及用户登录后随机购买商品业务模块在多个场景情况下持续服务的能力，并收集各个指标，验证系统是否能够达到预定的性能要求。

四、测试资源

4.1 测试环境描述

4.1.1 测试环境需求

1．服务器环境标准配置

硬件配置见表附 7-1。

表附 7-1 硬件配置列表

主机用途	机型	台数	CPU/台	内存容量/台	硬盘	网卡
WEB 应用服务器	PC	1	I7	8G	SATA 1T	1000M
数据库服务器	PC	1	I7	8G	SATA 1T	1000M

软件配置见表附 7-2。

表附 7-2 软件配置列表

名称	用途	版本号
Apache	Web 服务器	2.2.15-60.el6.centos.6.x86_64
PHP	Web 服务器	5.3.3-49.el6.x86_64
MySQL	数据库	5.1.71-1.el6.x86_64
CentOS	系统平台	6.5 x64

2．测试客户端配置（见表附 7-3）

表附 7-3 测试客户端配置列表

主机用途	机型/OS	台数	CPU/台	内存容量/台	对应 IP
压力负载生成器	PC/Win 7	1	I5	8G	192.168.0.100

4.1.2 测试工具要求

```
Jmeter 3.1
BadBoy 2.2.5
Spotlight-MySQL 8.0
JDK 1.7
```

五、详细测试方法

5.1 测试方法综述

本次测试使用开源压力测试工具 Jmeter，通过创建多线程方式，模拟用户登录及随机购买商品的请求交互过程，达到增加系统压力的测试目的，测试过程中，利用 Jmeter 统计业务响应时间及服务器资源的使用情况，利用 Spotlight-MySQL，监控服务器 MySQL 性能。

5.2 业务模型分析

登录业务操作过程如下。

（1）打开首页。

（2）输入用户名及密码，登录。

（3）退出系统。

商品浏览购买操作过程如下。

（1）打开首页。

（2）输入用户名及密码，登录。

（3）随机选择商品购买。

（4）设置收货地址。

（5）设置物流方式及付款方式，提交订单。

（6）退出系统。

5.3 业务场景设计（见表附 7-4～表附 7-7）

表附 7-4 登录业务并发基准测试场景用例

用例编号		SignOn-SCENARIOCASE-001			
关联脚本用例编号		SignOn-SCRIPTCASE-001			
场景类型	单脚本基准测试	场景计划类型	场景		
场景运行步骤	线程数	100			
	开始线程	立刻开始所有线程			
	持续运行	每个线程迭代 1 次			
	停止线程	运行时间结束则停止			
集合点	不设计	线程代理	不使用	数据监控	Jmeter 自带
预期指标值：					
测试项	响应时间	业务成功率	并发测试	CPU 使用率	内存使用率
登录操作	≤5 秒	=100%	100	≤80%	≤80%
实际指标值：					
测试项	响应时间	业务成功率	业务总数	CPU 使用率	内存使用率
登录操作					
测试执行人			测试日期		

表附 7-5 登录业务量基准测试场景用例

用例编号		SignOn-SCENARIOCASE-002	
关联脚本用例编号		SignOn-SCRIPTCASE-001	
场景类型	单脚本基准测试	场景计划类型	场景

续表

场景运行步骤	线程数	78			
	开始线程	立刻开始所有线程			
	持续运行	持续运行 2 小时			
	停止线程	运行时间结束则停止			
集合点	不设计	线程代理	不使用	数据监控	Jmeter 自带
预期指标值：					
测试项	响应时间	业务成功率	业务量测试	CPU 使用率	内存使用率
登录操作	≤5 秒	=100%	2 小时 5 万次	≤80%	≤80%
实际指标值：					
测试项	响应时间	业务成功率	业务总数	CPU 使用率	内存使用率
登录操作					
测试执行人			测试日期		

表附 7-6　随机购买并发量基准测试场景用例

用例编号		BuyProd-SCENARIOCASE-001			
关联脚本用例编号		BuyProd-SCRIPTCASE-001			
场景类型	单脚本基准测试	场景计划类型	场景		
场景运行步骤	线程数	100			
	开始线程	立刻开始所有线程			
	持续运行	每个线程迭代 1 次			
	停止线程	运行时间结束则停止			
集合点	不设计	线程代理	不使用	数据监控	Jmeter 自带
预期指标值：					
测试项	响应时间	业务成功率	并发测试	CPU 使用率	内存使用率
登录操作	≤5 秒	=100%	100	≤80%	≤80%
实际指标值：					
测试项	响应时间	业务成功率	业务总数	CPU 使用率	内存使用率
登录操作					
测试执行人			测试日期		

表附 7-7　随机购买业务量基准测试场景用例

用例编号		BuyProd-SCENARIOCASE-002
关联脚本用例编号		BuyProd-SCRIPTCASE-001

续表

<table>
<tr><td>场景类型</td><td>单脚本基准测试</td><td>场景计划类型</td><td colspan="3">场景</td></tr>
<tr><td rowspan="4">场景运行步骤</td><td>线程数</td><td colspan="4">100</td></tr>
<tr><td>开始线程</td><td colspan="4">立刻开始所有线程</td></tr>
<tr><td>持续运行</td><td colspan="4">持续运行 2 小时</td></tr>
<tr><td>停止线程</td><td colspan="4">运行时间结束则停止</td></tr>
<tr><td>集合点</td><td>不设计</td><td>线程代理</td><td>不使用</td><td>数据监控</td><td>Jmeter 自带</td></tr>
<tr><td colspan="6">预期指标值：</td></tr>
<tr><td>测试项</td><td>响应时间</td><td>业务成功率</td><td>业务量测试</td><td>CPU 使用率</td><td>内存使用率</td></tr>
<tr><td>登录操作</td><td>≤5 秒</td><td>=100%</td><td>2 小时 5 万</td><td>≤80%</td><td>≤80%</td></tr>
<tr><td colspan="6">实际指标值：</td></tr>
<tr><td>测试项</td><td>响应时间</td><td>业务成功率</td><td>业务总数</td><td>CPU 使用率</td><td>内存使用率</td></tr>
<tr><td>登录操作</td><td></td><td></td><td></td><td></td><td></td></tr>
<tr><td>测试执行人</td><td colspan="2"></td><td colspan="2">测试日期</td><td></td></tr>
</table>

六、测试结果

6.1　用户登录并发测试分析（见表附 7-8）

表附 7-8　用户登录并发测试预期指标

测试项	响应时间	业务成功率	并发测试	CPU 使用率	内存使用率
登录	≤5 秒	100%	100	≤80%	≤80%

1．响应时间

从图附 7-1 可以看到，总体请求平均值为 559.18 毫秒、108 毫秒、80 毫秒，用户登录过程中的每一个请求均≤5 秒，故测试通过。在 Average response time 与 90%、95%相差不大时，可采用 90%采样数据填入测试结果对比表。

Statistics

Label	#Samples	KO	Error %	Average response time	90th pct	95th pct	99th pct	Throughput	Received KB/sec	Sent KB/sec	Min	Max
Total	**600**	**0**	**0.00%**	**169.19**	**477.00**	**701.80**	**825.98**	**10.46**	**169.26**	**0.00**	**32**	**860**
http://192.168.0.110/ecshop	100	0	0.00%	559.18	801.00	826.95	859.90	56.02	1362.37	0.00	112	860
http://192.168.0.110/ecshop/	200	0	0.00%	108.00	187.80	209.95	239.99	8.29	201.21	0.00	36	293
http://192.168.0.110/ecshop/user.php	300	0	0.00%	80.00	132.80	162.60	242.79	8.53	69.05	0.00	32	259

图附 7-1　用户登录并发测试聚合报告结果

2．Apdex

针对 ECShop 用户登录业务，100 个并发登录的 Apdex 指标如图附 7-2 所示。从图中可看出，所有请求的 Apdex 值都接近 1，因此用户满意度优秀，也从侧面说明了服务器响应速度快。

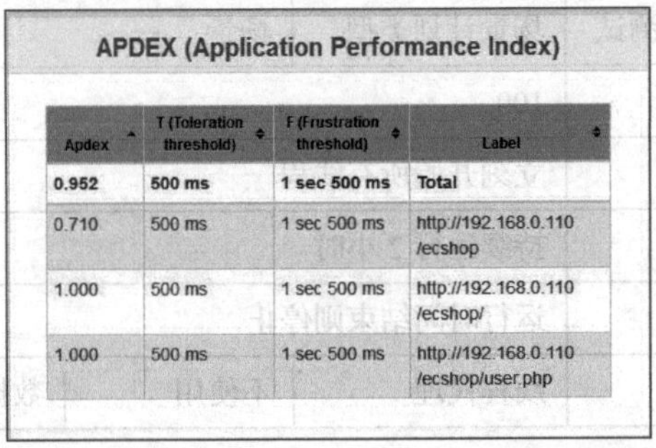

APDEX (Application Performance Index)

Apdex	T (Toleration threshold)	F (Frustration threshold)	Label
0.952	500 ms	1 sec 500 ms	Total
0.710	500 ms	1 sec 500 ms	http://192.168.0.110/ecshop
1.000	500 ms	1 sec 500 ms	http://192.168.0.110/ecshop/
1.000	500 ms	1 sec 500 ms	http://192.168.0.110/ecshop/user.php

图附 7-2　用户登录 100 个并发 Apdex 指标情况

3．业务成功率

测试脚本中设置了断言，判断用户登录后是否出现“登录成功”字样，并设定了“断言结果”查看器，通过查看断言结果，全部通过，则说明登录全部完成，业务成功率为 100%，如图附 7-3 所示。

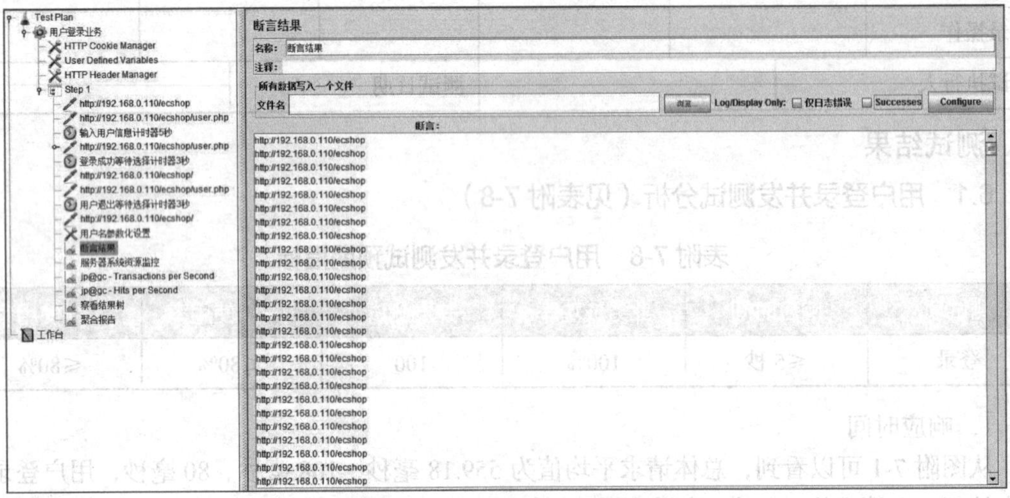

图附 7-3　用户登录断言结果

4．并发数

线程组设置为 100 个线程，运行过程中未出现任何异常，满足 100 个线程并发操作需求。

5．系统资源使用

Jmeter 监控系统资源结果如图附 7-4 所示。

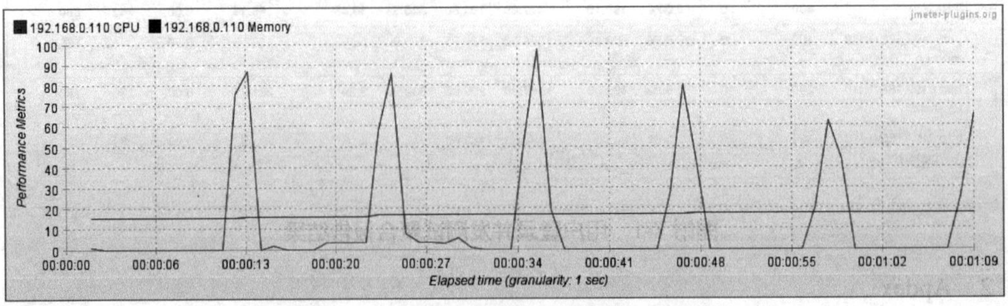

图附 7-4　用户登录并发测试系统资源图

通过图附 7-4 所示分析，CPU 处于正常状态，因此考察时间短，所以波峰及波谷明显，但均为持续超过 80%，内存几乎无变化，被测服务器内存使用率维持在 20%以内。因此测试结果符合预期目标指标。

6．数据库监控

利用 Spotlight 监控到的服务器 MySQL 数据库在测试期间运行的 SQL 为 SELECT,与被测登录业务对数据库操作吻合，如图附 7-5 所示。

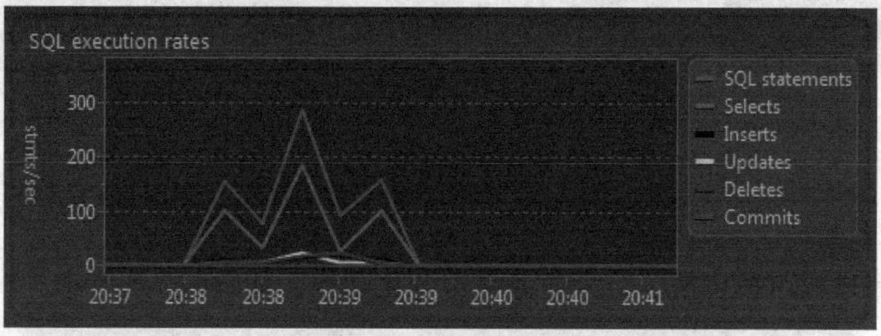

图附 7-5　用户登录并发测试 MySQL SQL 执行情况

6.2　用户登录业务量测试分析（见表附 7-9）

表附 7-9　用户登录业务量测试预期指标

测试项	响应时间	业务成功率	业务量	CPU 使用率	内存使用率
登录	≤5 秒	100%	2 小时 5 万次	≤80%	≤80%

1．响应时间

测试完成，生成测试报告后，获取响应时间趋势图，如图附 7-6 所示。

Label	# Samples	Average	Median	90% Line	95% Line	99% Line	Min	Max	Error %	Throughput	Received K...	Sent KB/sec
打开首页	8502	95	83	146	171	298	31	610	0.00%	1.2/sec	28.60	0.00
打开用户登...	8502	78	65	108	135	336	29	1168	0.00%	1.2/sec	11.85	0.00
提交登录信息	8427	79	70	117	144	256	30	650	0.00%	1.2/sec	8.28	0.00
登录成功后...	8424	93	81	144	178	303	31	908	0.00%	1.2/sec	28.62	0.00
用户退出	8424	71	65	107	129	188	29	387	0.00%	1.2/sec	8.55	0.00
返回主页	8424	90	80	143	167	219	30	416	0.00%	1.2/sec	28.77	0.00
总体	50703	84	73	131	159	249	29	1168	0.00%	7.1/sec	113.97	0.00

图附 7-6　用户登录业务量测试响应时间图

通过图附 7-6 分析，采用 90%采样数据，分析整个请求，任何一个请求均未超过 5 秒，因此响应时间通过。

2．业务成功率

测试过程中所有断言通过，并且没有任何错误，登录成功率 100%。“打开首页”“打开用户登录页面”“提交登录信息”与后面请求数据存在差异，是因为测试时间到达后部分请求立刻停止，故未能保证业务的完整性。

3．业务量

本次业务量测试，设置线程数为 78 个，2 小时完成登录总数为 8427 次登录，其中包含了 11 秒操作停留时间，如果去除 11 秒停留时间，从数据理论计算，可能达到预期 2 小时 5 万次登录操作，需进一步测试。

4．系统资源使用

通过 Jmeter 监控服务器 CPU 及内存使用率来看，CPU 及内存使用率非常稳定，且维持在 20%～30%，满足预期目标不超过 80%，如图附 7-7 所示，测试通过。

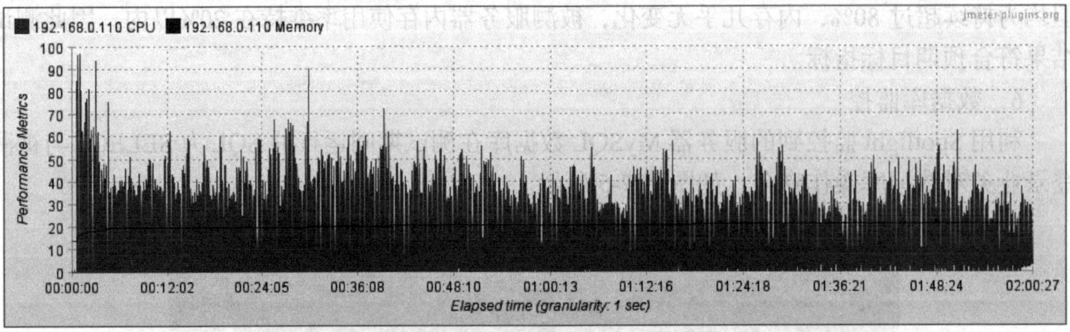

图附 7-7 用户登录业务量测试 2 小时系统资源图

5．数据库监控

数据库执行过程监控正常，符合业务请求变化趋势，如图附 7-8 所示。

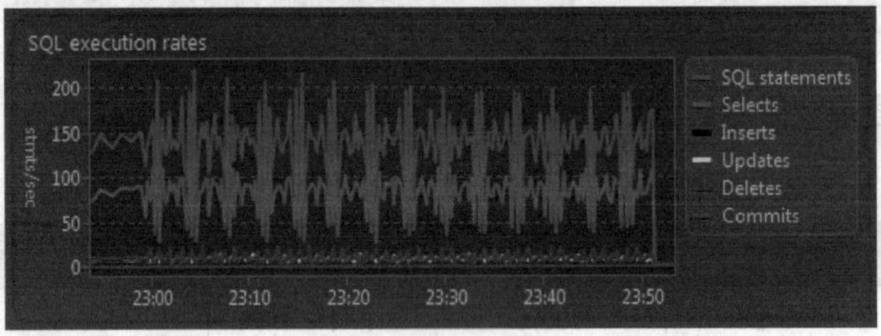

图附 7-8 用户登录业务量 MySQL 资源监控图

6.3 随机购物并发测试分析（见表附 7-10）

表附 7-10 随机购买商品并发测试预期指标

测试项	响应时间	业务成功率	并发测试	CPU 使用率	内存使用率
随机购买商品	≤5 秒	100%	100	≤80%	≤80%

1．响应时间

测试完成后，根据生成的测试报告，获取随机购物 100 个并发响应时间如图附 7-9 所示。

Label	# Samples	Average	Median	90% Line	95% Line	99% Line	Min	Max	Error %	Throughput	Received KB/...	Sent KB/sec
打开首页	100	631	653	842	886	901	266	905	0.00%	49.2/sec	1197.36	0.00
打开登录页面	100	105	86	166	219	254	39	255	0.00%	56.8/sec	568.41	0.00
提交登录信息	100	588	635	913	994	1014	50	1051	0.00%	37.4/sec	264.23	0.00
登录成功后返...	100	748	822	1043	1078	1113	58	1152	0.00%	30.2/sec	729.90	0.00
随机选择某个...	100	246	123	646	691	733	39	737	0.00%	25.1/sec	539.43	0.00
添加商品到购...	100	288	129	684	712	732	41	788	0.00%	23.0/sec	9.08	0.00
商品结算	100	786	745	1418	1534	1656	62	1694	0.00%	16.7/sec	234.89	0.00
填写收货信息	100	2848	2158	5395	5924	6980	166	7488	0.00%	7.6/sec	180.76	0.00
进入物流及付...	100	1934	1368	3743	4008	4334	82	4456	0.00%	7.0/sec	162.71	0.00
提交物流及付...	100	2161	1777	4040	4413	4794	110	5198	0.00%	6.5/sec	63.23	0.00
完成订单，返...	100	836	666	1941	2205	2562	41	2699	0.00%	8.2/sec	197.33	0.00
退出登录	100	290	272	581	645	882	31	931	0.00%	8.7/sec	62.80	0.00
返回主页	100	307	308	544	687	876	34	991	0.00%	9.3/sec	226.59	0.00
总体	1300	905	544	2302	3743	5244	31	7488	0.00%	30.1/sec	495.11	0.00

图附 7-9 随机购物并发测试响应时间

分析图附 7-9，随机购物 100 个线程并发执行时，平均响应时间分别为：631 毫秒、105 毫秒、588 毫秒、748 毫秒、246 毫秒、288 毫秒、786 毫秒、2848 毫秒、1934 毫秒、2161 毫秒、836 毫秒、290 毫秒、307 毫秒，通过这些数据分析，每个请求所消耗的时间均未超过 5 秒，但 90%采样数据中，“填写收货信息”请求响应时间为 5395 毫秒，严格来说，该请求测试不通过。更新测试目标指标表时可采用 90%采样。

2．Apdex 指标

随机购物 100 个并发测试的 Apdex 指标信息如图附 7-10 所示。

APDEX (Application Performance Index)

Apdex	T (Toleration threshold)	F (Frustration threshold)	Label
0.647	**500 ms**	**1 sec 500 ms**	**Total**
0.140	500 ms	1 sec 500 ms	提交物流及付款方式
0.140	500 ms	1 sec 500 ms	填写收货信息
0.240	500 ms	1 sec 500 ms	进入物流及付款方式设定页面
0.525	500 ms	1 sec 500 ms	商品结算
0.640	500 ms	1 sec 500 ms	登录成功后返回首页
0.695	500 ms	1 sec 500 ms	完成订单，返回主页
0.730	500 ms	1 sec 500 ms	提交登录信息
0.790	500 ms	1 sec 500 ms	打开首页
0.850	500 ms	1 sec 500 ms	添加商品到购物车
0.860	500 ms	1 sec 500 ms	返回主页
0.895	500 ms	1 sec 500 ms	退出登录
0.910	500 ms	1 sec 500 ms	随机选择某个商品
1.000	500 ms	1 sec 500 ms	打开登录页面

图附 7-10 随机购物 100 个并发 Apdex 指标

通过图附 7-10 可以看出，填写收货信息、提交物流及付款方式、进入物流及付款方式设定页面三个请求用户满意度低于 0.5，意味系统对这三个请求的响应时间较慢，尤其是收货信息、提交物流及付款方式这两个情况。测试工程师可针对这两个请求，给出性能测试不通过结论。通常而言，最低要求超过 0.5，当然项目组可设定具体需求。

3．业务成功率

测试结束后，检查系统后台订单信息，100 个并发线程，每个线程循环 1 次，故生成 100 个订单，且运行过程中没有任何错误。故认为随机购物 100 个并发测试业务成功率为 100%。

4．并发数

线程组设置为 100 个线程，运行过程中未出现任何异常，满足 100 个线程并发操作需求。

5．系统资源使用

执行过程，通过 Jmeter 监控得到本次测试系统资源使用情况，如图附 7-11 所示。

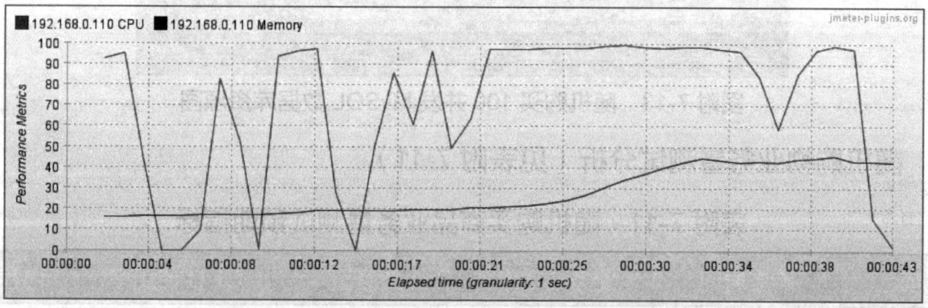

图附 7-11 随机购买 100 并发系统资源监控图

通过图附 7-11 分析可知，CPU 在测试过程中持续值维持在 90%以上，有 17 秒时间几乎达到 100%，因此从指标信息判断，本次 CPU 使用率超过预期 80%的目标。

同时，内存使用率在 25 秒以后也呈现明显上升趋势，需分析这段时间什么业务导致资源使用率上升。总体内存使用率维持在 30%～40%，低于预期目标不超过 80%，故内存使用率通过。

基于 CPU、内存使用率，分析响应时间图表，如图附 7-12 所示。

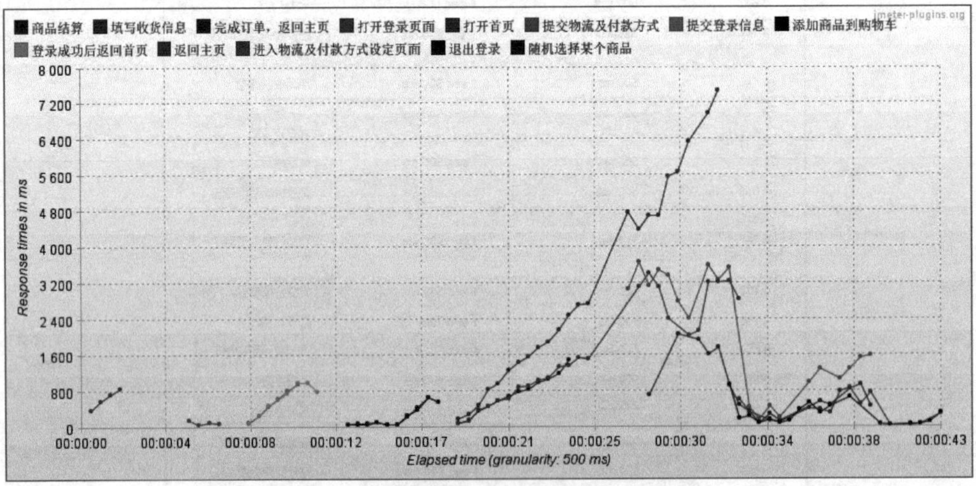

图附 7-12　随机购买 100 并发响应时间图

通过图附 7-12 分析，可知“填写收货信息”响应时间持续升高，需测试工程师报告此问题，联合研发同事分析“填写收货信息”涉及哪些具体操作，如是否操作数据库、是否需要大量缓存、是否调用第三方地址编辑控件等，从而确定响应时间升高原因，是否因此导致 CPU 及内存使用率升高。

6．数据库监控

从 MySQL 数据库 SQL 语句执行速度来看，符合场景执行设计过程，但 SQL 中 Inserts 语句体现不明显，需关注原因，确定是监控本身问题，还是被测对象 SQL 语句设计问题，如图附 7-13 所示。

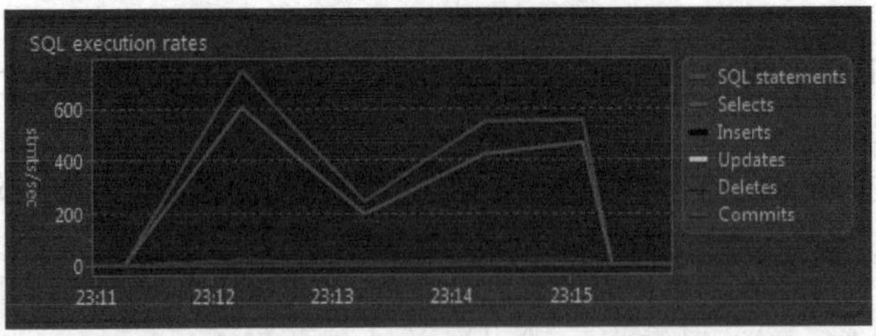

图附 7-13　随机购买 100 并发 MySQL 数据库资源图

6.4　随机购物业务量测试分析（见表附 7-11）

表附 7-11　随机购买商品业务量测试预期指标

测试项	响应时间	业务成功率	业务量	CPU 使用率	内存使用率
随机购买商品	≤5 秒	100%	2 小时 5 万次	≤80%	≤80%

100 个线程持续执行 2 分钟后，出现大量业务错误，服务器 CPU 使用率持续维持在 100% 附近，因此利用 100 个线程进行 2 小时的随机购物业务量测试失败。可根据需要，利用折半验证法，验证系统稳定性测试的最佳线程数及服务器资源配置是否合理。

数据库报错如下。

```
<b>MySQL server error report:Array
(
    [0] => Array
        (
            [message] => MySQL Query Error
        )
    [1] => Array
        (
            [sql] => INSERT INTO 'ecshop'.'ecs_order_info' (order_sn, user_id, order_status, shipping_status, pay_status, consignee, country, province, city, district, address, zipcode, tel, mobile, email, best_time, sign_building, postscript, shipping_id, shipping_name, pay_id, pay_name, how_oos, card_message, inv_payee, inv_content, goods_amount, shipping_fee, insure_fee, pay_fee, pack_fee, card_fee, surplus, integral, integral_money, bonus, order_amount, from_ad, referer, add_time, pack_id, card_id, bonus_id, extension_code, extension_id, agency_id, inv_type, tax, parent_id, discount, lastmodify) VALUES ('2017110775867', '2223', '0', '0', '0', 'hzdl00168', '1', '2', '37', '403', '北京东城区', '', '01088888888', '', 'hzdl00168@qq.com', '', '', '', '5', '申通快递', '2', '银行汇款/转帐', '等待所有商品备齐后再发', '', '', '', '1999', '15', '0', '0', '0', '0', '0', '0', '0', '0', '2014.00', '0', '本站', '1510050069', '0', '0', '0', '', '0', '0', '', '0', '0', '', '1510050069')
        )
    [2] => Array
        (
            [error] => Duplicate entry '2017110775867' for key 'order_sn'
        )
    [3] => Array
        (
            [errno] => 1062
        )
)
```

系统资源趋势图如图附 7-14 所示。

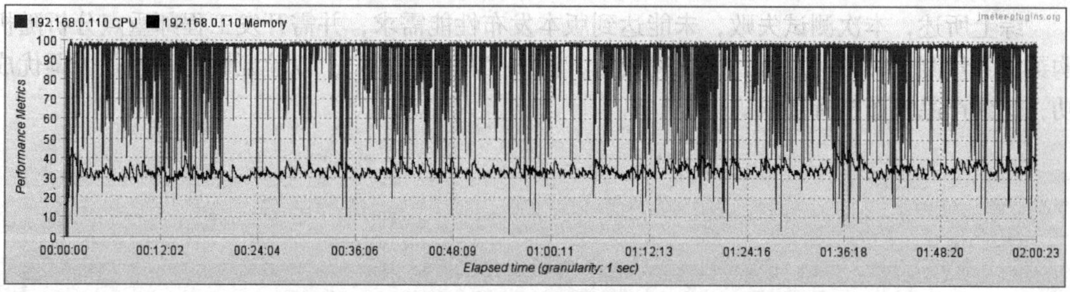

图附 7-14　随机购买 2 小时业务量测试系统资源图

七、测试结论

7.1 用户登录 100 个并发测试结果（见表附 7-12）

表附 7-12 用户登录并发测试结果对照表

测试项	结果属性	响应时间	业务成功率	并发测试	CPU 使用率	内存使用率
	预期结果	≤5 秒	100%	100	≤80%	≤80%
登录	实际结果	0.458 秒	100%	100	不超过 80%	20%
	通过/失败	Y	Y	Y	Y	Y

7.2 用户登录 2 小时 5 万次业务量测试结果（见表附 7-13）

表附 7-13 用户登录业务量并发测试结果

测试项	结果属性	响应时间	业务成功率	业务量	CPU 使用率	内存使用率
	预期结果	≤5 秒	100%	2 小时 5 万次	≤80%	≤80%
用户登录	实际结果	秒	100%	100	<40%	20%
	通过/失败	Y	Y	Y	Y	Y

7.3 随机购买 100 个并发测试结果（见表附 7-14）

表附 7-14 随机购买 100 个并发测试结果

测试项	结果属性	响应时间	业务成功率	并发测试	CPU 使用率	内存使用率
	预期结果	≤5 秒	100%	100	≤80%	≤80%
随机购买商品	实际结果	2.302 秒	100%	100	>90%	20%
	通过/失败	N	Y	Y	N	Y

综合测试数据分析，“填写收货信息”请求响应时间超过 5 秒，CPU 使用率超过 90%，故随机购物 100 个并发场景测试不通过。需分析“填写收货信息”涉及哪些操作，导致响应时间变长的原因，是否对 CPU 及内存使用率造成了影响。

7.4 随机购买 2 小时 5 万次业务量测试结果

测试失败，过程出现数据库错误，且 CPU 持续 100%。

综上所述，本次测试失败，未能达到版本发布性能需求，并需开发工程师重点分析随机购买业务量测试失败的原因，优化完成后，测试工程师需回归，以验证性能问题是否调优成功，达到产品发布指标要求。